FIRST STEPS

直立二足歩行の人類史

人間を生き残らせた出来の悪い足

How Upright Walking Made Us Human

Jeremy DeSilva

ジェレミー・デシルヴァ［著］

赤根洋子［訳］

文藝春秋

直立二足歩行の人類史

人間を生き残らせた出来の悪い足

目次

第二部　人間の特徴

第三部　人生の歩み

デザイン　関口聖司

人類進化の系統樹

古人類学者はこれまで、われわれの祖先である化石人類（ホミニン）を 25 種以上発見し、命名してきた。左の図は、本書に登場するホミニンの進化系統樹である。これらのホミニンたちが生きていた年代（縦軸。単位は 100 万年前）は判明しているが、彼らが互いにどのような類縁関係にあったのかはまだ明確には分かっていない。この図には、推定される類縁関係が本書の解釈に基づいて示されているが、近年、化石証拠や遺伝学的証拠によって、人類の進化系統樹には複数の枝がつながり合ってこんがらがっている部分があることが分かってきた。今後の発見によって、この図のある部分は枝が追加されて複雑になり、ある部分は枝が統合されてシンプルになっていくことだろう。

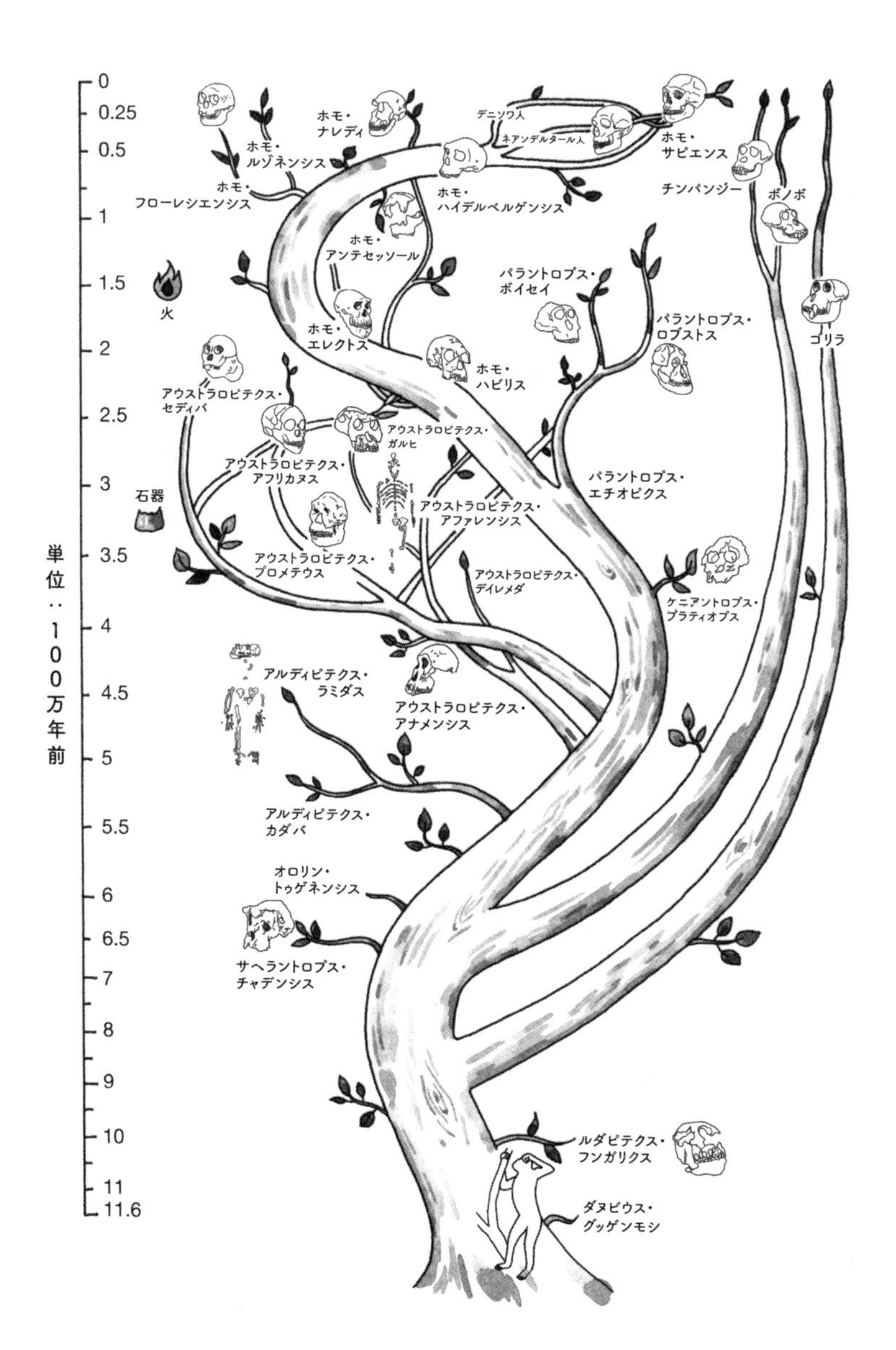

単位：100万年前
0
0.25
0.5
1
1.5
2
2.5
3
3.5
4
4.5
5
5.5
6
6.5
7
8
9
10
11
11.6
火
石器
ホモ・ナレディ
デニソワ人
ネアンデルタール人
ホモ・サピエンス
ホモ・ルゾネンシス
ホモ・フローレシエンシス
ホモ・ハイデルベルゲンシス
チンパンジー
ボノボ
ホモ・アンテセッソール
パラントロプス・ボイセイ
パラントロプス・ロブストス
ゴリラ
ホモ・エレクトス
ホモ・ハビリス
アウストラロピテクス・セディバ
アウストラロピテクス・ガルヒ
アウストラロピテクス・アフリカヌス
パラントロプス・エチオピクス
アウストラロピテクス・アファレンシス
アウストラロピテクス・プロメテウス
アウストラロピテクス・デイレメダ
ケニアントロプス・プラティオプス
アルディピテクス・ラミダス
アウストラロピテクス・アナメンシス
アルディピテクス・カダバ
オロリン・トゥゲネンシス
サヘラントロプス・チャデンシス
ルダピテクス・フンガリクス
ダヌビウス・グッゲンモシ

エリンへ、そしてこれからの歩みへ

直立二足歩行の人類史

人間を生き残らせた出来の悪い足

はじめに

バーモント州ノーウィッチの自宅でこの文章を書いている現在、SNS上で、「あなたは六歳、十歳、十四歳、十六歳、十八歳のとき、将来についてどんな夢を持っていましたか？ そして大人になった今、どんな仕事をしていますか？」というアンケートがおこなわれている。私の回答は次のとおり。

六歳　科学者
十歳　レッドソックスのセンター
十四歳　ボストン・セルティックスのポイントガード
十六歳　獣医
十八歳　天文学者
現在　古人類学者

古人類学とは、化石人類を研究する学問である。それは、人類がかつて自分自身および世界について抱いた、最大にして最も大それた疑問を扱う科学である。なぜわれわれはここにいるのだろう。なぜわれわれはこのような存在なのだろう。われわれはどこから来たのだろう。だが、それは、私がずっと目指していた道ではなかった。それどころか、私は二〇〇〇年まで古人類学という科学に出会ったことさえなかったのだ。

その年、私はボストン科学博物館でサイエンス・エデュケーターとして働いていた。時給は十一ドルだった。その年の暮れ、ジョージ・W・ブッシュが大統領に当選し、レッドソックスは、ワールドシリーズでの最後の優勝から数えて八十三シーズン目に突入することが決まった。科学博物館の同僚に、優秀なサイエンス・エデュケーターがいた。とにかくよく笑う人で、その笑い声を聞くとこちらもつい笑顔になった。四年後、「結婚してくれますか」という私の問いかけに、彼女はイエスと答えてくれた。

だが、二〇〇〇年の後半、私の頭から離れなかったのは恋ではなく、博物館のとんでもない展示のことだった。恐竜が展示されているのと同じ部屋に、しかも、実物大のティラノサウルス・レックスのすぐ近くに、三百六十万年前に人類の祖先がタンザニアのラエトリに残した足跡のグラスファイバー製レプリカが並べられていたのだ。

これでは、恐竜とマンモスと原始人のフィギュアが同じパッケージに入っている玩具「古代生物セット」と同じだ。初期人類の足跡化石をそれより二十倍も古い恐竜の化石と並べて展示したのでは、「初期人類と恐竜は共存していた」という誤解を助長しかねない。これは何とかしなければ、と私は思った。

上司（偉大なサイエンス・エデュケーター、ルーシー・カーシュナー）に掛け合ってみたところ、彼女は、少し前に改装されたヒト生物学展示室に足跡化石を移すことに同意してくれた。「でもその前に、博物館の図書館へ行って、ラエトリの足跡化石と人類進化についてできるだけのことを勉強してきてね」と彼女は言った。私は関連書籍を読み漁るうち、たちまちのめり込んでしまった。文字どおり、ホミニン熱に取りつかれてしまったのだ。「ホミニン」とは、現生人類の絶滅した親類や祖先を意味する、古人類学の用語だ。ホミニン熱に取りつかれたタイミングも、これ以上ないほど絶妙だった。その後の二年間に、人類系統樹の最古のメンバーたち――アルディピテクス、オロリン、サヘラントロプスといった、類人猿のような姿のミステリアスな祖先たち――が次々と発見されたのだ。

二〇〇二年七月、私は当時ボストン大学にいた古人類学者ローラ・マクラッチ博士と一緒に博物館のプレゼンテーションステージに立ち、アフリカのチャドで新たに発見された七百万年前のホミニンの頭蓋骨について来場者と意見交換していた。目もくらむ思いだった。自分は今、本物の古人類学者と、最古の人類化石について話し合っているのだ。

私にとって、ホミニンの化石は、単に人類進化史の物的証拠を提供してくれるだけの存在ではなかった。化石には、太古の命の特別な、個人的な物語が封じ込められている。たとえば、ラエトリの足跡は、直立して歩き、呼吸し、考えていた彼らの、人生の一コマを捉えたスナップショットだ。彼らは笑い、泣き、生きて、そして死んだのだ。私は、科学者がこうした化石からどのようにして情報を絞り出すのか知りたいと思った。祖先の物語を、証拠に基づいて語りたいと思った。つまり、私は古人類学者になりたいと思った。ローラ・マクラッチ博士と一緒に博物館のステージに立ってから一年あまりのち、私は大学院生としてボストン大学の彼女の研究室に入り、それからすぐに彼女のあとを追ってミシガン大学に移った。

現在、私はニューハンプシャーの森に抱かれたダートマス大学の人類学部で教職に就き、研究のためにアフリカへ出かけるという生活を送っている。ここ二十年近く、化石を求めて南アフリカの洞窟に分け入り、ウガンダやケニアの荒れ地を歩き回ってきた。直立して歩いていた祖先たちが数百万年前に残した足跡をさらに見つけようと、タンザニアのラエトリで太古の火山灰層を掘ったこともある。野生のチンパンジーのあとを追って、ジャングルの中を移動したこともある。アフリカの博物館を訪ね、初期人類の足や脚の化石を細部まで調査したこともある。そして、さまざまな疑問について考えてきた。

私は、人間の大きな脳、高度な文化や技術について考えた。人間はなぜ言葉を話すのだろう。子どもを育てるにはなぜ村が必要なのだろう。これまでずっと、子育てするには必ず村が必要だったのだろうか。人間はなぜ、ときには母体に危険が及ぶほど難産なのだろう。人間の性質についても考えた。人間はなぜ、利他的に行動したかと思えば次の瞬間に暴力的になったりするのだろう。だが、私が最も疑問に思い、主として考え続けてきたのは、人間はなぜ、四本足ではなく二本の足で立って歩くのだろうということだった。

考え続けるうちに私は、自分が疑問に思っている多くのことがすべて関連し合っていることに気づいた。すべての根っこは、人間の特異な移動方法にあるのだ。二足歩行こそ、われわれを人間たらしめている固有の特徴の源だったのだ。二足歩行こそ人類の証明なのだ。この関連を理解するために必要となるのが、自然界への問題駆動型にしてエビデンスベースのアプローチ法、つまり、私が六歳のときから信奉してきた科学である。

本書は、いかにして二足歩行がわれわれを人間たらしめたかを描く物語である。

序論

「歩き始めるときにはどの足から動かすんだい？」と聞かれたムカデの昔話がある。そう言われてムカデはびっくりする。それまでまったくふつうの歩き方だと思っていたのに、いざ考えるとさっぱり分からない。まごついたムカデは歩けなくなってしまう。（どうやって、ではなく）どうして歩くのかを説明しようとすると、私はこれと同じような困難に直面する。[1]

——ジョン・ヒラビー（探検家）

二〇一六年、ニュージャージー州でクマが増えすぎ、田舎や郊外に出没したため、年間の殺処分数が史上最高を記録した。六百三十六頭が駆除されたが、そのうちの六百三十五頭については動物愛護団体から抗議の声が多少上がった程度だった。[2] だが、ある特別なクマが殺されたというニュースが流れると、激しい怒りの声が殺到した。[3]

そのクマの殺処分は「暗殺」と呼ばれた。そのクマを殺した張本人と見なされたハンターは、

「殺してやる」と脅迫された。そのハンターをクマと同じように追い詰めて撃ち殺せ、と言う者もいた。去勢してしまえという声もあった。そのクマの死だけがこれほどの怒りを巻き起こしたのはなぜだったのだろう。

それは、そのクマが二本足で歩いていたからだった。

その若いオスのクマが郊外の道路や家の裏庭を二本足で歩いている（つまり、二足歩行している）ところは、二〇一四年から度々目撃されていた。餌を食べるときは前足を下ろしていたが、怪我のせいで前足に体重をかけることができず、歩くときには後ろ足で立って二足歩行していたのだ。

そのクマはペダルズと呼ばれていた。

私は生前のペダルズの歩く姿を見たことはないが、人類の二足歩行に魅せられている科学者としては一度見ておきたかったと思う。幸い、ありし日のペダルズの姿をユーチューブで見ることができる。ある投稿は百万回以上視聴されている。[4] 四百万回超えの動画もある。[5]

ぱっと見には、ペダルズはクマの着ぐるみを着た人間のようだったが、歩き始めると、ペダルズの歩き方と人間のそれとの違いは明らかだった。ペダルズの後ろ足は私の脚よりもずっと短い。彼は腰をぴんと伸ばし、長い爪の生えた足をすばやく小刻みに繰り出して摺り足で歩いていた。その姿は、必死にトイレを探している人を思わせた。ペダルズは二本足で長時間歩くことはできず、すぐに前足を下ろして四本足に戻ってしまった。

動物が人間のような行動を見せると、われわれはなぜかその姿に引きつけられる。ネット上には、ヤギの鳴き声が人間の言葉のように聞こえる動画とか、シベリアンハスキーの遠吠えが「アイラブユー」と聞こえる動画などがあふれている。カラスが屋根を滑り台代わりにして遊んでいる映像や、チンパンジーがハグする映像[6]にわれわれは目を見張る。彼らの姿は、人間と他の動物との類似性を思い起こさせてくれる。だが、他のどんな行動よりもわれわれを感心させるのは、動物が二本足で歩く姿だ。遠くを見ようとしたり威嚇するときなどに二本足で立ち上がる動物は多いが、常時二足歩行するほ乳類は人間だけだ。人間以外の動物が二足歩行すると、われわれの目はその姿にくぎ付けになる。

二〇一一年、イギリス・ケントのポート・ラインプネ野生動物公園のローランドゴリラがときどき二本足で歩くことが話題になった[7]。その後まもなく、CBSとNBCとBBCがこのアンバムという名の牡ゴリラの特集番組を放送した。二〇一八年にフィラデルフィア動物園でルイスという大きな牡ゴリラが二本足で立って歩き始めると（多くの人が、手を汚したくないためにそうするのだと言っている）、二足歩行ゴリラ・ブームが再び巻き起こった[8]。

フェイスという牝イヌは生まれつき片方の前足がなく、もう片方の前足も生後七ヶ月で切断されてしまった[9]。飼い主がおやつで釣って、後ろ足でぴょんぴょんと跳ぶことを根気よく教えたおかげで、フェイスは二本足で歩けるようになった。フェイスは何千人もの負傷兵を慰問し、「オプラ・ウィンフリー・ショー」にも出演した。

二〇一八年には、二足歩行するタコの動画がネット上を席巻した[10]。そのタコは、八本ある足の二本だけを使って、砂地の海底を歩いていた。

クマやイヌやゴリラやタコが二本足で歩いているのを見てわれわれが驚くのは、それが非常に人間的な行動だからだ。人間が二本足で歩いても、それは当たり前のことだ。われわれ人類は、地球上で唯一の、二足歩行するほ乳類なのだ。そして、それにはもっともな理由がある。

その理由は本書の中で明らかになるだろう。これから、それを解き明かす驚くべき旅に出かけよう。

第一部で、人類の系統における直立二足歩行の起源を、化石記録に基づいて考察する。第二部で、人類という種を定義づける諸々の変化（脳の巨大化、子育て法の変化など）が二足歩行によって初めて可能になったこと、人類がそれらの変化のおかげで誕生の地アフリカから地球全体へと広がっていったことを説明する。第三部で、効率的な二足歩行のために必要となった解剖学的変化が現代人の生活——赤ん坊の最初の一歩から、加齢による関節痛まで——に与えた影響を考察する。結論部で、四足歩行と比較して二足歩行には不利な点が数多（あまた）あるにもかかわらず、なぜ人類はそれを乗り越えて生き延び、繁栄することができたのかを検証する。

さあ、一緒に歩き出そう。

第一部 二足歩行の起源

THE ORIGIN OF UPRIGHT WALKING

「人類はチンパンジーのような姿勢から徐々に直立し、
二足歩行に移行した」という
従来のイメージが誤りである理由

他の動物たちはうつむいて地面を見ているが、
人間だけは直立して顔を天に向かって上げることができる。(1)

――オウィディウス
『変身物語』(紀元後八年)

第一章 人間の歩き方

How We Walk

二足歩行は並外れて足が遅く、捕食されやすいのに、
なぜ人類は繁栄したのか?
ダーウィンやダートの仮説は、残念ながら間違いだ

歩くとは、のめることだ。一歩一歩が、顔から地面に突っ込む惨事をうまく防いだ結果だ。こうして、歩くことは信念に基づく行為となる。[1]

――ポール・サロペック
「人類の旅路を歩く　第一回」（二〇一三年十二月）

ジャーナリストである彼は二〇一三年、人類の故郷アフリカ大陸から地の果てまで、人類の祖先がたどった二万マイルの道のりを十年かけて歩き通す旅に出発し、世界各地から記事を配信している。引用箇所はその旅行記の冒頭部分。

率直に言って、人間は奇妙な生き物だ。ほ乳類であるにもかかわらず、体毛は少ない。他の動物が言葉以外の手段で情報伝達するのに対して、人間は言葉を話す。他の動物がハアハアと荒い呼吸を繰り返して体温を逃がすのに対して、人間は汗をかく。人間は身体の大きさに対して並外れて大きな脳を持ち、複雑な文化を発達させてきた。だが、人間のおそらく最も奇妙な点は、完全に伸ばした後肢を使って二本足で移動することだ。

化石記録は、われわれの祖先が二足歩行するようになったのは、大きな脳や言語といった人類固有の他の特徴が発達するよりも遙かに前だったことを示している。二足歩行によって人類の系統が唯一無二の道を歩み始めたのは、われわれの祖先がチンパンジーの系統から枝分かれした直後のことだった。

かのプラトンも、二足歩行の特異性と重要性を認識していた。[2]彼は、人間を「二本足の、羽毛のない動物」と定義している。伝説によれば、このプラトンの定義付けに納得できなかった犬儒派のディオゲネスは、羽をむしった鶏を手にして、馬鹿にしたように「プラトンの人間」と言ったという。これを受けて、プラトンは「平爪を持つ」という文言を加えることで人間の定義をマイナーチェンジしたが、「二本足の」の部分には何の変更も加えなかった。

以来、二足歩行はわれわれの語彙や慣用句やエンターテインメントに進出してきた。[3]英語には、「歩く」を表す動詞が驚くほどたくさんある（訳注：日本語は「ぶらぶら歩く」、「とぼとぼ歩く」、「大股で歩く」、「どしんどしんと歩く」などと副詞を添えてさまざまな歩き方を表現するが、英語はこれらをすべて別々の動詞一語で表す）。walkを使った慣用句もたくさんある。「他人の身体の上を歩き回る（walk all over someone）」と言えば「人を踏みつけにする」という意味になるし、「他人の靴を履いて一マイル歩く」（walk a mile in someone's shoes）は「人の立場になって考える」という意味だ。「水上を歩く（walk on water）」と言えば「奇跡を起こす」ことだし、何でも知っている生き字引は「歩く百科事典（walking encyclopedia）」だ。テレビアニメに出てくる動物のキャラクターは、ミッキーマウスもバッグス・バニーもグーフィーも、スヌーピーもくまのプーさんもスポンジ・ボブ・スクエアパンツも「ファミリー・ガイ」の犬のブライアンもみんな、二本足で立って歩いている。

平均的な健常者は、一生のうちにおよそ一億五千万歩歩くという。距離にして優に地球三周分である[4]。

だが、二足歩行とは何だろう。人間はどのように二足歩行するのだろう。

研究者はよく、二足歩行を「制御された転倒」と表現する。片足を上げると、身体は重力によって前方および下方に引っ張られる。もちろん、転んで顔を地面にぶつけるのは嫌なので、足を前に伸ばして地面に下ろすことによって身体を支える。このとき、歩き始めた時点よりも身体の位置が低くなっているため、身体を再度引き上げなければならない。ふくらはぎの筋肉が収縮し、身体の重心を上げる。それからもう片方の足を前方に振り上げ、再度、転倒を回避する。霊長類学者のジョン・ネイピアは一九六七年に、「人間の歩行は、一歩一歩が危険と隣り合わせの独特な行為だ[5]」と述べている。

次に、歩いている人を横から見てみよう。一歩ごとに頭の位置が上下していることが分かる。この波状パターンが、二足歩行という「制御された転倒」の形態の特徴である。

もちろん、歩行という動作はこれほどぎこちなくはないし、単純でもない。少し専門的になるが、脚の筋肉が収縮して身体の重心が引き上げられると、位置エネルギーが蓄積される。重力によって身体が前方に引っ張られると、蓄積された位置エネルギーは運動エネルギーに変換される。重力を利用することによって、歩行に必要なエネルギーを六十五パーセント節約することができる[6]。位置エネルギーから運動エネルギーへのこの変換は、振り子の原理と同じである。人間の歩行は、逆さまの振り子（メトロノームのような）の動きとして考えることができる。

これと、他の動物が後ろ足で立ち上がって歩くときの動作には何か違いがあるのだろうか。その答えは、イエスである。

博士課程の学生だった頃、私はウガンダ西部のキバレ森林国立公園で野生のチンパンジーを一ヶ月間観察したことがある。そのとき、私はバーグと出会った。バーグは、ンゴゴ・コミュニティ（百五十頭ほどの、チンパンジーの群れとしては非常に大きな集団）の大きなオスだった。バーグはどちらかというと年配で、頭の毛が少し薄くなり、腰やふくらはぎには黒い毛に白髪が混じっている部分があった。バーグは高位のオスではなかったが、テストステロンがみなぎってくると、毛を逆立て、森中にこだまする雄叫びを上げることもあった。そんな状態のバーグには近づかないのが一番だった。

そんなとき、バーグは木の枝を地面から拾い上げたり手近の木から折り取ってつかむと後ろ足で立ち上がり、茂みのなかを二本足で歩いた。だが、その歩き方は人間のそれとは違っていた。バーグの膝と腰は曲がっていた。それは、グルーチョ・マルクスが『マルクス一番乗り』やその他のマルクス兄弟の映画で見せた、膝と腰を屈めたコミカルな歩き方に似ていた。片足でうまくバランスを取ることができないため、森の中を突き進むバーグの体は左右に揺れていた。それは、エネルギーを浪費する移動方法だった。バーグはすぐに疲れてしまい、十歩ほど歩くと前足を地面について四つん這いに戻った。

対照的に、人間の膝や腰は曲がっていない。人間が立っているとき、膝と腰は伸びている。人間の大腿四頭筋にかかる負荷は、膝を屈めて歩くチンパンジーのそれよりも軽い。腰の両側についている筋肉のおかげで、人間は片足でバランスを取ることができる。人間はバーグよりも優美に、そして遙かにエネルギー効率よく歩くことができる。

だが、このような解剖学的な変化はなぜ起きたのだろう。なぜこのような特異な移動形態が発達したのだろう。

人類最速の男の二足歩行を考察するところから、われわれの旅を始めよう。二〇〇九年、ジャマイカの短距離ランナー、ウサイン・ボルトは、九・五八秒という百メートル走の世界記録を打ち立てた。[7]彼は六十〜八十メートルの区間で時速二十八マイル（約四十五キロメートル）近い最高速度に達し、それをおよそ一・五秒間維持した。だが、他のほ乳類の標準に照らし合わせると、この人類最速の男はお話にならないほど鈍足だ。

最速の陸生ほ乳類であるチーターの最高速度は時速六十マイル（約九十六・六キロメートル）を上回る。[8]チーターは通常、人間を襲うことはないが、人間を襲うこともあるライオンやヒョウの最高速度は時速五十五マイル（約八十八・五キロメートル）である。シマウマやインパラといった草食獣も、捕食者から逃れるために時速五十〜五十五マイル（約八十・五〜八十八・五キロメートル）で走ることができる。つまり、喰う者と喰われる者との軍拡競争の結果、アフリカでは捕食者もその獲物となる動物も、そのほとんどが時速五十マイル以上のスピードを出せるということだ。われわれ人類を除けば。

ウサイン・ボルトはヒョウから逃げられないだけでなく、ウサギを捕まえることもできないだろう。人類最速の男はインパラの半分のスピードしか出せないのだ。四本足ではなく二本足で移動することによって、人類はギャロップ走行する能力を失い、並外れて足が遅く、捕食されやすい存在になった。

二本足で歩くことによって、人類の歩き方はやや安定性を欠くようにもなった。優美な「制御された転倒」が「制御されていないただの転倒」になる場合があるのだ。アメリカ疾病予防管理センターによれば、アメリカでは年間三万五千人以上が転倒によって死亡している[9]。これは、交通事故の死者とほぼ同じ数字である。だが、リスとかイヌやネコといった四本足の動物がつまずいて転んだところを見たことがあるだろうか。

「足が遅く、転びやすい」という特徴は、絶滅の原因になりそうに思える。われわれの祖先がライオンやヒョウやハイエナの祖先である俊足の大型肉食獣と隣り合わせに生活していたことを考えればなおさらである。だが人類は生き残り、繁栄している。だから、二足歩行には、その弱点を上回る利点が必ずあるはずだ。それは何だろう。この問いに対する回答例を、偉大な映画監督スタンリー・キューブリックの作品に見ることができる。

「武器を持つため」モデル

キューブリック監督の映画『２００１年宇宙の旅』（一九六八年）冒頭の場面。アフリカの乾燥したサバンナの水場に、毛むくじゃらの類人猿が群がっている。その中の一頭が、地面に転がっている大きな骨を興味津々の顔つきで見ている。彼はそれを拾い上げると棍棒のように構え、周囲に散乱している骨をそっと叩く。リヒャルト・シュトラウスの交響詩「ツァラトゥストラかく語りき」（一八九六年、作品三十）が鳴り始める。ホルンの「ダー、ダー、ダー、ダダー」という音に、バスドラムの「ダンダン、ダンダン、ダンダン」という響きが重なる。類人猿は頭の中で、骨を道具として――殺すための道具として――使うところを思い描く。類人猿は二本足で立ち上がると武器を振り下ろし、骨を粉々に打ち砕く。このシーンに、類人猿が獲物もしくは敵を殴り殺す映像が重なる。これが、キューブリックが思い描いた「人類の夜明け」である。彼とその共著者アーサー・C・クラークはこのシーンで、当時広く一般に受け入れられていた、人類の起源および二足歩行の始まりのモデルを映像化したのである。

このモデルは現在でも幅をきかせているが、ほぼ確実に間違っている。このモデルの前提として、「二足歩行がサバンナで発達したのは、武器を持つために手を空ける必要があったからだ」という考えがある。その根底にあるのは、人間は太古の昔から現在にいたるまで常に暴力的な生き物だったという主張である。こうした考え方はダーウィンにまで遡る。

チャールズ・ダーウィンの『種の起源』（一八五九年）は、後世に最も大きな影響を与えた書物の一つである。ダーウィンは進化論を発明したわけではない。その数十年前から、博物学者たちは種の可変性について議論していた。ダーウィンの最大の功績は、さまざまな生物の集団がどのように変化するのか、どのように徐々に変化し続けるのかという、検証可能なメカニズムを提示したことにある。彼はこのメカニズムを「自然選択」と呼んだが、「適者生存」という言い方のほうがよく知られている。『種の起源』から百五十年以上が経過した現在、自然選択が進化的変化の強力な推進力だという証拠は充分に揃っている。

懐疑派は当初から、人間がサルの子孫だと言うのかと嘲笑ったが[10]、『種の起源』の中でダーウィンは人類の進化についてはほとんど何も述べていない。最後から二ページ目に、「人類の起源と歴史に光が投げかけられるだろう」と書いているのみである[11]。

しかし、ダーウィンは人類について考えていた。十二年後の一八七一年に発表した『人間の由来』の中で彼は、「人間には、相互に関連する複数の特性がある」という仮説を立てた。「人間は、道具を使用する唯一のサルだ」と彼は主張した。現在のわれわれはその主張が誤りであることを知っているが、自分で作った道具を使うチンパンジーをジェーン・グドールがタンザニアのゴンベ・ストリーム国立公園で観察したのは、それから九十年も経ってからのことである。そして、「人間は唯一完全に二足歩行するサルだ」「人間の犬歯は並外れて小さい」という主張に関しては、ダーウィンは正しかった。

これら三つの人間の特性――道具の使用、二足歩行、小さな犬歯――は互いに関連し合っている、とダーウィンは考えた。二本足で移動する個体は、自由になった手で道具を使えるようになった。道具のおかげで、彼らはライバルと戦うための大きな犬歯を必要としなくなった。この一連の変化が最終的に脳の巨大化につながったのだ、と。

だが、ダーウィンには研究する上でハンディキャップがあった。当時はまだ、野生の類人猿の観察記録を入手することはできなかった。そうしたデータが入手できるようになったのは一世紀ものちのことだった。その上、一八七一年の時点においては、人類発祥の地アフリカ大陸（この現在の知見を、ダーウィンは一世紀半前に予測していた[12]）で初期人類の化石はまだ一つも発見されていなかった。ダーウィンの時代に知られていた化石人類は、ドイツで発見されたネアンデルタール人だけだったし[13]、当時はその化石について「病気による変形」と主張し、現生人類とは別種の人類のものと認めない学者もいた。

こうしたハンディキャップを背負いながらも、ダーウィンは、人間がなぜ二足歩行するのかについて検証可能な科学的仮説を提示すべく最善を尽くした。

ダーウィンの仮説の検証に必要なデータが最初に発見されたのは一九二四年のことだった。南アフリカのウィットウォータースランド大学で解剖学を教えていたレイモンド・ダートという若いオーストラリア人教授のもとに、木箱に入った複数の石が送られてきた[14]。石は、ヨハネスブルグの南西三百マイル（約四百八十キロメートル）に位置するタウング近郊の採石場で見つかったものだった。箱を開けたダートは、石の一つに、霊長類の幼獣の化石化した頭骨が含まれていることに気づいた。彼は妻の編み針を使って、化石を取り巻いている石灰岩を取り除いた。取り出してみると、その頭骨には奇妙な特徴があることが分かった。まず第一に、「タウング・チャイルド」（その頭骨は、のちにそう呼ばれるようになった）の犬歯はヒヒや類人猿のそれとは比べものにならないほど小さかった。だが、真の手がかりは、その化石化した脳に潜んでいた。

私のおもな研究対象は初期人類の足の骨だが、歴史的な意味からも美しさという観点から言っても、タウング・チャイルドの頭骨に匹敵する化石はない。私は二〇〇七年にヨハネスブルグのウィットウォータースランド大学でその実物に触れる機会を得た。ウィットウォータースランド大学所蔵の化石コレクションの管理者ベルンハルト・ツィプフェルは私の友人だ。彼は元々は足専門医だったが、「外反母趾の治療にうんざりしてしまい」古人類学者になった。ある朝、彼は保管庫から小さな木箱を取り出してきた。それは、一世紀近く前、ダートその人がその貴重な化石を保管するのに使っていた木箱だった[15]。ツィプフェルは、化石化した脳を注意深く取り出すと、それを私の手のひらに載せた。

タウング・チャイルドの死後、脳は腐敗し、頭蓋内を泥が満たした。数万年が経過するうちに頭蓋内の泥は石化し、脳のレプリカ（頭蓋内鋳型（エンドキャスト））を形づくった。そのエンドキャストには元の脳の大きさや形が忠実に再現されていただけでなく、脳のしわや溝、脳表面の血管といった部分までが保存されていた。解剖学的細部が見事に残っている。脳の化石をひっくり返してみると、きらきら光る方解石の分厚い層に覆われている。光を反射するさまは、初期人類の化石というよりまるで晶洞石のようだ。タウング・チャイルドがこれほど美しいものだとは思ってもみなかった。

脳のしわや溝の形状が保たれていたことは驚くべき幸運だった。なぜなら、ダートは脳の解剖学の専門家だったからだ。彼は神経解剖学者だった。彼の研究によって、タウング・チャイルドの脳はサイズ的には大人の類人猿とほぼ同じくらいだが、構造的には類人猿よりも人間のそれに近いことが明らかになった。

化石化した脳は、まるでパズルのピースのように、タウング・チャイルドの後頭部にぴったりと収まった。私は頭骨をゆっくり回転させ、これ以上近くで目と目を合わせることはできまいと言うくらい顔を近づけ、二百五十万年前の子どもの眼窩を覗き込んだ。[16] 頭骨を回転させて底部を調べてみると、ダートが一九二四年に観察したものを確認できた。大後頭孔（脊髄がとおっている穴）が、人間と同じように頭骨の真下に位置している。生前のタウング・チャイルドの頭は、垂直の脊椎の上に載っていたのだ。

つまり、タウング・チャイルドは二足歩行していたのだ。一九二五年、ダートはこの化石化した頭骨は未知の種のものだと発表し、動物を属と種によって分類・命名する伝統的な方法に則ってその新種を「アウストラロピテクス・アフリカヌス」（「アフリカに住む南のサル」の意）と命名した。[17]

たとえば、イヌはすべて同一の種に分類されるが、イヌという種は、オオカミやコヨーテやジャッカルなどの近縁の動物とともに、種よりも大きな「属」というグループを形成している。「属」よりも一段上の、さらに大きな分類階級を「科」といい、そこにはリカオンやキツネや、オオカミに似た絶滅肉食獣など多くの種が含まれる。

われわれ現生人類や化石人類も同じように分類される。現生人類はすべて同一種ホモ・サピエンスに分類されるが、同時に、ホモ属の唯一の生き残りでもある。ホモ属には、ネアンデルタール人などの絶滅した人類が含まれている。二百五十万年ほど前に出現したホモ属は、アウストラロピテクスという別の属に属する一つの種から進化した。ホモ属およびアウストラロピテクス属に属するすべての種はヒト科に属している。チンパンジーやボノボ、ゴリラといった現生類人猿や、絶滅した類人猿の多くもヒト科に含まれる。

動物の学名は、「属名＋種名」で表される。たとえば現生人類はホモ（属名）・サピエンス（種名）、イヌはカニス（属名）・ファミリアリス（種名）、タウング・チャイルドはアウストラロピテクス（属名）・アフリカヌス（種名）である。

しかし、名前よりも重要だったのは、ダートがこの化石をどう解釈したかだった。彼は、この化石はチンパンジーやゴリラの祖先ではなく、人類の絶滅した近縁種だという仮説を立てた。

タウング・チャイルドの解釈について学界で論争が続いている間に、南アフリカの古生物学者ロバート・ブルームはヨハネスブルグ北西の、現在「人類のゆりかご」として知られる地域の洞窟でアウストラロピテクスの化石を探していた。一九三〇年代から一九四〇年代末まで、ブルームはダイナマイトを使って洞窟の堅い壁を爆破し、砕石の中から化石を探した。こうした洞窟の入り口には現在でも、爆破によってできた砕石の大きな山――化石が含まれている石もたくさんある――が残っている。これらはブルームの山と呼ばれている。

現代の古人類学者としては、ブルームの荒っぽいやり方には恐怖を覚えるが、彼は二種類のホミニンの化石を何十個も発見した。一方の、パラントロプス・ロブストスと名づけられたホミニンの化石は、大きな歯と巨大な咀嚼筋の付着部を特徴としていた。これより歯も咀嚼筋も小さい、もう一方の華奢なホミニンは、ダートが発見したアウストラロピテクス・アフリカヌスと同種のように見えた。

ブルームはスタークフォンテーン洞窟と呼ばれる洞窟で、アウストラロピテクス・アフリカヌスが二足歩行していたことを示す化石（脊柱と骨盤の化石が一個ずつ、膝の骨の化石二個）を発見した。現在、洞窟の石灰岩に含まれるウランを用いた放射年代測定法により、これらの化石は二百六十万〜二百万年前のものだと判明している[18]。

同じ頃、ダートは、「人類のゆりかご」北東部のマカパンスガット洞窟で化石を発掘していた。そこで発見された初期人類の化石数個を、彼はタウング・チャイルドとは別種と見なし、ギリシャ神話に登場する、人間に火を与えたティーターン神族の神に因んでアウストラロピテクス・プロメテウスと命名した[19]。それは、周囲で発見された動物の骨の化石が炭化していたのを、意図的に焼かれたものと解釈したためだった。

さらに、ダートは、動物の骨の化石に損傷が見られること、その損傷には特有のパターンがあることを発見した。動物の骨は打ち砕かれていた。大型のレイヨウの脚の骨は、短剣のような鋭い形に割られていた。顎の骨は、ものを切る道具として使われていたのではないかと思われるような形に割られていた。棍棒様の武器として使えそうな形状のレイヨウの角も見つかった。マカパンスガット洞窟全体に、レイヨウやヒヒの打ち砕かれた頭蓋骨が何十個も散乱していた。それらは、アウストラロピテクスが殺して食べた動物の骨だと思われた。

ダートは一九四九年に発掘結果を発表し[20]、アウストラロピテクスが文化を発達させていたという説を提唱した（彼はその文化を、骨、歯、角を意味するギリシャ語を組み合わせて「オステオドントケラティック文化」と名づけた）。彼はダーウィンの仮説をさらに発展させ、「アウストラロピテクスは、他の動物や同族を攻撃するために武器を使用していた」と主張した。

ウィットウォータースランド大学に赴任する以前、ダートは従軍医師としてオーストラリア軍に同行していた。彼は一九一八年の大半をイギリスとフランスで過ごし、第一次大戦の最終局面を目撃した[21]。彼はおそらく、マスタードガスで焼けただれた肺や銃傷の手当をしたことだろう。その二十年後、ダートは、世界が再び燃えるのを見ているしかなかった。二度の大戦を目撃したダートが、人類の祖先は暴力的だったに違いないと考えたのは不思議ではない。そして、彼はその証拠をマカパンスガット洞窟で発見したと信じたのだった。

彼らは狩られる側だった

このようなダートの説は、ロバート・アードレイの世界的ベストセラー『アフリカ創世記』（一九六一年）によって広く知られるようになった[22]。キューブリック監督が『２００１年宇宙の旅』を製作し、猿人たちがシュトラウスの「ツァラトゥストラかく語りき」をバックに動物の骨を打ち砕いたのは、それからわずか七年後のことだった。しかも、『２００１年宇宙の旅』の撮影に立ち会い、サルの着ぐるみを着た役者に凶暴なアウストラロピテクスの演技指導をしたのは、ダートの元教え子フィリップ・トバイアスだった[23]。

だが同じ頃、ダートの説は、ディツォング国立自然史博物館（南アフリカ・プレトリア）の研究室で静かに崩壊し始めていた。

チャールズ・キンバーリン・「ボブ」・ブレインは、細部に対する鑑識眼を持つ新進気鋭の科学者だった。彼はダートのいわゆる「道具」を一九六〇年代に再調査し、それらが自然に損傷したりヒヨウやハイエナに嚙み砕かれたりした骨と同じ形状であることに気づいた。ダートの解釈が間違っていたことは明らかだった。これらの骨はアウストラロピテクスが意図的に打ち砕いたものではなかったのだ。

さらに、動物の焦げた骨は、山火事で炭化した骨がその後の豪雨によってマカパンスガット洞窟に流され、化石化したものと判明した。結局のところ、ダートのアウストラロピテクス・プロメテウスは「火をもたらした者」ではなかったのだ。また、アウストラロピテクス・プロメテウスとアウストラロピテクス・アフリカヌスの間に[24]、これらが別個の二種だとはっきり言えるほどの解剖学的相違も見つからなかったため、プロメテウスはアフリカヌスに吸収された[25]。

同じ頃、ブレインは、以前ブルームが「人類のゆりかご」のスワートクランズ洞窟で始めた発掘を再開した。彼がそこで発見した子どものアウストラロピテクスの頭骨断片には、ＳＫ54という標本番号がつけられた[26]。

タウング・チャイルドの実物を見た数日後、私はスワートクランズ洞窟で発見された頭骨断片ＳＫ54の調査のため、プレトリアのディツォング博物館を訪れた[27]。収蔵品管理者ステファニー・ポッツエ[28]が「ブルーム・ルーム」に案内してくれた。赤いじゅうたんが敷きつめられた小さな空間にガラスケースがずらりと並び、その中に、これまでに発見された最も重要な人類化石が陳列されている[29]。おもむきのあるアンティークショップといった雰囲気だ。

ポッツェが私の手のひらにＳＫ54を載せる。薄い、デリケートな化石だ。薄茶色の地に、ところどころマンガンの黒い斑点が入っている。後頭部に、二つの丸い穴が一インチ（二十五ミリメートル）ほどの間隔を空けて並んでいる。まるで、缶切りで開けられたような穴だ。

ポッツェは今度は、ヒョウの下顎骨の化石を私に手渡した。これもやはりスワートクランズ洞窟で発見されたものだ。[30]

「どうぞ」とポッツェは言った。

私以前にこれを手渡された多くの人と同じように、私はヒョウの牙をそっとＳＫ54の後頭部の穴にあてがった。牙と穴がぴったり合った。

アウストラロピテクスはハンターではなかった。彼らは狩られる側だったのだ。[31]

ここ数十年の間に、ヒョウやサーベルタイガーやハイエナやワニの歯形がついた初期人類の化石が数多く発見されている。タウング・チャイルドを再分析したところ、眼窩に鉤爪の痕が残っているのが発見された。一羽の猛禽類（おそらくはカンムリワシ）がタウング・チャイルドに襲いかかり、地面から引っさらっていったのだろう。

科学にはよくあることだが、どんなにエレガントで一世を風靡した説であっても、新たな証拠の前にはすっかり色あせてしまう。ダートの説は大衆文化の中では今もしぶとく生き残っているとはいえ、人類の二足歩行の起源として、「ハンターである人類は、道具や武器を使うために両手を自由にする必要があった」という説明はもはや通用しない。

それならば、この奇妙な移動形態はなぜ生まれたのだろう。

その理由は永久に分からないだろうと言う研究者もいる。[32]二足歩行するほ乳類は人間だけだという事実がこのミステリーの解決をことさら困難にしているが、だからこそ、このミステリーは一層魅力的なのだ。

その理由はこうだ。

サメ、サケ、イカ、イルカなど、泳ぐ動物はたくさんいる。イクチオサウルスという、絶滅した爬虫類も泳いでいた。しかし、これらの動物は決して近縁ではない。イルカはここに挙げた動物よりむしろ人間に近いし、イクチオサウルスは魚よりもタカに近い。にもかかわらず、泳ぐ動物の姿は驚くほど似通っている。

それはなぜか。それは、泳ぐための「最良の方法」というものが存在するからである。水中を移動するのに最適な姿形を持ったサメやイクチオサウルスやイルカの祖先は、ライバルよりも高速で泳ぎ、より多くの魚を食べ、より多くの子孫を残すことができた。近縁ではない水生動物の姿形がこれほど似ているのはなぜだろう。それは、自然選択によって、さまざまな種が流線型の身体——水中をすばやく移動するのに最も適した形——へと進化したからである。

このような進化は自然界で繰り返し起きてきた。たとえば、コウモリも鳥も蝶も、羽を「発明」した。ヘビやサソリやイソギンチャクの、獲物を捕るための神経毒は、それぞれ独自に進化した。このような現象を「収束進化」という。

収束進化を援用して、人類の二足歩行を説明できるだろうか。現生ほ乳類だけを研究対象にするなら、答えはノーである。二足歩行するほ乳類は人間の他にはいないのだから。他にも常に二本足で歩くほ乳類がいれば、二足歩行が生存に有利な理由を彼らから学ぶことができるのだが。二足歩行は食糧を獲るのに有利なのだろうか。大昔の生息環境において、二足歩行には何らかの利点があったのだろうか。生殖相手を得るには二足歩行のほうが有利だったとか？　二足歩行の起源に関するこのような仮説を検証すれば、なぜ初期人類が二足歩行という移動形態を発達させたかについての重要な手がかりが見つかるだろう。だが、研究対象にするべき二足歩行ほ乳類は人間以外に存在しないため、合理的な仮説とトンデモ仮説を区別することはきわめて困難なのだ。

それなら、もっと遠い過去——恐竜の時代——にまで遡って考えてみるのはどうだろう。そこまで時代を遡れば、二足歩行はそれほど珍しいことではないのだ。

第二章

Tレックスとカロライナの虐殺者と最初の二足歩行動物

T. rex, the Carolina Butcher,
and the First Bipeds

太古のトカゲ、ワニ、そして恐竜から鳥類。
進化史では、二足歩行は何度も現れた。
彼らが二本足で立った理由は人間と同じなのか?

四本足はいい、二本足はもっといい！　四本足はいい、二本足はもっといい！[1]
——ジョージ・オーウェル『動物農場』（一九四五年）に登場するヒツジ

子どもの頃、私は兄や姉と一緒にテレビシリーズ「マーシャル博士の恐竜ランド」を見ていた。私はいつも、スリースタックというキャラクターを怖がっていた。スリースタックというのは、声にシューッという音が混じる、爬虫類のような姿をした生き物で、いつもマーシャル家のメンバーを誘拐しようとしているやつらだ。非常に背が高く、目が異様に大きく、二本足で歩いている。このスリースタックの一人を演じていたのが、当時高校生だったビル・レインビアだった。この事実が、スリースタックの身長と、私がスリースタック嫌いだった理由の両方を明らかにしている。身長六フィート十一インチ（約二メートル十センチ）のレインビアはプロバスケットボール選手になり、デトロイト・ピストンズで活躍した。私はボストン・セルティックスのファンだった。

「マーシャル博士の恐竜ランド」はもちろんフィクションだ。だが、二足歩行する爬虫類は実在した。

二〇一八年、折しも平昌（ピョンチャン）冬季オリンピックのさなか、韓国の科学者チームが一億二千万年前に

最古の二足歩行動物。右からカバルジア、エウディバムス、ラケルトゥルス。ペルム紀初期（およそ2億9000万年前）に生息していた。Frederik Spindler

トカゲが直立して走った足跡の化石を発見したと発表した[2]。このトカゲは、おそらくは捕食者から逃れるために後ろ足で立って干潟を走り、二足歩行の足跡を残したのだろう。強烈な日差しを受けて干潟は固まり、長年の間に幾重もの地層の下に埋もれた。地層の隆起と浸食によって露わになった太古のトカゲの足跡は、崩れ去る前に幸運にも科学者によって発見された。

足跡化石が発見されることはまれだが、二本足で走るトカゲの発見は驚くほどのことではない。現在でも、南米に、二本足で立ち上がって全速力で走るバシリスクというトカゲがいる。このトカゲは非常に高速で走るため、短い距離なら水上さえも二本足で走ることができる。そのため、バシリスクは別名をキリストトカゲという（訳注：キリストが水上を歩いたという新約聖書の記述から）。

二本足で走る爬虫類がかなり昔から存在したことを示す証拠は、他にもある。二十年前、トロント大学の古生物学者がドイツ中部で、化石化した太古の沼地から小さな二足歩行爬虫類の骨格化石を発見した。その爬虫類はエウディバムス・クルソリス（「原始の二本足のランナー」の意）と名づけられた。その長い脚と蝶番のような関節が、その絶滅爬虫類が二足歩行していたことを示している。

意外にも、エウディバムスは非常に古い生物である。生息していたのはおよそ二億九千万年前。それは爬虫類そのものの誕生からまもない頃であり、最初の恐竜が現れるよりも何千万年も前のことである。エウディバムスは、知られている中では地球史上最古の、四本足でなく二本足で移動する動物である。(3) この俊足の小型爬虫類は、現在のキリストトカゲと同じように後ろ足で疾走することによって捕食者からは逃れたものの、進化の袋小路に入り込んで絶滅してしまった。

つまり、最初の陸生二足歩行動物の系統は失敗作だったのだ。この系統は、現在につながる後継種を残すことなく絶滅してしまった。だが、二足歩行動物の黄金時代がもうすぐ始まろうとしていた。

カロライナの虐殺者現る

窓の外で、小さな二足歩行動物が青々とした春の芝生の中を、イモムシを探して跳ね回っている。その姿は実に愛らしい。私が書いているのは我が娘のことではなく、一羽のコマツグミのことだ。

コマツグミは芝生の中をチョンチョンと跳ね回りながら、ときどき土の中にくちばしを突っ込んでイモムシをついばんでいる。何かに驚いたのか、羽毛の生えた前足を羽ばたかせて飛び立ち、手近な木の枝に止まる。

コマツグミからワシ、ダチョウ、ペンギンにいたるまで、鳥類はすべて二足歩行する。鳥類はいつから二足歩行するようになったのだろう。そして、それはなぜだろう。鳥の二足歩行を理解することが、人類の二足歩行の理解につながるかもしれない。

ある特徴が進化の過程でどのように生まれたかを理解するために科学者が取るアプローチの一つに、近縁種の解剖学的構造を分析し、類似点と相違点を探るというものがある。たとえば、われわれ古人類学者は人間と類人猿の比較を常におこなっている。それなら、鳥類に最も近縁の現生生物とは何だろう。その答えは明快だが、同時にショッキングなものでもある。

鳥類の解剖学的構造とDNAの分析の結果、鳥類に最も近縁の生物はクロコダイル、アリゲーター、カイマンなどのワニ類だと確認された(4)。DNAと化石を調べることによって、ある生物がどんな生物と近縁なのかだけでなく、それらが共通の祖先から枝分かれした年代も分かる。たとえば、人類とチンパンジーが共通の祖先から枝分かれしたのはたったの六百万年前である。だが、鳥類とワニ類が共通の祖先から枝分かれしたのはそれよりもずっと古い、二億五千万年前のことだった。

一九八〇年代にテレビシリーズ「愉快なシーバー家」の長男役でブレイクした俳優カーク・キャメロン（訳注：福音派の熱心な信者で、宗教保守の活動家として知られている）はあるネット動画の中で、鳥類とワニ類が遺伝子的に近縁関係にあるというこの学説を持ち出し、これこそ進化論が作り話であることの証拠だと語っている。「これが、このクロコダックが、進化論者たちが探し求めてきたものなのでしょうか(5)」

だが、進化はキャメロンが空想しているようなやり方で起きるわけではない。ある種と別の種との共通祖先は、二種類の現生生物を掛け合わせたような『ドクター・モローの島』風の怪物ではない。それは通常、より一般化された形態の生物である。そこから枝分かれした種が固有の環境に適応するうちに長い年月をかけて別々に変化し、それぞれの特徴を持った現生生物へと進化したのである。

鳥類とワニ類の共通祖先はクロコダックではなく、アルコサウルス類と呼ばれる一群の動物である。これが分かっているのは、化石が発見されたおかげである。初期のアルコサウルスの化石は、二億七千万～二億四千五百万年前（ペルム紀中期から三畳紀前期と呼ばれる時代）の岩石から見つかる。アルコサウルスの中には植物食の種もいたが、その他は小型爬虫類や、毛皮で覆われたトカゲのような外見を持つ原始ほ乳類を捕食していた。アルコサウルスには小型の種も大型の種もあった。博物館で骨格標本を見た人に小型のティラノサウルス・レックスと間違われそうな外見を持つ、ポストスクスという種はときには二本足で歩くこともあった。

アルコサウルスは恐竜ではなかった。というか、まだ恐竜ではなかった。およそ二億四千五百万年前、（理由はまだ分かっていないが）アルコサウルスの系統は枝分かれして二つの主要形態へと進化した。一つは、現在のクロコダイルやアリゲーターの祖先となった。もう一つは恐竜になり、最終的に鳥類に進化した。

両系統が枝分かれしていくちょうどその根元に立っていたのが、二足歩行動物だったのである。

ノースカロライナ自然科学博物館のリンゼー・ザノは、二〇一五年に、ノースカロライナ州ローリーのすぐ西で二億三千万年前の地層から発見された三畳紀のワニ類について論文を発表した。[6]彼女がカルヌフェクス・カロリネンシス（「カロライナの虐殺者」の意）と命名したそのワニの体長は九フィート（約二メートル七十四センチ）、鋭く尖った歯が口いっぱいに生えていた。このワニは、ときには二本足で立ち上がって歩くこともあった。ワニは「生きた化石」などと言われ、まるで恐竜時代からまったく変わっていないかのように考えられがちだが、腹ばいでのそのそと歩く現在のワニとは対照的に、ワニの最初期の祖先は華奢な造りの、足の速い動物だった。[7]直立することができ、ときには二足歩行することもあった。

ザノの古生物学実習室は、ローリーの街中に立つネイチャー・リサーチ・センターの二階にある。二〇一二年に建設されたネイチャー・リサーチ・センターは、来場者が科学のプロセスに参加できるように設計されたモダンな施設だ。来場者はガラス越しに、化石だけでなく、それを発見し研究する古生物学者をも見学することができる。実習室中央に鎮座しているトリケラトプスの頭骨化石が、石膏ジャケット（訳注：化石を母岩ごと石膏で固めて保護した上で、発見現場から持ち帰る場合がある。この石膏の覆いを石膏ジャケットという）から取り出されるのを待っている。エアースクライブペンのブーンという音が響き渡る中、大昔に絶滅した動物の化石から太古の土が取り除かれていく。

「子どもの頃からずっと、古生物学者になりたいと思っていました」とザノは言った。小学生の頃、彼女は恐竜消しゴムを集めて勉強机の上にきれいに並べていた。科学が大好きだったが、恐竜の研究者というのは現実的なキャリアではないと思ったため、最初はコミュニティカレッジの医学部進学コースに入学した。

ドン・ジョハンソンの『ルーシーから言語へ』を読んだのはその頃だった。ジョハンソンは、ルーシーという愛称で呼ばれている有名な初期人類化石の発見者だ。ザノは再び化石に夢中になったが、古人類学の分野に進むのは躊躇われた。

「その時点で、化石の数より研究者の数のほうが多いことは分かってましたからね」と彼女は言った。

ザノは古脊椎動物学（恐竜やその近縁種を研究する分野）の道に進むことにした。そして、二度と後ろを振り返ることはなかった。

彼女は戸棚からカルヌフェクスの化石を取り出し、保護パッドの上にそっと置いた。二億三千万年前の化石は明るいオレンジ色をしていた。頭骨の断片は薄く、繊細だった。ザノが断片をつなぎ合わせると、大人のアリゲーターくらいの大きさの頭が現れた。それから、彼女は頭骨の隣で発見された腕の骨を取り出した。小さな骨だ。「こんなに腕が短いということは、カルヌフェクスはときには二本足で移動することもあったかもしれない」とザノは考えた。おそらく、四足歩行から二足歩行への移行期の柔軟性を持っていたのだろう、と。だが、彼女も指摘するように、カルヌフェクスの脚部の骨はまだ見つかっていない。欠けている情報を補う方法の一つは、同時代の他のワニ様アルコサウルスとカルヌフェクスを比較することだ。ポポサウルス、シュヴォサウルス、エフィギアなど、ワニの祖先の化石がテキサス州やニューメキシコ州で発見されているが、彼らも大きな頭と短い腕の持ち主だった。最も完全に近い形で発見された化石から、彼らが長く力強い足を持っていたことが分かっている。蝶番のような足関節の形や大きな踵から、これらの種はすべて二足歩行していたと考えられている(8)。

「カロライナの虐殺者」カルヌフェクス・カロリネンシスは、ノースカロライナ州チャタム郡モンキュアのすぐ南にある採石場で発見された。泥岩が酸素濃度の高い大気にさらされて酸化し、赤やオレンジ色の岩になった。現在、この泥岩は切り出されて煉瓦に加工されているが、その際、泥岩の地層に含まれる化石はすべて破壊されてしまう。二億三千万年もの間、泥岩の中に保存されてきた化石がこうして失われてしまうのだ。化石が重機によって粉砕されてしまう前に、採石場側がほんの数日間だが猶予期間を設けてくれることがある。古生物学者にとっては、これは救出作戦である。

三月のある晴れた午後、私は国道一号線を走ってディープ川を渡り、チャタム郡に入った。七マイル（約十一キロメートル）走る間に、教会を六つ見た。そのうちの四つはバプティスト教会だった。ラッパスイセンが咲いている。小さな一戸建てが立ち並ぶ街路の並木は、ちょうど満開のハナミズキだ（ハナミズキはノースカロライナの州花）。家の多くに、三畳紀の泥岩から造られた煉瓦が使われている。その中には、化石の含まれている煉瓦が間違いなくあるはずだ。

モンスターがここを闊歩していた二億三千万年前、その景色は今とはまったく違っていた。ハナミズキはなかった。花の咲く植物はまだ地球上に存在しなかった。道ばたの草花もまだ存在しなかった。植物界の主流はシダ類やコケ類だった。ダイオウマツの祖先と一緒に巨大シダ植物（現在のマンネンスギの仲間だが、マンネンスギの丈が十〜三十センチくらいなのに対して、こちらは高さが十五メートルもあった）が生えていた。道ばたにゴミは落ちていなかった。車も走っていないし、人間もいなかった。それに、もし人間が「カロライナの虐殺者」に出くわしたとしても、神頼みをする教会もなかった。

二足歩行するワニと言うと進化の成功例のように聞こえるが、結局のところ、二足歩行するワニは絶滅してしまった。ワニ類は次第に四足歩行を進化させていった。二足歩行もできるという能力は「カロライナの虐殺者」にとっては利点だったかもしれないが、時の試練に耐えて生き延びたのは、四足歩行に徹したワニのほうだった。おそらくそれは、浅い水辺で待ち伏せして狩りをするには四足歩行のほうが適していたからだろう。

またしても、二足歩行は失敗に終わったのだ。

「もう一つ」の系統

アルコサウルスから枝分かれしたもう一つの系統を辿っていくと、最終的に現在の鳥類に行き着く。この系統の根っこの部分にいるのが、最初期の恐竜様アルコサウルスと、最初の恐竜たちだ。最初の恐竜たちは、ステゴサウルスのような四足歩行恐竜ではなかった。彼らは後ろ足で立ち、もっと新しい時代の恐竜ヴェロキラプトルと同じように走り回っていた。彼らは二足歩行恐竜だったのだ。

ワニ類の場合と同じように、多くの二足歩行恐竜の系統が繁栄することなく絶滅したし、首の長いブロントサウルスや角を持つトリケラトプスなど、多くの四足歩行恐竜が繁栄を謳歌した。しかし、直立姿勢と二足歩行を維持した恐竜の系統が一つあった。恐ろしいアロサウルスは二本足でジュラ紀を闊歩したし、ティラノサウルス・レックスは白亜紀の支配者だった。両者とも、二本足の殺戮者だった。

ザノが発見しているのは太古のワニの化石だけではない。彼女は夏の間、アメリカ西部一帯で白亜紀の地層を掘り、Tレックスの祖先や、その近縁種でやはり二足歩行恐竜のテリジノサウルスの化石を探している。二足歩行は、移動という役割から恐竜の前肢を解放した。そしてそのとき、特異な姿の恐竜たちが出現した。

私の息子は恐竜が大好きだ。息子の部屋のドアには、Tレックスのシールが貼られている。困った顔をしたTレックスのイラストに、「幸せなら手を……あーあ、叩けないや」という文句が添えられたシールだ。Tレックスの小さすぎる前肢は多くの恐竜ジョークのネタにされているし、研究者たちはそれが果たして何かの役に立ったのかどうかを議論してきた。[9] だが、Tレックスの前肢は、哀れなカルノタウルスのそれに比べればまるでアーノルド・シュワルツェネッガーの腕のようにたくましく見える。カルノタウルスはまるで、パーツを組み立てて玩具の恐竜を作っていた子どもがティラノサウルスの頭に二本の角をくっつけ、それを二足歩行恐竜の脚と合体させたまではよかったが、前肢をつけるのをうっかり忘れてしまった、というような姿の恐竜なのだ。二足歩行恐竜の進化にとって、前肢の退化は選択肢の一つだったように見える。

コンピュータ画面を開きながら、ザノは、「これを見てください。二足歩行恐竜の前肢には驚くほどのバラエティがあります」と言い、アルヴァレスサウルスの復元図を見せてくれた。昆虫食やシロアリ食に特化していたこの恐竜は、前肢の指の骨がくっついていて、手全体が一つの大きな穴掘り用鉤爪と化している。デイノケイルスという二足歩行恐竜は、先端に三本の長い鉤爪がついた、八フィート（約二メートル四十四センチ）もの長さの前肢を発達させた。デイノケイルスとはギリシャ語で「恐ろしい手」という意味だが、その名前の元となった恐ろしげな前肢に似合わず、デイノケイルスはおそらくは草食だった。鉤爪は、歯のないくちばしに枝を引き寄せるためのものだったのだろう。テリジノサウルスの復元図もあった。デイノケイルスと同じように前肢が非常に長く、その先端には平らな長い鉤爪がついていた。腹部が非常に大きいため、地面に座り込んで餌を食べていたかもしれない。「今まで見た中で最悪の二足歩行恐竜ですね」と彼女は言った。

ヴェロキラプトルやオヴィラプトルといった他の多くの二足歩行恐竜と同様、テリジノサウルスにも羽毛が生えていたものと思われる。歩行という役割から解放された前肢には、さまざまな使い道が可能だった。餌を採るために使うこともできれば、交配相手を引きつけるための飾りとして使うことも可能だった。オヴィラプトルは羽毛の生えた前肢を、巣の中の卵を守るために使ったものと思われる。羽毛は防寒にも役立ったかもしれない。羽毛は次第に、滑空したり、のちには自力飛行するために使われるようになった。六千六百万年前に大半の恐竜が絶滅したが、羽毛の生えた二足歩行恐竜の中には絶滅をまぬがれたものもあった。

われわれ人類について恐竜から分かることが少なくとも一つある。それは、二足歩行が前肢を、体重を支えるという役割から解放したということ、そしてそのとき、新たな進化が可能になったということである。鳥類の場合、前肢は今でもおもに移動（つまり飛行）のために使われている。しかし、エミューやダチョウ、レアやヒクイドリのように、前肢を移動のために使わない鳥もいる。こうした飛ばない鳥たちは、移動のためには後肢を使う。彼らは人間と同じように腰と脚を真っ直ぐ伸ばして歩くが、人間とは違って俊足である。

ダチョウは時速四十マイル（約六十四キロメートル）以上で走ることができるが、人類最速の男でも、その半分のスピードが出せれば御の字である。ダチョウやエミューなどの足や足首には筋肉はなく、長い腱があるだけである。その腱が伸びて弾性エネルギーを蓄積し、跳ね返る力を利用して推進力を得る。彼らの筋肉は腰についている。これは、メトロノームにたとえて言えば、振り子の先端から遠く離れた根元の位置に重りがついている状態である。そのため、彼らはアニメのロード・ランナーばりに脚を非常に速く前後に動かすことができる。人間の足や脚の腱は類人猿のそれより長いが、足や脚の筋肉量がエミューやダチョウに比べて遙かに多い。人間がエミューやダチョウほど速く脚を前後に動かすことができないのはそのためである。

人間とダチョウの足にはもう一つ、重要な違いがある。人間は歩くとき踵が接地するが、大型の飛ばない鳥は踵を上げてつま先で歩く。これによって鳥の足はバネのような働きをすることになる。鳥の膝は人間とは逆向きに曲がっていると思っている人がいるが、それは間違いである。逆向きに曲がっているように見える関節は、実は膝ではなく、人間と同じ向きに曲がっている足首である。

人間も鳥も二本足で歩く動物なのに、どうして解剖学的構造がこれほど違うのだろう。それは、進化は既存の構造に手を加えることしかできないからである。人間は何もないところから創造されたわけではない。人間は、修正を加えられたサルなのだ。鳥類の系統と比べれば、われわれの二足歩行の歴史は遙かに短い。

われわれの祖先はほんの数百万年前まで、木の幹や枝をつかむのに適した、柔軟で筋肉のよく発達した足を使って木に上っていた。一方、鳥類は、少なくとも二億四千五百万年前から連綿と続いている直立二足歩行動物の系譜の生き残りである。進化論的な意味では、鳥類こそ二足歩行を極めた存在である。われわれは、ぎこちない初心者に過ぎない。

二足歩行は、太古のトカゲやワニからTレックスや鳥類に至るまで、さまざまな系統で発達してきた。彼らの間には、「なぜ人間は二足歩行するのか」という謎を解くのに役立つ共通点があるのだろうか。

キリストトカゲにせよヴェロキラプトルにせよ、二足歩行の利点とは要はスピードだと思われる。ゴキブリでさえ、非常時には二本足で立ち上がって全速力で走る。初期人類が二足歩行を発達させたのはスピードのためだったのだろうか。その答えは、明らかにノーである。チンパンジーが四本足で走れば、何年もトレーニングを積んだオリンピック短距離選手と同じスピードをたやすく出せる。最速のサル、パタスモンキーがオリンピックの百メートル走に出場すれば、余裕で金メダルだろう。だが、パタスモンキーは二足歩行動物ではない。人類が二足歩行を発達させたのはその速さゆえではない。その遅さにもかかわらず、人類は二足歩行を発達させたのだ。

ヴェロキラプトルは二足歩行によって俊足になったのに、なぜ人類は二足歩行によって足が遅くなったのだろう。その鍵を握るのは尾である。

アルバータ大学の研究チームが、恐竜の立派な尾がその足の速さに一役買っていたことを発見した[10]。二足歩行恐竜の尾の力強い筋肉は後肢に付着しており、後肢をさらに強化するのに役立っていた。『ジュラシック・パーク』の賢いヴェロキラプトルの身のこなしや、『ナイト ミュージアム』のTレックスの骨格標本が走る場面を思い出してほしい[11]。彼らは、尻尾を曲げ、頭を前に突き出してから走り出す。

ほ乳類の場合、尾と二足歩行の関係はもっと複雑である。言うまでもなく人間に尻尾はないし、類人猿にも尻尾を持つものはいない。尾がないことは、類人猿――ギボン、オランウータン、ゴリラ、チンパンジー、ボノボ――と人間を定義付ける特徴の一つである。今度動物園に行ったら、チンパンジーやゴリラやオランウータンを「サル」と呼ぶ前にちょっと考えてほしい。サルにはふつう尻尾があるが、類人猿にはない。

すべての類人猿は直立姿勢を保って移動したり、両手でぶら下がることができる。サルにはふつうこれができない[12]。公園の遊具の雲梯のことを「モンキー・バー」というが、これは、より正確には「類人猿バー」と言うべきだろう。ギボンは枝にぶら下がって身体を前後に揺らし、オランウータンは直立した姿勢で木から木へと移動し、アフリカの類人猿は木の幹をまるで消防署の滑り棒のようにするすると上り下りする。人間の場合には、「直立」は歩き方とセットになっている。つまり、「直立二足歩行」である。

明らかに、二足歩行に尾は必要ない。ほとんどのほ乳類に尾があるが、ほとんどのほ乳類が二足歩行ではない。ほ乳類の祖先は力強い尾を失ってラットのような貧弱な尾を進化させたか、あるいは、恐竜の陰に隠れて生きていた初期のほ乳類には尾はなかったかのどちらかだと思われる。

それどころか、実はほ乳類にとって、力強い尾は二足歩行の妨げになるかもしれないのだ。その理由を探るため、地球の反対側オーストラリアへと行ってみよう。

二本足にあふれる新大陸

七万〜五万年前、ホモ・サピエンスの集団はアフリカ大陸からユーラシア大陸へとテリトリーを広げていった。彼らは東進し、ついにはインドネシアの列島に到達した。当時は氷期だった。赤道直下のインドネシアも、（寒かったわけではないが）その影響を受けていた。極地の氷冠が拡大して海水面が低下したため、インドネシアの「島々」が一つにつながって大陸を形成したのだ（現在、これはスンダランドと呼ばれている)。だが、海水面がどれほど低くても、人類がひたすら南東に進み、島づたいに次の大陸オーストラリアに到達するには[13]、単純な船と好奇心と冒険心が必要だった。

オーストラリアに上陸した人類が目にしたのは、二足歩行動物にあふれる世界だった。そこには、数千万羽もの大型の飛べない鳥エミューが二本足で闊歩していた。カンガルーの生息数はおそらくさらに多かっただろう。カンガルーも二本足で移動するが、その移動方法は人間ともエミューとも違う。カンガルーは両足でぴょんぴょん跳んで移動する。カンガルーにとってこれは、脚の長い腱の弾性エネルギーを利用する、非常に効率的な移動方法である[14]。彼らの最高速度は時速四十マイル(約六十四キロメートル)以上にも達する。

だが、初めてオーストラリアに到達した人類が見たのは、跳ねるカンガルーだけではなかった。そこには、歩くカンガルーもいたのだ。はるばるオーストラリアから運ばれてきたこの歩くカンガルーの骨を、ニューヨークで見ることができる。

ニューヨークのアメリカ自然史博物館は、科学好きにとっては遊園地のようなところだ。ロビーには、バロサウルスの母親が肉食恐竜アロサウルスから我が子を守ろうとして後ろ足で立ち上がったシーンが骨格標本で生き生きと再現されている。ヘイデン・プラネタリウムでは、宇宙赤方偏移を何とか分かりやすく説明したプログラムが上映されている。シロナガスクジラの実物大の模型などは、その下に寝転がって一日中でも見ていたいほどだ。しかし、来館者にはほとんど知られていないことだが、博物館の奥には一般見学者が立ち入れない広大なスペースがある。研究用の収蔵品が保管されている、科学者が研究をおこなうためのスペースだ。

二〇一八年四月、私は更新世の巨大カンガルーの骨を調査するためそこを訪れた。研究用収蔵品の保管室は、小学生のはしゃぐ声が壁越しに聞こえてくるほど一般展示室のすぐ近くにある。天井まで届く戸棚に、遙か昔に絶滅した動物の骨が収蔵されている。十九〜二十世紀初頭に発掘された、未処理の化石を収めた木箱が未開封のまま何百個も山積みになっているさまは、まるで『レイダース　失われたアーク』のラストシーンのようだ。

大きすぎて戸棚に収まらない化石は、木製の荷台に置かれている。絶滅したグリプトドン（アルマジロの仲間）の巨大な甲羅が、壁の一面に沿ってずらりと並べられている。その隣には、グロッソテリウムの骨格標本。グロッソテリウムとは、体重が一トン以上もあった、絶滅した巨大な地上性ナマケモノだ。別の壁際には、アンドリューサルクス（四千万年前の始新世に生きていた巨大肉食ほ乳類）の頭骨。『ネバーエンディング・ストーリー』に出てくるファルコンの頭蓋骨はこんなふうなんじゃないだろうかと想像してしまう[15]。展示室の薄い壁の向こうにこんな宝の山があるとは、見学者たちには知る由もない。

この部屋の片隅にある二つの戸棚に、更新世の南オーストラリアに生息していたほ乳類の化石が詰まっている。一八九三年と一九七〇年の二度にわたって、アメリカ自然史博物館の科学者チームがカラボナ湖で発掘調査をおこなった。そのとき収集された、絶滅した巨大カンガルーの骨の化石がそこに保管されているのだ。

がっちりしたその骨は、妙にカラフルだ。化石の標準的な色である茶色や灰色の地色に、オレンジや白、ピンク色までもが混じっている。ひどく砕けている骨もあるが、生きていたときそのままの、つながった形を保った骨もある。

私は戸棚から、巨大な「ショートフェイス・カンガルー」(ステヌルス・スティルリンギ)の足と脚と骨盤の化石をそっと取り出した。この巨大カンガルーの体重は三百ポンド(約百三十六キログラム)以上、尻尾から鼻面までの長さは十フィート(約三メートル)あった。大腿骨だけでパイプレンチほどの大きさがある。こんな巨大な動物が跳ねようとしたら、きっと腱が切れてしまうだろう。それでは絶滅一直線だ。このカンガルーはどのように移動していたのだろう。ブラウン大学の古生物学者クリスティーン・ジャニスがこの謎を解いた。[16] このカンガルーは跳ねてはいなかった。歩いていたのだ。

ジャニスは、ステヌルスの尾骨が比較的小さいことに気づいた。この事実は、ステヌルスには、現生カンガルーのようにジャンプした場合に尾で身体のバランスを取る能力がなかったことを示している。さらに、ステヌルスの腰と膝は、人間のそれと同じように身体全体と比較して不釣り合いに大きかったため、片足で体重を支えるのに適していた。最近オーストラリア中部で発見された四百万年前の足跡によって、ジャニスの見解が正しかったことが裏付けられた。[17] ステヌルスは歩いていたのだ。

化石をじっくりと観察しながら、私はこの巨大カンガルーが歩いているところを想像しようとした。ステヌルスが今でも生きていたらよかったのに。オーストラリアの奥地を歩き回っているのを見られたらよかったのに。だが残念ながら、ステヌルスは更新世までに絶滅してしまった。もしかしたら、新顔の二足歩行動物に獲り尽くされてしまったのかもしれない。

ステヌルスが現生カンガルーのようにぴょんぴょんと跳ねることができなかったのは、巨大すぎたからだ。他の巨大ほ乳類も、二足歩行ではないにせよ直立した姿で描かれることが多い。絶滅した更新世の巨大ホラアナグマの化石は、通常、立ち上がって威嚇する姿で展示されている。メガテリウム（巨大な地上性ナマケモノ）の骨格標本は、立ち上がって木の低いところの枝から餌を探している姿に再現されていることが多い。メガテリウムは通常は四本足で歩いていたが、ときには二足歩行することもあった。それを証明する足跡が発見されている[18]。更新世のアジアに生息していた巨大類人猿ギガントピテクスについても、首から下の化石が一つも発見されていないにもかかわらず、ビッグフットやイエティやサスクワッチのピンボケ映像や空想的な目撃情報を彷彿させる二足歩行動物だったと考えている人もいる。

何種類かのほ乳類については、二足歩行するようになった理由を大型化で説明することができそうだが、人類がなぜ二足歩行するようになったのかという謎をこれによって解くことはできるのだろうか。その答えはやはりノーのようだ。二足歩行し始めた頃の人類はチンパンジー程度の大きさだったことが化石から分かっている[19]。

人類が立ち上がった理由は大きさではなかった。スピードでもなかった。人類の祖先が四本足ではなく二本足で歩き始めたのにはそれとは別の理由があったはずだが、それは他の動物が二足歩行するようになった理由とは異なっていたに違いない。それは人類特有の理由だったはずだ。

それで、その理由とは何だろう。

第三章

「人類が直立したわけ」と二足歩行に関するその他の「なぜなぜ物語」

"How the Human Stood Upright" and Other Just-So Stories About Bipedalism

人類学者は二足歩行の起源の仮説を山ほど提案してきたが、
検証可能な説はほとんどない。
「唯一の」理由を探求しても無駄なのでは

二足歩行の起源についてのさまざまな説は、さながら創造力の興味深い展覧会だ。この問題は、知的大胆さを披露するための舞台なのだ[1]。

——ジョナサン・キングドン
『二足歩行の起源』（二〇〇三年）

古代ギリシャの喜劇詩人アリストファネスによれば、人間はかつて、四本の足と四本の腕、二つの顔を持つ生き物だったのだという。傲慢かつ強大な彼らは、神々にとって明らかな脅威だった。危機感を覚えたゼウスは、かつてのティーターン神族と同じように稲妻で人間を滅ぼしてしまおうかと考えたが思い直し、代わりに独創的なプランを思いついた。ゼウスは人間を真っ二つに切断した。二本の足と二本の腕、一つの顔だけにしてしまえば、人間どもはすっかりおとなしくなるだろうと考えたのだ。アポロンが傷の手当てをし、腹の真ん中へと皮膚を引き寄せて結わえ、へそを作った。それ以来、人間はもう半分の自分——伴侶——を求めて彷徨うようになったのだと[2]。

われわれ人類は好奇心旺盛な生き物である。われわれはどこから来たのか。われわれはなぜこのような存在なのか。こうした根本的な疑問の答えをわれわれは探している。証拠に基づく答えを求めて、われわれは科学という手段に頼る。だが、科学者は注意しなければならない。証拠がなければ、二足歩行の起源に関する説は「元々は四本足だった人間をゼウスが真っ二つに切ったから」と同程度の作り話になってしまうからだ。人類の二足歩行の起源に関する説の中には、科学の言語で書かれてはいても、ラドヤード・キプリングの『なぜなぜ話』に出てくる「ヒョウに斑点があるわけ」とか「ラクダにこぶがあるわけ」といった話のストーリー展開と共通点を持っているものも数多く存在する。

シカゴ大学の人類学者ラッセル・タトルは、二足歩行の起源に関する仮説を「科学的情報に基づくストーリーテリング」と呼んでいる(3)。過去七十五年間、われわれ人類学者は、なぜ人間が二本足で歩くのかについて考えられる限りの理由を次々と提案し、百本以上もの論文を発表して、人類の祖先にとって二足歩行のほうが生存に有利だった理由を説明してきた。

真剣に受け止められた説はほとんどなかった。

防衛？　採食？　水生？

「なぜ人間は二本足で歩くのか」という問題に真っ向勝負を挑むより、まずはもっと広い観点から考えるほうがいいかもしれない。ヒト以外のほ乳類で二足歩行するものはまれだが、常時ではなく時折にせよ二足歩行する種のほとんどは霊長類（キツネザル、サル、類人猿）である。マダガスカルに生息するキツネザルの一種シファカは、木から降りて地面を移動するときには、二本足で飛び跳ねながら進む。オマキザルは、木の実や石を両手で抱え、短距離を二本足で移動する。ヒヒは、腰まで浸かる水の中を渡るときには後ろ足で立ち上がって歩く。チンパンジーやボノボを含むすべての類人猿は時々二足歩行する。

だから、問題は、何もないところから二足歩行がどのように出現したのか、ではなく、二足歩行の頻度がどのような条件下で他の霊長類の「時折」からヒトの「常時」へと変わったのか、なのである。[4]

ほ乳類において二足歩行はまれだが、二本足で立ち上がる動作はまれな現象ではない。われわれの祖先も、二本足で歩く前に、当然のことながら二本足で立ち上がる必要があった。現生ほ乳類の中で直立姿勢を取ることがあるものについて、何のためにそうするのかを調べれば、人類の祖先がなぜ直立姿勢——二足歩行の前提条件——を発達させたかが分かってくるかもしれない。

多くのほ乳類が周囲の様子をうかがうために後肢で立ち上がる。この行動は広く見られる（たとえば、アフリカのミーアキャットや北米のプレーリードッグなど）。イギリス・ケントのポート・ラインプネ野生動物公園の牡ゴリラ、アンバムは、飼育員のフィル・リッジスが自分の餌の準備をする様子をよく立ち上がって見ている。さらに、遠くで音が聞こえると、アンバムは立ち上がり、じっとその方向を見つめるという。こうした例は、「人類の祖先が直立姿勢を発達させたのは、サバンナを見渡して捕食者から身を守るためだった」という「覗き見仮説」を補強する。[5]

チャールズ・ダーウィンが生まれた一八〇九年、フランスの博物学者ジャン゠バティスト・ラマルク（進化のメカニズムについての誤った仮説を提唱したことで有名）が『動物哲学』の中でこうした説を唱えている。二足歩行は「遠くまで見渡したいという願望を満たした」とラマルクは書いている。[6]

この仮説が正しければ、人類の祖先は立ち上がって草原を見晴らし、捕食者がいるかどうか辺りをうかがったあと、捕食者に見つからないように身を屈めたことになる。それはそうとしても、それなら、なぜ祖先たちは二本足で歩くようになったのだろうか。ライオンに見られていることに気づいたとき、二本足で走るのは四本足でギャロップするよりずっと遅いのだ。

チンパンジーやクマが縄張りを守るために敵を威嚇したり、周囲をうかがうため匂いを嗅ぐ際に後肢で立ち上がることに着目した人もいた。人類の祖先も、自分を大きく強そうに見せるために立ち上がったのかもしれない。[7] 直立姿勢は、生き残ってより多くの子孫を残すのに有利だったのかもしれない。ある研究者はこのアイディアをもう一歩進め、ホミニンはトゲのある低木を盾のようにライオンに振りかざすために二本足で立ち上がったのだと主張している。[8]

あるいは、直立姿勢は身を守るためではなく、採食の際に役立ったのかもしれない。

ジェレヌクは東アフリカに生息する愛らしい姿をしたレイヨウの一種だが、栄養価の高いアカシアの若葉を食べるために後肢で立ち上がる。このような行動はヤギにもときどき見られる。野生のチンパンジーは、木の実に手を伸ばそうとして後肢で立ち上がることがある。[9] 地面に立って手を伸ばすこともあれば、木の枝に立って手を伸ばす場合もある。研究者の中には、「人類の祖先も、高いところにある食べ物に手を伸ばそうとして立ち上がったのだろう」という仮説を唱える人もいる。より真っ直ぐ立ち上がった個体は腹を満たすことができ、それだけ多くの子孫を残すことができたのだろう、と。

人類の祖先が暮らしていた環境は草原や果樹の下ではなく、現在のオカバンゴデルタ(ボツワナ)のような湿地帯だったとする説もある。[10] その説が正しければ、人類の祖先は沼地の類人猿だったことになる。現在オカバンゴ付近に生息するヒヒは、顔が水に浸かるのを避けるために後肢で立ち上がることがある。

この仮説は、一九六〇年代にサー・アリスター・ハーディが提唱し、その後まもなくエレーン・モーガンの著作によって広まった「水生類人猿」仮説の再利用だと言える[11]（本家よりは合理的だが）。さらに最近、デビッド・アッテンボローのＢＢＣラジオ番組でも紹介されたこの「水生類人猿」仮説によれば、ホミニンの二足歩行は水中で発達したのだという。体毛がないこと、皮下脂肪が厚く水に浮きやすいこと、乳児に見られる潜水反射など、ヒトの解剖学的・生理学的特性（他にも、さまざまな特性がいいとこ取りで列挙されている）は、人類の祖先が水生の類人猿だったことから説明できるのだという。

この仮説は、バカバカしいほど非科学的なテレビ番組「人魚の死体が発見された」で大々的に取り上げられた。この番組は二〇一二年にアニマルプラネットとディスカバリーチャンネルで放映され、百九十万人のアメリカ人が視聴した。この番組は全編、ジェースン・コープとヘレン・ジョーンズ演じるロドニー・ウェブスターとレベッカ・デービスという「科学者」へのやらせインタビューとでっち上げの証拠で構成されている。

「水生類人猿」仮説にはなるほどと思わせる部分もあるのだが、何と言っても、人間はそれほど泳ぎが得意な動物ではないという点が致命的である[12]。湿地帯には危険なワニやカバがうようよいたはずなのだから。「水の怪物」マイケル・フェルプスは、二〇〇八年の北京オリンピックで二百メートルを一分四十三秒足らずで泳いだ。同じ大会でウサイン・ボルトは同じ距離を十九秒台で走っている。「人間は陸上を走るのは得意ではないのだ」と思う人は水中でトライしてみてほしい。ワニやカバがそばにいるときには、やめたほうがいいが。

仮説、仮説、また仮説

では、人類の祖先はどうして立ち上がり、二本足で歩くようになったのだろう。正直なところ、誰にも分からない。それなのに自説を自信たっぷりに開陳している人を見ると、私は困ってしまう。二〇一九年三月、進化生物学者リチャード・ドーキンスはこうツイートしている。

われわれはなぜ二足歩行するようになったのだろう。私のミーム論的な理論を紹介しよう。一時的な二足歩行は霊長類に散発的に見られる。それを見た個体はその技能をうらやみ、その技を模倣しようとする。文化的に広まった二足歩行様式のミームが、ミームと（性淘汰を含む）遺伝子の共進化を引き起こしたのだと思う。

つまり、二足歩行は猿まねから始まったというのである。

ドーキンスが「理論」という言葉を使わず「仮説」と言ってくれればよかったのにと思う。科学の世界では、「理論」とは予測能力と説明能力を持った、包括的な考えを指す言葉だからだ。日常会話では「理論」は「思いつき」くらいの意味で使われることがあるが、科学者はこの言葉をもっと厳密に使う。それはとにかく、ドーキンスは、二足歩行が最初はトレンドとして始まり、文化的にクールなやり方になって一気に広まり、ついには次第に肉体的変化にまでつながった、と考えているのだ。

ドーキンスは、二〇〇四年の『祖先の物語』(ヤン・ウォンとの共著/小学館)で初めて二足歩行に関するそのミーム論的仮説を提唱した。その十五年後、ドーキンスは自分のツイートへの四百三十三通の返信を見てフォロワーたちの考えを知った。「神が人間を二本足の姿に創造したのだ」と主張する返信は少数派だった。「はあ?」だけの返信もあった。だが、大半の返信は、「なぜ人間が二足歩行するようになったのか、自分は百パーセント確実に知っている」と考えているフォロワーからのものだった。フォロワーの意見の中で主立ったものは、「武器や道具を使うのに手を自由にするため」「丈の高い植物から頭を出してあたりを見渡し、捕食者から身を守るため」「水中で直立するため」「獲物を長時間追跡する持久力を得るため」の四種類だった。中でも自分の意見に特に固執していたのは、「水生類人猿」派だった。科学は人気投票で決まるものではない。何度も話題になったからといって、それが正しいことにはならない。

だが、誰しも、よくできたミステリーには興味をそそられると思うので、ドーキンスのツイートへの返信には登場しなかった仮説もここでざっと紹介しておこう。[13]

・「ストーキング」仮説:二足歩行によって、ホミニンは獲物にそっと忍び寄り、石をぶつけて仕留めることができるようになった。

・「ケツ歩き」仮説:地面で餌をあさっていた類人猿が、尻を地面につけたまま餌場から餌場へと移動するうち、次第に直立姿勢を発達させていった。

・「ホミニン=露出狂」仮説:直立して性器を見せつけるオスのほうがメスに人気があった。いや、本当にこういう仮説があるのだ。

・「ロッキー」仮説：人類の祖先は殴り合うために手を自由にする必要があった。
・「もつれ防止」仮説：前肢と後肢が絡まって転倒につながりかねないため、四足歩行は廃れた。もちろん、他の四本足の動物はこの問題で困ってはいないようだ。
・「ベイブス・イン・アームズ」仮説：アフリカの動物の群れを追って移動し、死肉をあさっていたホミニンは、赤ん坊を抱えるために腕を必要とした。
・「捕食者のかわし方」仮説：二足歩行するホミニンのほうが、ヒョウやライオンからうまく逃れることができた。ただし、それはもちろん事実ではない。
・「山あり谷あり」仮説：ホミニンは、丘をよじ上ったり谷に這い下りたりするうちに二足歩行を発達させていった。
・「中新世のミニ・ミー（『オースティン・パワーズ：デラックス』に登場する悪の親玉のミニチュア・クローン）」仮説：初期の小柄なホミニンが水平な木の枝の上で立ち上がり、二本足で歩いたり走ったりするようになった。
・「最古の取引」仮説：オスは肉をメスに贈り、それと引き換えにセックスした。肉を抱えて持っていくために、手が必要になった。
・「火事だ！」仮説：地球近傍の超新星爆発によって森林火災が増加し、類人猿の生息地が焼き払われた。それにより、二足歩行が促進された。[14]
・「ダチョウの物まね」仮説：ホミニンはダチョウの歩き方を真似てダチョウの巣に忍び寄り、卵を盗んだ。実は、これは私の創作だが、他の仮説よりバカげていると言えるだろうか。

他にもまだまだある[15]。二足歩行の起源に関する仮説が山ほど提案されていること自体は問題ではない。問題は、その多くが、既知の情報によって科学的に検証することが不可能な仮説だということである。

ある仮説が科学的であるためには、その仮説から予測を立てることができ、その予測と実際のデータとを比較することが可能でなければならない。たとえば、「中新世のミニ・ミー」仮説を検証しようとする科学者は、最初期の直立ホミニンは小柄で、草原ではなく森林で生活し、樹上での活動や採食に適応していたと予測するだろう。そして、実際に発見された化石が、最古の直立二足歩行ホミニンが大柄で、草原で暮らし、地面で採食していたことを示していれば、「中新世のミニ・ミー」仮説に異議を唱えるだろう。データが予測と合致せず、仮説が間違っていたことが分かれば、科学者は次の仮説へと向かう。それでこそ、科学は進歩することができる。検証可能な予測の立てられない仮説には、ゼウスが人間を真っ二つにしたというお話と同程度の科学的根拠しかない。優れた仮説とは論駁しやすい仮説であり、優れた科学者とは、仮説に合致しないデータが示された場合には速やかにそれを手放すことのできる科学者である。

では、科学者はどんなデータを探しているのだろう。

まず、二足歩行がどこで、そしていつ始まったのかを知ることは有益だろう。チャールズ・ダーウィンは『人間の由来』の中で、ヒトはアフリカの類人猿と近縁関係にあるという仮説を唱えた。アフリカの類人猿とは言っても、ダーウィンはチンパンジーとゴリラについてしか書いていない（ボノボが初めて科学的に記述されたのは一九三三年のことである）が、オランウータンやギボンといったアジアの類人猿についてはどうなのだろう。ヒトは彼らにもよく似ている。どのようにして、こうした類人猿の中でどれが最もヒトに近いと決めるのだろうか。

ヒトと類人猿との関係について百年近く議論が続いたのち、一九六〇年代後半からヒトと類人猿のタンパク質が比較されるようになり、最終的にはＤＮＡの比較がおこなわれるようになった。その結果、ヒト科の系統樹は描き直されることになった。ダーウィンが予測したとおり、ヒトに最も近縁の現生種はアフリカの類人猿だった。最もヒトに近いのはチンパンジーとボノボであり、ゴリラが次、オランウータンはその次だった。

ヒトがチンパンジーやボノボと近縁だといっても、それはヒトがチンパンジーやボノボから進化したという意味ではない。彼らはヒトの近縁種であって祖先ではない。類人猿がヒトの祖先でないのは、ヒトが類人猿の祖先でないのと同じくらいたしかだ。進化論によって予測されるのは、ヒトは類人猿と共通の祖先を持つということである。カーク・キャメロン流の「クロコダック」のような勘違いをしてはいけない。この共通祖先とは、「ヒューマンジー」とか「ボノサピエン」といった、ヒトとチンパンジーやボノボを足して二で割ったようなものではなく、もっと一般的な特徴を持った類人猿であり、ヒトもチンパンジーやボノボもそこから進化したのである。

この共通祖先はどんな類人猿だったのだろう。それが生息していた時代はいつだったのだろう。難問ではあるが、科学はそれを解き明かし始めている。

祖先はなぜ立ち上がったのか

グリニッジビレッジのニューヨーク大学人類学部棟四階で狭苦しいエレベーターを降りた私を、分子人類学者のトッド・ディソテル[16]が出迎えてくれた。小柄で引き締まった体型のディソテルは、五十五歳という実年齢よりずっと若く見える。四月の、寒くて湿っぽい日だったが、ディソテルは明るい色の短パンにキャンバス地のローファー、キングコング柄のTシャツという格好だった。半袖のTシャツから、腕のタトゥーが丸見えだ。右前腕に有名なダーウィン直筆の系統樹の図柄、左上腕二頭筋にはビッグフットの図柄のタトゥーが入っている。以前はモヒカン刈りだったがそれを丸刈りにしてやぎひげを生やし、オレンジ色の眼鏡をかけている。ディソテルは遺伝人類学の世界的権威の一人である。

彼の案内で研究室を見学させてもらう。ニューヨーク大学人類学部キャンパスの狭さを考えると、かなり大きな研究室だ。六人の大学院生とポスドクがピペット操作の手を止めてこちらを見上げる。

「古代の宇宙人」シリーズのナビゲーター、ジョルジョ・ツォカロスがここに来たんですよ、とディソテルは自慢げに言う。ツォカロスが宇宙人のものだと言う頭蓋骨から、DNAが抽出されるところを見学するためにね。もちろん、宇宙人の頭蓋骨じゃありませんでしたけど。連邦補助金の取得が最近ますます困難になっていることから、ディソテルは、古代の宇宙人やビッグフットを取り上げたヒストリーチャンネルの番組に出演して専門家としてコメントする見返りとして、高額な実験装置の購入をテレビ局に肩代わりしてもらうという、賢明ではあるが異論もあるやり方を採用したことがあるのだ。

研究室を見学したあと、ディソテルと一緒にホワイトオークタバーンへ行き、昼食を取った。ディソテルはリンゴ抜きのアップルサラダを注文した。私は、今日の訪問の目的だった質問をした。

「ヒトとチンパンジーは、共通の祖先からいつ枝分かれしたんでしょう」

深いため息を吐き、飲み物を一口すすってしばらく考え込む。それからおもむろに、こんな説もあるがこんな意見もある、と言葉を濁す。そんな反応を、私は予期していた。
「六百万年前です」彼はさらりと言った。「六百万年プラスマイナス五十万年、ですね」「本当ですか?」と私。「千二百万年前から五百万年前まで、今までいろんな推定値を見てきたんですが?」
「違います」とディソテルが答える。「そういう推定値が出るのは、前提に欠陥があるからです」
ヒトとチンパンジーがいつ枝分かれしたのかを調べるために、昔は標的遺伝子の小さな連なりの中で分子レベルの相違を数えたものです、とディソテルは説明する。それが今では、最先端テクノロジーのおかげで、ヒトとアフリカの類人猿といった異種間で何万、何十万個もの遺伝子を比較することができるようになりました。たしかに、私のデータ解析に異論を唱える研究者もいますが、私にとっては結果は明らかです。

化石証拠の大半も、ヒトの系統が六百万年前までにチンパンジーやボノボの系統と完全に[17]枝分かれしたというディソテルの結論を裏付けている。一世代を二十五年と仮定すると、私とチンパンジーとの共通祖先は私のひいひいひい………ひいおばあちゃんということになる（「ひい」の数は約二十四万回）。一秒に一回「ひい」と言い、これを休みなく続けたとして、ヒトの系統とチンパンジーの系統が枝分かれした時代に行き着くまでには丸三日かかる計算だ。

太古の昔から現在に至るまで、広大なアフリカ大陸には多種多様な動物が生息してきた。最初期のホミニンがアフリカのどこに生息していたかを知ることは有益だろう。彼らは太古の森の樹上で生活していたのだろうか。それとも、草原に進出していたのだろうか。環境の変化は、行動や解剖学的特徴に進化的変化をもたらすことが多い。

アフリカの環境の劇的な変化を解明する手がかりは、太古の土壌や化石化した歯の中に保存された炭素や酸素の安定同位体が握っている。これを理解するために、ここでちょっと休憩して簡単な化学を学んでおこう。

炭素や酸素にはさまざまな同位体がある。同位体の中には、放射能を持つ不安定なものもある。これら放射性同位体は、化石の絶対年代を決定するのに役立つ（これについては次章で改めて述べる）。一方、太古の環境を再構築するのに役立つのは、安定的な同位体のほうだ。

炭素（通常は六個の陽子と六個の中性子を持つため、炭素12と表される）には、中性子が一つ多い炭素13という安定同位体がある。植物の中には、光合成の際に中性子一個分重い炭素13を含む二酸化炭素を受け付けず、組織内に優先的に炭素12を取り込むものがある。このような植物は、緑豊かな湿潤な環境に生育するものに多い傾向がある。乾燥したサバンナに生育する草などは炭素13をはねつけず、より多くの炭素13を吸収する。

動物が植物を食べると、植物の炭素が動物の骨や歯に取り込まれる。この炭素同位体のいいところは、安定同位体であるため、何百万年も経過して骨や歯が化石化していても消滅したり変化したりしないことだ。太古のレイヨウの化石化した歯を砕いて粉末状にし、マス・スペクトロメーター質量分析計と呼ばれる機器を使って炭素12と炭素13の割合を測定すれば、そのレイヨウが餌を食べていた場所が森林か草原か、それとも森林と草原が入り混じった地域だったかが分かる。

酸素（酸素16）にも、余分な中性子二個を持つ安定同位体、酸素18がある。どちらの酸素同位体もH_2Oの構成要素となることができる。酸素16のほうが軽いため、この同位体を含む水のほうが蒸発しやすく、上昇して雨雲を形成しやすい。地球が寒冷な時期には、この軽いほうの酸素16は雪となって地表に降り、極地の氷冠に封じ込められる。逆に、海水中の酸素18の濃度は上がる。これは現在、過去の地球の気温を研究する上で最重要の記録となっている。乾燥した気候になり蒸発が増えると、アフリカの湖や河川の酸素18の濃度も上昇する。酸素16と酸素18の比率も化石から知ることができるし、特定の地域の気温や湿度の永久的な記録を提供してくれる。

すべての動物は飲み水や餌の植物から水を体内に取り込むため、研究者は、人類の祖先が進化を始めた数百万年前のアフリカの気候を化石の化学的分析によって再構築してきた。その結果、興味深い事実が判明した。

アフリカ大陸では中新世から——遅くとも千五百万~千万年前には——乾燥が進み、季節による差が激しくなった。気候変動は次第に顕著になり、東アフリカの森林は次第に断片化し、草原がその間を埋めるように拡大していった。現在では、ホミニンの二足歩行は、広大な森林地帯から小さな森の点在するサバンナへ移行しつつあった環境下で発達したと考えられている。だが、この新しい世界ではなぜ二足歩行が有利だったのだろう。それはまだよく分からない[18]。

直立姿勢のほうが草原で涼しく暮らせたから、という説がある[19]。赤道直下のアフリカは暑い。ほとんどの動物が夜間か明け方・夕暮れ時に活動し、昼間は暑さを避けるため競って日陰を求める。人類の祖先は、貴重な日陰をめぐる競争で肉食獣やその他の大型ほ乳類に太刀打ちできなかったかもしれない。直立姿勢で移動する個体のほうが、日光にさらされる体表面積を減らすことができた。同時に、微風の当たる体表面積は増大したため、発汗によってより効率的に身体を冷やせるようになった。

必ずしも正確とは言えないがよくできたこの仮説を一九八〇年代後半~一九九〇年代に展開した生物学者ピーター・ホイーラーは、「二足歩行によって、人類は水の必要量を四十パーセント削減することに成功しただろう」とも述べている。ホイーラーの言っていること自体はそのとおりだと私も思うが、だからといって、それが人類が二足歩行を始めた理由ということにはならない。ホミニンが二足歩行し始めたのは、彼らが太陽の照りつける開けた草原に進出し、暑さに対処せざるを得なくなる以前のことだった可能性が高いからである。

二番目の仮説はエネルギー消費に関係している。人間は一マイル（約一・六キロメートル）歩くとおよそ五十キロカロリー消費する。一マイル歩くことによって消費されるエネルギーは、レーズン一つかみ程度のカロリーである。二足歩行は、並外れてエネルギー効率のよい移動方法なのである。

カリフォルニア大学などの研究者チームが、二足歩行のエネルギー効率のよさを検証しようとして、人間とチンパンジーの比較実験をおこなった[20]。彼らは、映画やテレビコマーシャルの撮影用に訓練されたタレント・チンパンジーの顔にCO_2検知器を装着してランニングマシンで歩かせ、消費エネルギーを測定した。動物虐待ではないかという向きもあるかもしれないが、ご心配なく。チンパンジーがこんなことをさせられるのはいやだと思ったとしたら、顔からCO_2検知器を引っ剝がし、研究者たちの腕を脱臼させていたことだろう。チンパンジーは非常に力が強く、気性が荒い。

実験の結果、チンパンジーは二本足で歩くか四本足で歩くかにかかわらず、人間の二倍のエネルギーを消費することが分かった[21]。人類進化史の初期には、食べ物を求めて森から森へと移動するために草原地帯を横断せざるを得ない、資源に乏しい時代があったことだろう。二本足で移動する個体のほうが四本足で移動する個体よりも消費エネルギーが少ないため、厳しい時代を生き延びるのに有利だったのだろう。この仮説は、一見説得力があるように思われる。だが問題は、チンパンジーのほうが人間よりも消費エネルギーが多いのは四足歩行のせいではなく、膝と腰を屈めた歩き方のせいだ、という点である。二足歩行か四足歩行かにかかわらず、膝と腰を伸ばして歩いたほうが燃費がいいのである。二足歩行がエネルギー効率のよい歩き方になったのは、ホミニンが膝を伸ばした完璧な二足歩行をマスターしたあとのことである。最初から、二足歩行のほうが四足歩行よりもエネルギー効率に関して有利だったわけではない[22]。

運ぶため?

スタンリー・キューブリック監督の『2001年宇宙の旅』の、移動という役割から手を解放するために類人猿（の着ぐるみを着た俳優）が立ち上がったシーンに話を戻そう。人類の祖先が手を解放したのは戦うためではなく、食べ物――生き延びるためには武器よりも遙かに重要かつ基本的なもの――を運ぶためだったかもしれない。

アメリカで一番古い動物園、フィラデルフィア動物園のニシローランドゴリラ、ルイスはトマトが大好物だ。そこで、園の飼育員は、ルイスの展示場のあちこちにトマトを隠している。ルイスは展示場に出されると、いつもトマトが隠してある場所へとナックルウォーク（訳注：チンパンジーやゴリラに見られる、手のひらではなく指の背を地面につく歩き方）していき、トマトを拾い集める。だがルイスが身をもって学んだように、体重四百五十ポンド（約二百四キログラム）のシルバーバックゴリラがトマトを握ってナックルウォークすると、トマトは手の中でぐしゃぐしゃに潰れてしまう。

ルイスはなぜか、手が汚れるのを嫌う。前の晩に雨が降ったときは、ナックルウォークによって手に泥がつくのを避けるため、濡れた地面を二本足で歩く。潰れたトマトで手が汚れるのは、この潔癖症のゴリラにとって耐えがたいことだ。

彼が選んだ解決法、それは二足歩行だった。ルイスは拾い集めたトマトを大事そうに手で抱え、展示場の中を二本足で歩き回る。飼育員のマイケル・スターンから聞いた話によれば、ルイスは月に何度かそういう行動を見せるという。同様に、イギリス・ケントのポート・ラインプネ野生動物公園の牝ゴリラ、タンバ（アンバムの姉妹）も、餌を腕に抱えて二本足で歩くことがある。この行動は、タンバが餌と同時に子どもも腕に抱えているときに最もよく見られる。

これらはいずれも飼育下にあるゴリラの行動だが、野生の類人猿はどうだろう。霊長類学者のグループが西アフリカのギニア共和国で、あるチンパンジーの群れを何十年ものあいだ調査してきた。ここのチンパンジーたちは、石を使ってアフリカン・ウォールナッツの固い殻を割ることで有名である。だが、彼らが暮らしている熱帯雨林のすぐ隣には開墾地が広がり、地元の人たちが米やトウモロコシやさまざまな果物を栽培している。その中の一つパパイヤはチンパンジーの大好物である。チンパンジーによるパパイヤの食害に、地元の人たちは苛立ちを募らせている。

オックスフォード大学の人類学者スサーナ・カルヴァーリョは、チンパンジーはパパイヤやアフリカン・ウォールナッツ[23]といった大好物を抱えているときに二足歩行する傾向があることに気づいた。両手いっぱいに餌を抱え込んでいるため、二本足で立って歩くほかないのだ。チンパンジーのこうした行動が、初期のホミニンがなぜ二足歩行を始めたかの手がかりを与えてくれるかもしれな

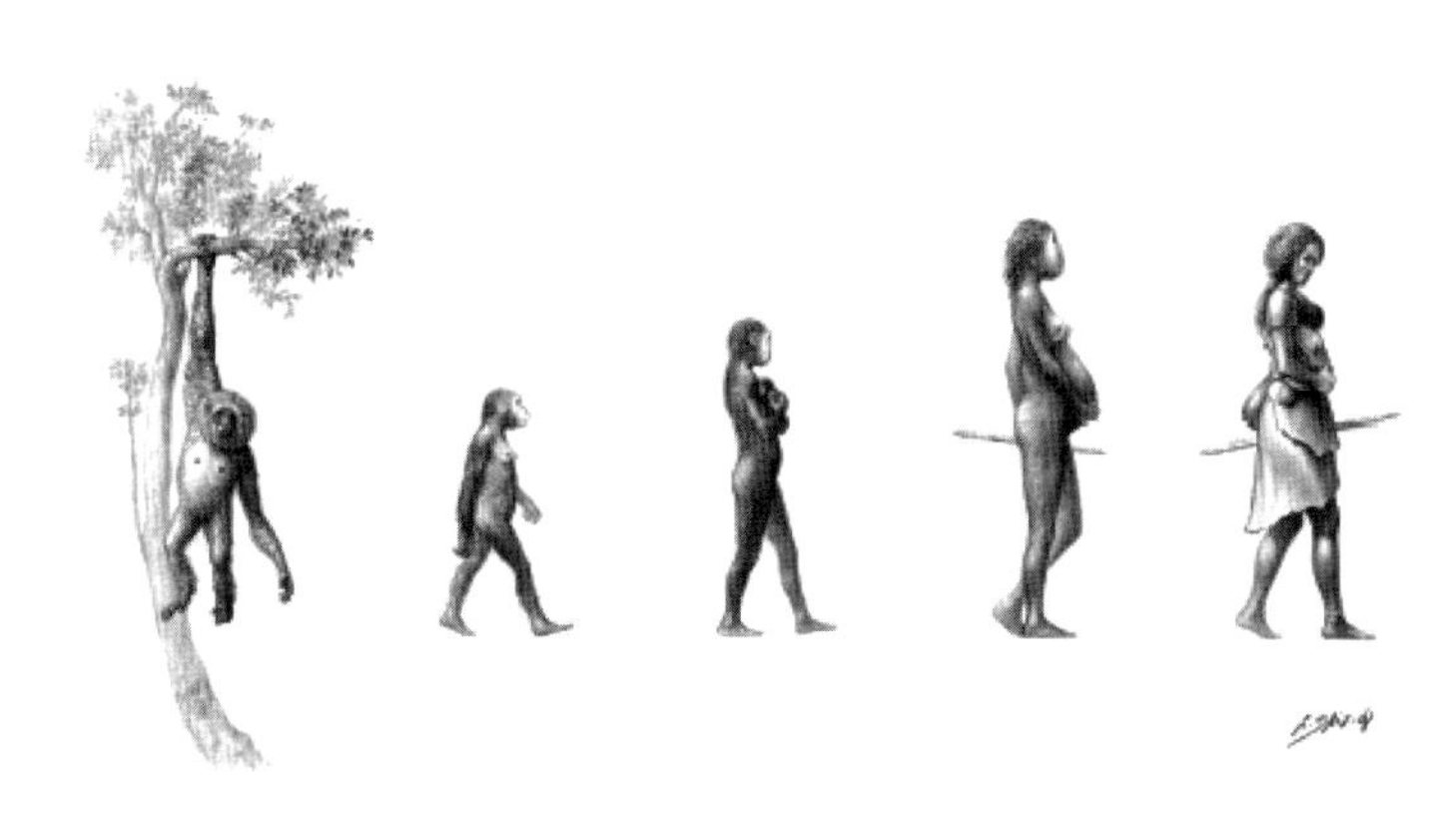

二足歩行の進化。Eduardo Saiz Alonso

い。

この仮説を最初に提唱したのは、コロフド大学デンバー校の人類学者ゴードン・ヒューズである。[24] 彼は、「初期ホミニンが二足歩行を発達させたのは、道具や武器を持つためではなく、食べ物を抱えて運ぶためだった」という仮説を一九六一年に発表した。彼はこの主張の根拠の一つとして、アカゲザルは餌を抱えているときに二本足で歩くことが多いという観察結果を挙げている。一九六四年に発表した論文の中で、彼は、「餌付けされたチンパンジーは、バナナをたくさん抱え込みすぎて二本足で歩かざるを得なくなることがある」というジェーン・グドールの言葉を引用している。

ケント州立大学のオーウェン・ラブジョイはこの仮説をさらに発展させ、二足歩行は一雌一雄関係が形成されたのと同時期に始まったと主張した。二足歩行するホミニンのオスはメスに食べ物を運ぶことができた。メスのほうは、食べ物を運んでくれるオスを好んで選び、つがいの絆を深めた。オスはメスをめぐって他のオスを威嚇する必要がなくなったため、ホミニンの犬歯は小さくなったのだ、と。ダーウィンやダートは犬歯の矮小化と二足歩行を闘争によって結びつけたが、この「給餌仮説[25]」はこのように、セックスによって結びつけている。

このセックス戦略を採用した他の現生ほ乳類の例がないため、この仮説の検証は困難である。多くの批判者が指摘するように[26]、この仮説は、二足歩行の発達にメスのホミニンが果たしたはずの役割をないがしろにしている。メスは、パパイヤを持ち帰るオス（給餌者）を樹上で待っているだけである。

食べ物が二足歩行発達の原動力だったと考えるのは理にかなっているが、メスはもっと大きな役割を果たしたはずだと考えることも理にかなっている。人類学者カーラ・ウォール＝シェフラーは私に、「自然選択のターゲットはメスとその子どもなのです」と言ったが、そのとおりだ。ある形質がメスとその子どもに利益をもたらさなければ、それが進化の推進力を得る可能性はほとんどない。

カリフォルニア大学サンタクルーズ校の人類学者ナンシー・タンナーとエイドリアン・ジールマンが、一九七〇～一九八〇年代にまさにこうした主張を展開している[27]。彼女らの仮説によれば、初期ホミニンのメスは日中、植物や小動物を採集していた。ちなみに、現代の狩猟採集社会においてはほとんどの場合、こうした女性の採集物が食糧全体に占める割合は、カロリーベースで男性の狩りの獲物よりも高い。ホミニンのメスは自分が必要とする以上の食べ物を採集し、それを群れの他のメンバーと分け合っていただろう。二足歩行する個体は、トカゲ、カタツムリ、塊茎、卵、果実、シロアリ、根茎といった食べ物をより多く採集することができただろう。

分け合いと協力の重視は、より社交的で非攻撃的なオスをメスが選ぶことにつながっただろう。

こうした攻撃性の低いオスは犬歯も小さかったかもしれない。タンナーとジールマンは、ホミニンのメスは棒を使って塊茎や根茎を掘り出し、だっこひもを使って赤ん坊を抱いていたと想像している。つまり、テクノロジーはごく初期の時代から存在したし、それは女性によって発明されたということである。ボノボやチンパンジーにおいて、メスのほうがオスよりもテクノロジーに長けていることが以前から知られている。[28]最初期のホミニンもそうだったと考えることは理にかなっている。

運ぶこと（運ぶものが食べ物でも道具でも赤ん坊でも）は二足歩行発達の第一の推進力だったかもしれないが、二足歩行がもたらした利点はそれだけではなかった、とタンナーとジールマンは言う。二足歩行するようになったホミニンはあたりを広く見渡して警戒することもできるようになったし、敵を威嚇したり肉食獣にものを投げつけることもできるようになったし、餌場から餌場へと効率的に移動することもできるようになった。つまり、と彼らは主張する。二足歩行が人類の祖先にとって自然選択的に有利だった理由は一つではない。ホミニンを二足歩行に導いたのはさまざまな利点の集まりだった。

だとすれば、二足歩行の唯一の理由を探ることは無駄かもしれない。しかし、二足歩行がなぜ発達したかは解明できないとしても、現在われわれを人間たらしめている身体構造や行動の変化の多くがどのように二足歩行によって引き起こされたのかを考えることはできる。だが、最初期ホミニンの二足歩行の起源を理解するためには、検証可能な仮説（明確な予想を立てられる仮説）を提案する必要がある。検証不可能なお話を排し、実際的・科学的に論を進めなければならない。起こったかもしれないことと実際に起こったことのさらなる統合が求められる。

そこに近づくために必要になるのが、化石である。

第四章 ルーシーの祖先

Lucy's Ancestors

史上最も有名な化石「ルーシー」は二足歩行していた。
では彼女の祖先は？
だがわずかな化石は秘匿され、手がかりは余りに少ないだが、人間をも含むサル族全般の共通の祖先は現生類人猿やサルと同一のものだった、もしくはわずかにせよ似ていた、と考える誤りに陥ってはならない。(1)

――チャールズ・ダーウィン
『人間の由来』(一八七一年)

時々、類人猿とヒトの間にいたミッシングリンクはいつ見つかるんでしょう、と質問されることがある。そんなとき私は、もう見つかっていますよと答える。

ミッシングリンクという概念は、人間でも類人猿でもなく、その両方の性質を備えた動物がいた証拠が化石記録から見つかることを想定している。一八九一年、オランダの解剖学者ユージン・デュボアはインドネシア・ジャワ島のソロ川河畔で化石を探していた。彼とそのチームはホミニンの臼歯と頭骨上部および脚の骨を発見した。脚の骨からこのホミニンは二足歩行していたものと思われ、(2)頭骨から脳容量は九百十五立方センチメートルと推定された。人間にしては小さすぎ、類人猿にしては大きすぎる脳容量だった。実際、この頭骨の脳容量は、平均的なチンパンジーのそれと平均的なヒトのそれのほぼ中間だった。これぞまさしくミッシングリンクだった。

デュボアは、発見した化石人類をピテカントロプス・エレクトスと呼んだ。ピテカントロプス・

エレクトスとは、「直立猿人」というほどの意味である。現在では、このホミニンはホモ・エレクトスと呼ばれ、その化石はアフリカ、アジア、ヨーロッパ各地から数十個発見されている。デュボアの発見の意義は、いくら強調してもしすぎではないほど大きい。彼は、現生類人猿と現生人類の中間的生物（少なくとも脳容量に関しては）がかつて地球上に存在していたことを実証したのだ。類人猿とヒトをつなぐ環はたしかに存在したのだ。

だが、この「ミッシングリンク」という用語には、人類進化に関するきわめて不正確な見解が含まれている。この用語は、ヒトと類人猿の相違点すべてが足並みを揃えて徐々に進化したことを想定しているのである。つまり、類人猿とヒトの中間的な大きさの脳を持つピテカントロプス・エレクトスのようなホミニンは、歩き方も、類人猿とヒトの中間（前屈みで摺り足になる、非効率的な二足歩行）だったはずだということになる。デュボアでさえ、そう考えていた。

一九〇〇年、デュボアは息子とともにピテカントロプス・エレクトスの復元石膏像を製作し、パリ万博に出展した[3]。その像は、裸のホミニンが右手に持った道具を無表情に見下ろしている姿を表している。ホミニンは二本足で直立してはいるが、その足の親指は、類人猿のそれのように横に突き出している。

その十年後、フランスの古生物学者マルスラン・ブールが、フランスのラシャペルオーサン洞窟で発見されたほぼ完全なネアンデルタール人の骨格の分析結果を発表した。頭骨は大きく、脳容量は平均的な現生人類より大きい。だがこれはホモ・サピエンスではない、とブールは結論づけた。ラシャペルのネアンデルタール人の頭骨は、眼窩の上が庇のように張り出している。前に張り出した大きな顔は、現生人類よりも著しく額が狭い。だが、ブールの見解は身体の解釈にはっきりと表れている。ブールは、ネアンデルタール人を、類人猿のように親指が横に突き出した足を持つ、屈み込んだ姿に復元している[4]。

メッセージは明快だった。それがわれわれと同じ人間でなかったのなら、われわれとは違う歩き方をしていたのだ。だが、こうした解釈は、時間の経過とともに崩れ去った。

その後発見された化石や足跡化石から、ホモ・エレクトスもネアンデルタール人も現生人類と同じような足を持ち、二本足で直立していたことが分かった。完全な形の直立二足歩行は、デュボアやブールが想像したよりも遥かに古いのだ。それを理解するため、人類進化について現在分かっていることすべての出発点となった化石骨格に目を向けることにしよう。その化石とは、古人類学のアイコン的存在、ルーシーである。

ルーシー

一九七四年十一月二十四日、それはエチオピア北部アファール州のハダール村付近で、アリゾナ州立大学の古人類学者ドン・ジョハンソン[5]によって発見された。アウストラロピテクスの骨格がこれほど完全な形で発見されたことはそれまでなかった。それがアウストラロピテクスの新種だと分かったため、ジョハンソンと共同研究者たち[6]はそれをアウストラロピテクス・アファレンシスと命名した。

骨格化石が発見された晩、発掘チームは祝杯を挙げながら、ビートルズのアルバム『サージェント・ペパーズ・ロンリー・ハーツ・クラブ・バンド』をカセットプレーヤーで繰り返し聞いていた。何度目か分からなくなるほど繰り返し聞いたあとで、ちょうど「ルーシー・イン・ザ・スカイ・ウイズ・ダイアモンズ」が流れたとき、(7) あるメンバーがこの化石にルーシーという名前をつけようと言った。それ以来、それはルーシーと呼ばれている。

　研究者は彼女のことを「A.L. 288-1」と呼ぶこともある。「アファール地方の二百八十八番目の発掘現場で最初に発見された化石」を表す標本番号だ。エチオピアでは「ディンキネシュ」と呼ばれることが多い。これは、「あなたは素晴らしい」という意味のアムハラ語（訳注：エチオピアの公用語）だ。

　二〇一七年三月、私はアディスアベバの国立博物館に収蔵されているルーシーの骨格を見るためエチオピアに向かった。アディスアベバは標高七千フィート（約二千百三十メートル）以上の高原に位置する、活気にあふれる都市だ。人口は増大し、ロサンゼルスのそれに近づいている。ジョージ六世通りにある三階建ての博物館にルーシーのレプリカが展示されていて、これは誰でも見学することができる。この博物館の裏に大きな建物があり、本物の化石はそこに保管されている。コンクリート製の要塞のようなこの建物は、ブルータリズム様式の建築家の設計に成るもののようだ。中庭の周囲に巡らされた階段がエッシャーのだまし絵を思わせる。

　サッカーグラウンドほどもある地下室に、絶滅したゾウやキリンやシマウマやヌーやイボイノシシやレイヨウの化石が何万点も収められている。小型削岩機のうなり声が、閉じたドアの向こうから聞こえてくる。化石化した骨から母岩を少しずつ取り除く、根気のいる作業がおこなわれているのだ。

　三階にはいくつか続き部屋があり、そこに、最も貴重な化石である太古の人類の骨が防弾ガラス・ケースに収められて保管されている。私が訪れたその日、窓は開放されていた。近くのキリスト教会から、煎ったコーヒー豆とディーゼル燃料の匂いがかすかに混じる生暖かい微風に乗って、アムハラ語の朗々とした祈りの言葉が照明のついていない部屋に漂ってくる。アディスアベバでは停電は日常茶飯事だ。

ルーシーは、木製のトレイ三つに分けて陳列されていた。一つのトレイに頭骨と顎、腕、手の骨が、もう一つに肋骨と背骨が、三つめには骨盤と足と脚の骨が収められている。一つ一つの骨の形にきちんと合わせてくぼみがつけられた濃灰色のパッドが、柔らかなベッドのように化石を包み込んでいる。一つ一つの骨に白い紙のラベルが付けられ、A.L. 288-1a（頭骨断片）からA.L. 288-1bz（鎖骨）まで番号が振られている。ルーシーの骨は黄褐色で、ところどころオリーブ色がかった灰色の部分がある。化石化の過程で鉱物から吸収された色だ。

骨はさまざまなことを物語る。ルーシーの骨は、彼女の人生について多くのことを明かしてくれる。彼女の腕と足の骨端線は閉じている。これは、彼女が死亡時に成人だったことを示している。親知らずは萌出（ほうしゅつ）しているが、それほどすり減っていない。これは、彼女が死亡時にまだ若かったことを示している。彼女が現代人であれば、歯のすり減り具合から二十代前半と推定されるだろうが、彼女の歯は、アウストラロピテクスの成熟が現生人類より早かったことをも示唆している。したがって、死亡時のルーシーの年齢は十代後半ということになる。骨の折れ具合から、木から落ちたのだと推測する研究者もいるが[8]、死因は不明である。骨盤の二箇所についている歯形は、彼女の死体が、動物に食べられたのちに湖畔の泥土に埋まったことを示している。

ルーシーは、身長三フィート半〜四フィート（約百五〜百二十センチメートル）と小柄だった。関節の大きさから、体重は六十ポンド（約二十七キログラム）ほどだったと思われる。現代人なら、七歳の子どものサイズである。ハダールで発見された他のアウストラロピテクス・アファレンシスの化石と比べてもさらに小さいことから、ルーシーは実際にメスだった可能性が高い。脳のサイズは平均的チンパンジーよりもわずかに大きく、だいたい大きめのオレンジくらい。だがチンパンジーとは違い、彼女は二本足で歩き回っていた。ルーシーは二足歩行していたのだ。

タイムマシンが発明されたらどの時代に行きたいですか、と学生から聞かれることがある。私は即座に答える。三百十八万年前のエチオピアに行って、ルーシーと一日をともにしたい、と。どこへなりと彼女についていき、どんなふうに彼女が歩き、生活し、赤ん坊の世話をしていたか、何を食べていたか、群れの他のメンバーとどんなふうに交流していたかを見てみたい。科学的装置を持ち込んで、彼女の歩行に関するさまざまな項目を測定し、関節にかかる力を算出してみたい。

もちろん、これは夢物語だ。人類の祖先の生活を再構築するための手がかりは、数少ない断片的な化石しかない。そんなわずかな骨から、ルーシーや他のアウストラロピテクスが二本足で歩いていたことが分かるのはなぜだろう。化石には、文字どおり頭の天辺からつま先にいたるまで手がかりが隠されているのだ。

歩くときに使うのは頭ではなく足だが、頭を見れば歩き方が分かる。すべての動物の頭蓋骨には、大後頭孔という、脊髄を通すための穴が開いている。チーターやチンパンジーなど、四本足で歩く動物の大後頭孔は、水平な脊髄と頭が一直線になるように頭蓋骨の後部に位置している。だが、人間の場合には、頭が垂直な脊髄の上で平衡を保てるように、大後頭孔は頭蓋骨の底部に開いている。これこそ、レイモンド・ダートが「タウング・チャイルドは二足歩行していた」と結論づける根拠となった解剖学的手がかりである。

残念なことに、ルーシーの頭骨は断片しか見つからなかったため、彼女の大後頭孔の位置を確認することは不可能である。だが、ジョハンソンがエチオピアで発見したアウストラロピテクスはルーシーだけではない。彼はアウストラロピテクス・アファレンシスの化石を何体分も発見している。彼はそれらを「ファースト・ファミリー」と呼んだ。

ファースト・ファミリー発掘現場で、大後頭孔が保たれた頭骨（後部から底部にかけての部分）が発見された。大後頭孔の位置は現代人とまったく同じ、頭蓋骨底部だった。最近、より完全な形で発見されたアウストラロピテクスの頭骨からも、この観察結果が正しかったことが裏付けられた。ルーシーの仲間たちは、垂直な脊髄の上に載った頭をまっすぐ上げて歩いていたのだ。

ルーシーは頭骨こそ完全ではなかったが、脊柱の保存状態は非常によかった。大部分のほ乳類において、脊柱は水平であるか、あるいは緩やかな三日月型の弧を描いて曲がっている。ヒトの赤ん坊の脊柱も、歩き始めるまではこのような形をしている。[9] だが、ひとたび歩き始めると、ヒトの脊柱は変化し始め、S字カーブを描くようになる。このカーブのおかげで、胴体と頭が腰の上でバランスを保てるようになる。最も重要なのが、脊柱の根元のカーブ（腰椎前彎と呼ばれる）である。腰のくびれを生み出すこのカーブは、二足歩行する人類特有のものである。ルーシーの脊柱は、現代人とまったく同じようにこのS字カーブを描いている。

首から下の部分で、人間とチンパンジーの骨格に最も明確な違いが見られるのは骨盤である。チンパンジーの骨盤は縦に長く平らで、中臀筋および小臀筋[10]を背面に固定している。チンパンジーは、この筋肉を使って脚を後ろに蹴り出す。これは、木登りの際、身体を押し上げるのに役立つ動きである。だが、二本足で歩くときには、チンパンジーは常に転倒する危険にさらされ、左右にぐらぐらと揺れるエネルギー効率の悪い歩き方しかできない。

ヒトの骨盤はチンパンジーのそれより丈が短くて横幅が広く、お椀型をしている。ヒトの場合、臀筋は体側（たいそく）に固定されている。足を踏み出すときにこれらの筋肉が収縮するおかげで、ヒトは左右にぐらぐらしないで身体をまっすぐに保つことができる。自分で試してみてほしい。実際に歩いてみて、お尻の筋肉が緊張して転倒を防いでいるのを感じてほしい。お尻の筋肉にこのような働きができるのは、ヒトの骨盤の形のおかげである。

ルーシーはどうだろう。彼女の骨盤は丈が短く、横幅が広い。われわれの骨盤を小さくしたような形だ。腰骨は体側に位置している。[11] これは、彼女が二本足で歩くとき、臀筋が彼女の身体をまっすぐに保って左右に揺れないようにしていたことを意味している。

骨盤からさらに下に目を向けると、ルーシーが二足歩行していた証拠を見つけるのに最適な場所に行き当たる。それは膝である。身体の中で最も長い骨、大腿骨は、新生児のときには真っ直ぐである。しかし、赤ん坊が歩き始めると、下向きの圧力によって大腿骨は内側に傾いて成長していく。この傾きは、二本足で歩く人にしか現れない。チンパンジーにも、障害のために生まれつき歩けない人にも、このような傾きは現れない。[12] ルーシーの膝にこのような傾きがあれば、彼女は二本足で歩いていたことになる。そうでなければ、そのような傾きが現れるはずはないのだから。

ジョハンソンはルーシーの左の膝を発見したが、それは砕けていて復元はむずかしかった。だが、ルーシー発見の前年に初めてハダール村を訪れたとき、ジョハンソンが初めて発見したホミニンの化石は膝（大腿骨末端）の骨だった。[13] その大腿骨はたしかに内側に傾いていた。それは、二本足で歩いていた何者かの膝に違いなかった。

二足歩行動物であるヒトの身体の部分で、直接地面に触れているのは足だけである。だから、二足歩行するための重要な解剖学的適応が足に起きたはずだと考えるのは理にかなっている。ヒトの足には、大きな踵、硬い足関節、長いアキレス腱、という特徴がある。他の霊長類とは異なり、ヒトの足の親指は非把握性で、他の四本の指と同じ向きに並んでいる。これが、長くて硬い、アーチを持った足底と相俟って、次の一歩を踏み出す力を生む。ヒトの足指は短く、地面を蹴り出すとき反り返る。これは、類人猿の足指が長く、ものをつかむために下向きに曲がるのと対照的である。

ルーシーやファースト・ファミリーの足の骨は、驚くほどヒトに近い。踵は大きく、ルーシーの足首は、まるで私の足首をそのまま小さくしたかのようだ。ルーシーの足指は長く、少し湾曲してはいるが、上方向に傾斜している。これは、彼女が現生人類と同じように、つま先で地面を蹴り出して歩いていたことを示している。

ルーシーの骨によって、それまでに南アフリカで発見された化石から推測されていたことが裏付けられた。その進化史の非常に早い段階から、人類は二足歩行していたのだ。

彼女が教えてくれたこと

一九三〇〜一九四〇年代にレイモンド・ダートとロバート・ブルームによって南アフリカの洞窟で発見されたアウストラロピテクスの化石は、膝の骨や下顎骨など断片ばかりだった。発見された骨格化石は、若いメス一体分の部分骨格（標本番号 Sts 14）だけだった。彼女の骨盤と脊柱もかなりヒトに近く、彼女が直立して二本足で歩いていたことを示していた。だが、頭骨はついに見つからなかった。[14]

南アフリカの洞窟から発見された頭骨は、ゴリラくらいの大きさの脳を持つホミニンのものだった。これは、脳が大きくなり始める前にホミニンが二足歩行していたことを示しているように見えた。しかし、ルーシー以前には、頭と身体が両方揃った状態のホミニンの骨格化石が発見されたことはなかった。

類人猿サイズの小さな脳とヒトに近い身体を持つアウストラロピテクス＝ルーシーこそ、まさしくそれだった。デュボアとブールは間違っていたのだ。類人猿とヒトの中間的な大きさの脳を持ち、前屈みで類人猿とヒトの中間的な歩き方をする初期人類は存在しなかったのだ。脳が大きく発達したのはかなり後になってからだったのに対して、二足歩行が出現したのはもっと昔だったのだ。

だが、どれほど昔だったのだろう。

十七世紀の神学者ジェームズ・アッシャーは、天地創造がおこなわれたのは紀元前四〇〇四年十月二十二日（土曜日）の午後六時だったと主張した。時間まで特定するとは驚くべき精密さだが、現代科学が解明してきたあらゆることに鑑みて、これはとんでもなく不正確な見積もりである。精密さと正確さは往々にして相反する。[15] 地質学者は、精密さを犠牲にしても正確さを求めてきた。

ルーシーが生きていたのはおよそ三百十八万年前だと推定されている。アッシャーの計算と比較するとこの数字は正確だが、精密さには欠けている。「ルーシーは、三百十八万千八百二十四年前の七月十一日午前八時十分に死んだ」と書けたらいいなとは思うが、そんなことは私にはできない。現在の測定法で分かる化石の年代は、うまくいって一万の位で丸めた概数である。これからその理由を説明しよう。

火山は噴火すると、溶岩や火山灰を噴出する。地球のマントルから攪拌されて出てきたこの有毒な噴出物の中には、元素カリウム（K）の同位体が含まれている。地球上のカリウムはそのほとんどがカリウム39だが、化石の年代測定に使われるのは中性子が一個多いカリウム40である。カリウム40は放射性同位元素である。つまり、不安定で、放射線崩壊を起こす性質を持っている。カリウム40は崩壊してアルゴン40という別の元素になる。アルゴン40は無害な不活性ガスで、岩石から大気中に放出される。だが、ありがたいことにすべてのアルゴンが失われるわけではない。

火山の噴火によって形成された岩石や火山灰の中によく見られる長石の結晶の中にも、放射性カリウムが含まれている。だが、この放射性カリウムが崩壊してできたアルゴンは放出されず、結晶内に封じ込められる。時間が経つにつれて、結晶内のアルゴンは一定の割合で増えていく（放射性元素が崩壊してその数が半分に減少するまでの時間を半減期という）。放射性カリウムの半減期を利用するこの年代測定法は、「岩石の中の時計（クロック・イン・ア・ロック）」と呼ばれることがある。放射性炭素を使う年代測定法も原理はほぼ同じだが、こちらはたかだか五万年前までのものにしか使えない。ルーシーのような、もっと年代の古いものには、カリウム40のような同位体が必要である。

この年代測定法の仕組みを、ビールにたとえて説明してみよう。グラスに注いだ直後は、泡がたくさんある。この泡はゆっくりと「崩壊」し、ビールに変化する。この変化は一定の割合で起きる。泡の半分がビールに変わるのに一分かかる。それがまた半分になるのにはもう一分。それがまた半分になるのにもう一分……と半減を繰り返すうち、最後は薄い膜のような泡だけになる。泡がいっぱいに立ったビールは注ぎたて、泡が消えたビールは注いでから時間が経っている。カリウム40やアルゴン40にも同じことが言える。[16] 放射性カリウムを多く含む岩石は比較的新しく、アルゴンを多く含む岩石は古い。それぞれの量を測定することによって、どれだけ古いかを決定することができる。

もちろん、ルーシーの骨は火山灰でできているわけではないから、それ自体の年代を測定することはできない。だが、ルーシーは、火山灰が固まってできた凝灰岩層の上の地層から発見された。地質学者は凝灰岩のサンプルを採取して長石の結晶を分離し、マス・スペクトロメーター質量分析計を使って結晶中のカリウム40とアルゴン40の量を測定した。その比率から、三百二十二万年前というおおよその年代が導き出された。

ルーシーはこの層よりも上の層から発見されているため、彼女が死んだのは三百二十二万年前よりもあとだということは分かる。だが、これだけでは、それがいつかは分からない。三百万年前かもしれないし、百万年前かもしれないし、五万年前、あるいは一九六五年かもしれないのだ。これではどうしようもない。

幸いなことに、東アフリカは地殻活動が活発な地域である。ルーシーが発見された地層のすぐ上に、再び起きた火山噴火によって形成された凝灰岩層が積み重なっていた。したがって、彼女が死んだのは二度の噴火に挟まれたある時点ということになる。上の凝灰岩層の年代は三百十八万年前である。

したがって、彼女が死んだのは、三百二十二万年前から三百十八万年前までの四万年間のある時点ということになる。彼女が発見されたのが三百十八万年前の層寄りだった[17]ことから、彼女の死亡年代はそちらにより近いと考えられている。現在用いられている化石の年代測定法は精密さには欠けるが正確である。

発見当時（一九七四年）、ルーシーはそれまでに発見された最古の人類の骨格化石だった。ジョハンソン自身がルーシー発見の経緯を綴った『ルーシー――謎の女性と人類の進化』はニューヨークタイムズのベストセラーリストにランクインし、未来の古人類学者たちの胸を熱くした。ルーシーの骨格化石のレプリカは世界中の科学博物館の必需品になった。エチオピアでは「ルーシー」という名前のレストランをよく見かける。ルーシーは、一コマ漫画「ザ・ファー・サイド」にも登場したことがある。バラク・オバマ大統領は二〇一五年にエチオピアを訪問した際、ルーシーを見学している。その晩、晩餐会の席上で彼は次のように述べた[18]。

エチオピア人もアメリカ人も、世界中のあらゆる人々が人類という一つの環の一部なのだと気づかされます。ルーシーを記述した教授の一人がいみじくも指摘しているように、世界中の苦難や対立や不幸や暴力の多くは、私たちがその事実を忘れているために起きているのです。私たちは、私たちみんなが共有している基本的なつながりを見るのとは逆に、表面的な違いを見てしまっています。

ルーシーは、人類進化について現在分かっていることすべての出発点だ。

私はルーシーの距骨（脛の骨とつながっている足首の骨）を手に取った。小さいが、硬い。何と言っても、ルーシーは石なのだ。有機物のほとんどはとうの昔に分解されてしまっている。だが、この石には、解剖学的構造が見事なまでに細部まで保存されている。距骨はなめらかで四角い形をしている。私自身の距骨を小さくした感じだ。よく見ると、靱帯がくっついていた場所に小さな突起があるのが分かる。三百万年以上前、その靱帯が、荒れ地を歩く彼女の足を安定させる役割を果たしていたのだ。大腿骨にも、臀筋が付着していた場所を示す印があるのがはっきりと見える。ルーシーが一歩踏み出すたび、臀筋は収縮し、彼女の直立二足歩行を支えたことだろう。

停電が復旧して館内が明るくなったとき、ルーシーのなめらかな歯のエナメル質がきらりと光った。私は彼女の頭骨の断片に見入った。本当に、「あなたは素晴らしい（ディンキネシュ）」の一言だ。

ルーシーの祖先を探せ

人類進化史上のルーシーの位置をもう一度考えてみよう。トッド・ディソテルがおこなったヒトとチンパンジーのDNAの比較から、人類はおよそ六百万年前にチンパンジーやボノボとの共通祖先から枝分かれしたことが分かっている。ルーシーが生きていたのは三百十八万年前だ。つまり、ルーシーは、人類とチンパンジーとの共通祖先と現生人類の中間地点付近に位置していることになる。

ルーシーの発見によって古人類学は大きく進歩したが、アウストラロピテクスと人類の最初の祖先との間には三百万年近い隔たりがある。科学の進歩は、往々にしてこのような経過を辿る。一つの発見によっていくつかの疑問に答えが見つかるが、その発見によって多くの新たな疑問が生じる。ルーシーやその仲間の祖先は？　アウストラロピテクスは何から進化したのだろう。その祖先も二本足で歩いていたのだろうか。二足歩行が始まったのはいつだったのだろう。

長い間、手がかりはまったく見つからなかった。

だが、一九九〇年代半ば、ケニア国立博物館のミーブ・リーキーによって、トゥルカナ湖西岸のカナポイで四百二十万年前の地層からアウストラロピテクスの脛骨が発見された。[19] 膝は大きく平らで、足首の形状は現生人類に似ていた。これは、その脛骨の持ち主が二足歩行するホミニンだったことを示していた。この発見によって二足歩行の始まりはさらに遠い過去にまでさかのぼることが明らかになったが、それでもまだ、チンパンジーとの共通祖先までは二百万年ものギャップがあった。

この状態を変えたのが、二〇〇一年一月〜二〇〇二年七月の一年半の間に相次いだ古人類学上のセンセーショナルな発見だった。ついに、人類の最初の祖先にかすかな光が投げかけられたのだ。アフリカの三箇所でそれぞれ別個に発掘作業をおこなっていた三つの研究チームの驚くべき発見によって、人類の起源と直立二足歩行の起源は、これまで鮮新世（五百三十万〜二百六十万年前）と考えられてきたものが、中新世後期（千百六十万〜五百三十万年前）にまで一気にさかのぼることになった。直立二足歩行が人類の系統の始まりにまでさかのぼることが、このとき発見された化石によって明らかになったのである。

だが、これらの化石は激しい論争を巻き起こし、古人類学のダークサイドを暴露することになった。

ケニアは文字どおり真っ二つになりつつある。ケニア東部はソマリ構造プレートの一部である。ソマリ構造プレートは一年におよそ四分の一インチ（約六ミリメートル）の速度で東に移動している。これは髪の毛が伸びる速度の二十五分の一だが、数百万年という長い年月の間にアフリカ大地溝帯と呼ばれる深い溝を刻んできた。

地面に裂け目ができると、低い場所に水たまりができ、湖となる。二〇〇五年の夏、私はナイロビからバリンゴ盆地まで車で北上したが、それはケニア国内の大地溝帯に点在する湖を辿る旅だった。ケニアの八大湖のうち五つ（ナイバシャ湖、エレメンタイタ湖、ナクル湖、ボゴリア湖、バリンゴ湖）を見ることができた。ナクル湖やナイバシャ湖など浅い湖には数万羽ものフラミンゴが生息しているため、遠目には湖の輪郭がぼんやりピンク色に見える。道路は穴だらけで、三〜四時間で行けるはずの距離が六時間も七時間もかかってしまう。だが、その甲斐は充分ある。

バリンゴ湖の北西に、引き裂かれた大地が、傾いて崩れたレイヤーケーキのような地層の重なりをニューヨーク市くらいの広さにわたって露出させているところがある。最も古い層は千四百万年前のもので、この層からは太古の類人猿の化石が発見される。最も新しい層の中にはわずか五十万年前のものもあり、ここからは、現生人類の前任者とも言うべきホモ・エレクトスの化石が発見される。

最古の層から最新の層までのどこかで、人類は二足歩行を始めたのだ。

二〇〇〇年末、フランスの古人類学者ブリジット・セヌとマーティン・ピックフォードがバリンゴ盆地のトゥゲンヒルズ地域で調査をおこなっていた。彼らはおよそ六百万年前の地層からホミニンの下顎骨の断片数個、数本の歯、上腕、指の骨一本、大腿骨の断片数個を発見した。これらの化石は解剖学的に既知のどのホミニンとも異なっていたため、発見からまもない二〇〇一年一月、彼らは新種を発見したと発表し、これをオロリン・トゥゲネンシスと命名した[20]。

腕の骨の筋付着部や湾曲した長い指は、オロリンが樹上生活に適応していたことを示唆していたが、最も完全な形で発見された大腿骨はさらに興味深い事実を物語っていた。

ほ乳類の大腿骨の上端は球状になっていて、この球（大腿骨頭）が骨盤の関節窩にはまっている。

大腿骨頭の下が大腿骨頸部で、これが大腿骨頭と、例の重要な中臀筋の付着部（大腿骨大転子）とを分けている。ほとんどのほ乳類の大腿骨頸部が短いのに対して、ヒトの大腿骨頸部は長い。この長い大腿骨頸部がてこの作用を果たし、二足歩行する際に身体のバランスを保つ力を中臀筋に与えている。大腿骨頸部が長いおかげで、われわれは臀筋を効率的に使って歩くことができるのである。

オロリンの大腿骨頸部はヒトと同様に長かった。オロリンには二足歩行能力があったのだ。だが、オロリンは実際に二足歩行していたのだろうか。セヌとピックフォードが大腿骨の下端——膝——も発見していたらさらにはっきりしただろうが[21]、実際に発見された部分だけでも説得力はある。オロリンの身体、もしくは少なくともオロリンの股関節は、地面を二本足で歩くのに適応していたものと考えられる。

オロリンの化石は説得力のある証拠品ではあるが、同時に、古人類学という科学に携わっているのは人間という不完全な霊長類なのだという事実を思い起こさせるものでもある。オロリンの化石は、二十年に及ぶ科学論争を巻き起こしただけでなく、古人類学より昼ドラにふさわしいようなどろどろした人間模様をも生み出したのだ。

ニセの許可証や違法な化石コレクションやケニアの刑務所の話[22]といった詳細についてはここでは触れないが、古人類学にとって最も悲劇的なのは、オロリンの化石の所在が分からないことだ。ナイロビの銀行の貸金庫にしまい込まれたままになっていると噂されている[23]。オロリンの生きている親戚が七十億人もいるというのに、その誰も見ることができないのだ。この太古の人類がかつて存在していたことの唯一の証拠であるこれらの化石には、もっとふさわしい状況があるはずだ。オロリンの化石は、研究対象として公開されるべきだ。

古人類学のダークサイド再び

オロリン発見の発表からわずか半年後、エチオピアの古人類学者ヨハネス・ハイレ＝セラシエ（当時はカリフォルニア大学バークレー校のティム・ホワイト研究室の大学院生だった。現在はアリゾナ州立大学に所属）がアルディピテクス・カダバを発見したと発表した。[24] アルディピテクス・カダバの化石は、エチオピアの六百万～五百万年前の地層から発見された。つまり、アルディピテクス・カダバもオロリンと同じく中新世のホミニンである。

犬歯が比較的小さいことから、アルディピテクス・カダバはチンパンジーやゴリラの祖先ではなく、人類の系統に属するものと思われる。だが、アルディピテクス・カダバはオロリンのように二本足で歩けたのだろうか。多分、歩けただろう。

腰から下の部分で見つかったのは足の親指の骨一本だけだった。その親指は長く、湾曲していた。これは、その足が現在の類人猿と同じように、ものがつかめる足だったことを示している。だが、その足の親指の骨は、拇指球と接続していた根元部分に対して上向きに傾斜していた。これは、アルディピテクス・カダバが、ヒトがつま先で地面を蹴り出すときのように足指を反り返らせることができたことを示している。

それからまもなくの二〇〇二年、またしても古人類学界は騒然となった。並外れて古く、不可解な化石がもう一つ発見されたというのだ。その化石は二〇〇一年七月十九日、チャドのジュラブ砂漠で発見された。発見者はチャド人の大学院生ジムドウマルバイエ・アホウタ。長年アフリカ中部で化石の発掘に当たってきたフランス人古生物学者ミシェル・ブリュネのチームの一員だった。

二〇一九年十一月二十八日、私はコレージュ・ド・フランスを訪れ、ブリュネと話をする機会を得た。彼のパリのオフィスはパンテオンのすぐ近くにある。彼は古生物学界の巨頭の一人なのだ。「私は発掘場所を発見しました」と彼はフランス語訛りの英語で言った。「ここなら何か見つかるだろうと思いました。アホウタに言ったんです。〈きみは化石を見つける名人だ。きみが見つけてくれるだろう〉って」

化石探しは大変な作業だ。暑く、ほこりっぽく、不快な環境での作業。汗は急速に蒸発し、すぐに脱水状態になる。サソリがいっぱいいる。赤道直下のアフリカの日差しは、目もくらむほど強い。化石探しにベストな時間帯は朝と夕方だ。空に低くかかる太陽があたり一帯に影を投げかけ、古い地層からわずかに顔を出している、大腿骨や下顎骨や頭骨といった、見慣れた形の気配が見分けやすくなる。

チャドでの化石探しには、もう一つ、危険と不安を増す要素が加わる。それは地雷だ。北部のイスラム教徒と南部のキリスト教徒の間で数十年間続いた内戦中に埋められた地雷が、現在でもジュラブ砂漠に残っているのだ。

ある朝、アホウタは骨が点々と地面に散乱しているのを見つけた。砂丘が移動したために露出したのだ。そこにちょうど居合わせたのはラッキーだった。砂嵐でもあれば、再び埋まってしまっていたことだろう。レイヨウの脚や顎の骨、太古のゾウやサルの骨、ワニや魚の化石まであった。その中に、霊長類の下顎骨と数本の歯、そして、失われた部分はないが押しつぶされて変形している霊長類の頭骨があった。

化石はラベルがついた状態で出てくるわけではない。研究チームはその頭骨を博物館へ持っていき、チンパンジー、ゴリラ、アウストラロピテクスの頭骨と比較してみなければならなかった。比較して出た結論はショッキングなものだった。

周囲の岩石の化学的分析や付近で見つかった動物の構成から、その頭骨は七百万〜六百万年前のものだとされた。七百万〜六百万年前と言えばまさしく、人類の系統とチンパンジーの系統が分かれた頃である。その頭骨には、それまでに発見された化石類人猿にはない解剖学的特徴の組み合わせが見られた。[25]研究者たちがそれを新種として発表し、サヘラントロプス・チャデンシスと命名したのはもっともなことだった。彼らはそれに「トゥーマイ」という愛称もつけた。これは、現地のゴラン語で「生命の希望」という意味である。現地の人々は、危険で不確実な乾期の始めに生まれた子どもにこのトゥーマイという名前をつけることがある。

それで、サヘラントロプスとは何者なのだろう。

脳の大きさは、チンパンジーと同じくらいだった。顔と後頭部はゴリラに似ていた。だが、チンパンジーやゴリラとは異なり、サヘラントロプスの犬歯は比較的小さかった。これは、人類の祖先の特徴である。また、大後頭孔（脊髄の出口）は、ヒトと同じように頭蓋骨底部に位置しているとされた。もしそうなら、サヘラントロプスは常に直立していたことになる。

それは、トゥーマイが二本足で歩いていたことを意味するのだろうか。そうとも限らない。さらなる証拠の発見が待たれる。下肢や骨盤の化石が見つかるまでは、確信は持てない。それにしても、その頭骨にはとにかく興味をそそられる。

東アフリカの大地溝帯からも南アフリカの洞窟からも数千マイル離れた場所で発見されたサヘラントロプスは、人類の過去へ新たな窓を開いた。これまで初期ホミニンの化石が東アフリカや南アフリカでしか発見されなかったのは、そこでしか探してこなかったからなのかもしれない。だが、ここからまたしても、古人類学のダークサイドとどろどろしたドラマが始まった。

当時私が大学院生として在籍していたミシガン大学の古生物学者たちは、ブリュネの解釈に懐疑的だった。オロリンの発見者セヌとピックフォードも同様だった。彼らは共同で、サヘラントロプスが人類の系統のメンバーであることを疑問視する短い論文を発表した。彼らは、サヘラントロプスの大後頭孔がヒトと同様の位置にあるというブリュネの主張にも疑問の余地があると考えていた。何と言ってもサヘラントロプスの頭骨はかなり押しつぶされ、変形しているのだから、と。[26] ピックフォードとセヌは、トゥーマイはゴリラの祖先なのではないかという説を唱えた。

ブリュネのチームはこれに対抗し、頭骨をCTスキャンし、押しつぶされた部分をデジタル処理することによって復元した画像を発表した。復元画像では大後頭孔はヒトと同様に頭蓋骨底部に位置しているように見え、[27] これによってサヘラントロプスが直立していたこと、二足歩行していたかもしれないことが裏付けられた。

これは科学のまっとうなやり方である。論理的な異議申し立てが継続的研究につながり、発見された化石の理解が深まったのだ。だが、そこから事態は間違った方向に進み始めた。

再現性は科学の基本的要素だ。このケースについて言えば、独立した研究グループがブリュネのチームの復元作業を再現し、同じ結果が出るかどうか確認してみる必要がある。そうするためには、化石の実物または高品質のレプリカ、もしくは未処理のCTスキャン画像を入手する必要がある。だが、これまでのところ、そのいずれも入手できる状態にはなっていない。

発見から二十年も経つというのに、ブリュネと直接かかわりのある研究チーム以外、トゥーマイを見る機会には恵まれていない。実物だけでなく、研究用品質のレプリカも入手できる状態ではないし、ＣＴスキャン画像さえ門外不出である。

その間に、発見当日にアホウタが見つけたのはサヘラントロプスの頭骨と下顎骨と数本の歯だけではなかったことも判明した。大腿骨も見つかっていたのだ[28]。

大腿骨の末端は破損していたが、骨幹部にはおそらく、サヘラントロプスが二足歩行していたかどうかの手がかりが含まれているだろう。この大腿骨を記述した論文が近日発表されるはずだが、これまでのところ、リークされた数枚の写真から探り出されたもの以外、その解剖学的構造は外部にはほとんど明らかにされていない。

古人類学者はみんな、この化石について詳しく聞きたくてうずうずしているが、ブリュネに大腿骨について尋ねてみたところ、七十九歳の彼は首を前後に振るとデスク越しに身を乗り出してきた。「私は古生物学者です。古人類学者ではありません」と彼は言った。「チャドで私たちが発見した化石は何千個にも上ります。百種を超える動物の化石です。それなのに、みんな、この大腿骨のことばかり聞きたがる。いいですか、トゥーマイは二足歩行していたんです。その大腿骨が二足歩行動物の骨なら、それはトゥーマイの大腿骨なんです。いいですか？　二足歩行動物の大腿骨でなければ、それはトゥーマイの骨じゃないんです」

デスクには、トゥーマイの頭骨のレプリカが二つ置いてあった。研究用品質の精巧なレプリカだ。写真を撮ってもいいですか？　サイズを測りたいのですが？

「だめです」

ブリュネは要するに、「サヘラントロプスは二足歩行していた、以上！」と言ったのだ。さらなる研究によってどんな結果が出ようが、他にどんな化石が見つかろうが、自分の意見は変わらない、と。

たしかに、化石の発見や研究には時間もカネもかかる。さらにブリュネには、一九八九年にカメルーンで化石探しをしていたとき、親友をマラリアで失った経験もある。どうしてサヘラントロプスの化石を他の研究者に公開したり、科学教育に使用するためのレプリカの作成を許可したりしないのですかと尋ねると、彼は再び首を前後に振った。

「これを発見するために私は大きな代償を払いました。大きすぎる代償をね。誰も私に指図はできません。待っていてください」

最古のホミニンのものと言われている化石は、解釈がむずかしい。それらは断片的だし、その上変形している。人類の系統樹の根元に近いところ、つまりチンパンジーやゴリラとの共通祖先に近いところに位置していることから、それらには当然のことながら、ヒトの特徴と類人猿の特徴の、紛らわしくも魅力的な混在が見られる。その秘密を解明するためには、学界全体の知識を結集することが必要だ。化石に注がれる研究者の目が多ければ多いほど、解明は進むだろう。

科学が攻撃にさらされ、人類進化に関する誤解が広がっている今、われわれ古人類学者は人類の起源の物的証拠を速やかに世間に提出する必要がある。一九三八年、ロバート・ブルームは、おもにアウストラロピテクスの大腿骨を記述した論文の冒頭、次のように書いている。

人類の祖先と関連がありそうな類人猿の身体構造を解明する一助となると思われる証拠が新

たに発見された場合、そのすべてを可及的速やかに発表すべきであることは明らかである。(29)

最初期ホミニンの化石——人類の系統が第一歩を踏み出した証拠——のレプリカが教育資源として、世界中の大学やおもな博物館、さらには幼稚園から高校までの学校に行き渡る日が待ち望まれる。(30)

人類の系統の起源は、七百万〜五百万年前のアフリカまで遡ることができる。そのときアフリカで、その理由はまだ完全には解明されていないが、類人猿のような姿をした人類の祖先は最初の一歩を踏み出したのだ。だが、二十一世紀初めの時点で、これら太古の類人猿が二足歩行していたことを示す物的証拠と言えば、チャドで発見された変形した頭骨、ケニアで発見された折れた大腿骨、エチオピアで発見された小さなつま先の骨だけだった。ある研究者も述べているとおり、直立二足歩行の起源を示す証拠は、その全部を「一緒にしても、ショッピングバッグ一つに収まってしまうどころかまだ余裕でたくさんモノが入る」(31)くらいの数しかなかった。

もっと化石が必要だった。ありがたいことに、それが続々と見つかり始めたのだ。

第五章 アルディとドナウ川の神

Ardi and the River Gods

440万年前に生きたアルディの足、
さらに1100万年前のダヌビウスの発見。
これらは、古人類学の定説を覆す新仮説をもたらしたたとえばの話、ラミダスが現生生物のどれとも異なる移動形態を取っていたとしてみよう。……ラミダスのように歩く生物を見つけようと思ったら、スター・ウォーズの酒場を探してみるといいかもしれない。(1)

――ティム・ホワイト（古人類学者）（一九九七年）

一九九四年九月、カリフォルニア大学バークレー校の古人類学者ティム・ホワイトとその元教え子の諏訪元（げん）およびベルハネ・アスフォーは、エチオピア・アファール州のアラミスで四百四十万年前のアウストラロピテクス属の新種の化石を発見しラミダスと命名したと発表した。(2)「ラミド」はアファール語で「根」を意味する。ホワイトは、既知のアウストラロピテクス属の中で最も原始的な、類人猿に近い解剖学的特徴を持つラミダスは人類系統樹の根っこの部分に位置していると主張した。

だが、半年後、ホワイトと諏訪とアスフォーは半ページの訂正文を発表した。(3)ホワイトは、自分たちがアファール盆地の乾燥した荒れ地で発見した化石はアウストラロピテクス属のものではなく、まったく新しい属の化石だとしてそれをアルディピテクスと命名した。ホワイトらがこの訂正を発表したのは、アルディピテクスの出生証明書が偶然見つかったからではない。その後さらに発見された、頭骨断片を含む化石によって、このホミニンがルーシーよりも遙かに類人猿に近かったことが判明したため、独自の属名と種名をつけることがふさわしいとしてアルディピテクス・ラミダスという名が発表されたのだった。

だが、ホワイトはその時点でまだ詳細を明らかにしていなかった。

アルディピテクスが命名されたその年、私はニキビ面のコーネル大学一年生だった。デイヴ・マシューズ・バンドを聞きまくり、深夜にラーメンを食べまくっていた。私が夢中になっていたのは、天文学とカール・セーガンだった。アルディピテクスとティム・ホワイトのことを知ったのは、それから数年後のことだった。古人類学に目ざめたとき、私はアルディピテクス・ラミダスに興味をそそられた。アルディピテクス・ラミダスはルーシーの祖先や直立二足歩行の起源を知る手がかりになるかもしれなかったし、ホワイトが発見したアルディピテクス・ラミダスの化石は、サヘラントロプスやオロリンやアルディピテクス・カダバの化石より遙かに数が多かった。

だが、この化石の調査のためにホワイトが呼び集めた一大国際チームは黙り込んだままだった。発見された脆い化石を彼らが細心の注意を払って掘り出し、母岩をきれいに取り除き、破片をつなぎ合わせて復元し、型を取ってレプリカを作り、調査・研究している間、古人類学界はじっと待っていた。そのプロジェクトを、「古人類学界のマンハッタン計画」と呼ぶ研究者もいた(4)。大きな発見があったことは誰もが知っていたが、情報は外部にはほとんど漏れてこなかった。

私は二〇〇三年に大学院生になったが、この化石のことは噂にしか聞いたことがなかった。二〇〇八年に大学院を修了したときも、この化石のことは噂にしか聞いたことがなかった。この章の冒頭に掲げた、スター・ウォーズの酒場云々というホワイトの言葉を再発見した私は、愚かにも、アルディピテクスについて何か分かるかもしれないと期待して、この一九七七年の大ヒット映画を見返してみた。そのシーンで歩いていたのは、ルーク・スカイウォーカーとC－3PO、それにストームトルーパーが数体とグリードだけだったし、彼らは全員、現生人類と同じように歩いていた。俳優たちはアルディピテクス・ラミダスではなく現生人類なのだから、当然だった。

発見の発表から十五年が経過した二〇〇九年、ホワイトのチームはついに、アメリカ科学振興協会の発行する権威ある学術誌「サイエンス」にアルディピテクスを詳細に記述した一連の論文を発表した。そこに提起されていたのは、二足歩行の起源の完全な見直しだった。

アルディピテクス・ラミダスの化石は数百個発見されているが、このコレクションの至宝とも言うべきものは「アルディ」という愛称で呼ばれる部分骨格である。比較的小さなその犬歯から、アルディはおそらく大人のメスだと思われる。彼女が生きていたのは四百四十八万七千～四百三十八万五千年前。化石が発見された地層の上下の火山灰層を元にしてエチオピア人地質学者ギデイ・ウォルドガブリエルが算出したこの年代には、十万年の幅がある。

つまり、アルディが生きていたのはルーシーよりも百万年以上前だったということになる。

当時、アフリカでは森林が後退し、草原が拡大していた。だが意外にも、アルディの骨は森林に生息する動物の骨や森林の木や草の種とともに発見された。炭素同位体や酸素同位体による測定結果も、アルディが暮らしていたのは森林に覆われた環境だったことを示していた。(5)

骨を調査・研究した結果、ホワイトとそのチームは、アルディは少なくとも時折は二足歩行していたものと思われる、と結論づけた。つまり、「二足歩行は草原で始まった」とする仮説はすべて――「丈の高い草越しにあたりを見渡すために立ち上がった」という仮説から、「身体を涼しく保つために直立して歩いていた」という仮説まで――誤りだと彼らは主張した。直立二足歩行が森林で始まったことがアルディによって明らかになった、と。

　だが、アルディが二足歩行していたことがどうして分かるのだろうか。さらに、アルディが人類の進化系統樹のどこに位置するのかにしても、どうして分かるのだろう。

　四百四十万年前に生きていたアルディは、人類の祖と言うには時代的に新しすぎるかもしれない。人類がチンパンジーと共通の祖先から枝分かれしたのは六百万年近く前なのだから。さらに、ジョナサン・キングドンが『二足歩行の起源』で述べているように、「アルディピテクスについては、古い種の最後の生き残りと見なすべきなのか、新しい種のトップバッターと見なすべきなのか、それさえ分からない」のだ。

　アルディの骨は、彼女が樹上生活に適応していたことを示している。腕は長く、長い指は湾曲している。さらに、類人猿のような足の親指は、手の親指のように横に突き出している。だが、地面に下りたときの彼女の歩き方は、チンパンジーやゴリラのようなナックルウォークではなかった。アルディの手や手首の骨には、ナックルウォークする類人猿のような特徴がまったく見られない。さらに、骨盤の形から、アルディは現生人類やルーシーと同じく、二本足で歩いたときに身体のバランスを保つことができただろうと思われる。

　二〇一七年、私はアルディの足を見るためエチオピアを訪れた。アルディの骨は明るいピンク色をしている。アルディの骨はルーシーの化石ほど密度が高くなく、脆い[6]。アルディを発見したとき、ホワイトのチームは、エチオピアの太古の地層から露出している脆い骨がチョークのように砕けてしまわないように、その場で接着剤を注入した。

ホワイトとともにアワッシュ川中流域発掘プロジェクトの共同ディレクターを務めるエチオピア人古人類学者ベルハネ・アスフォーの注意深い監視の下、私はアルディの足の骨を一つ一つ見ていった。ホワイトとアスフォーのチームは一九八一年以来、エチオピアで考古学的・古人類学的に重要な遺物を発見してきた。私と一緒に、ダートマス大学の大学院生エリー・マクナットと私の南アフリカ人の友人ベルンハルト・ツィプフェルもその場に来ていた。ツィプフェルは足のエキスパートだ。「アルディは二足歩行していた」というホワイトの主張を検証すべく、われわれ三人はアルディの足の骨を一つ一つ注意深く調べた。

ホワイトのチーム自体の結論がまだ出ていないからなどの理由で、写真撮影や3Dスキャンは許可されなかった。だが、その化石を見ただけで、私には分かった。ホワイトらの言うとおりだった。アルディの骨には、二足歩行するためにヒトに備わっている重要な特徴のいくつかが見られた。ただし、アルディの歩き方は間違いなくわれわれのそれとは違っていた。

アルディの足関節は類人猿のそれによく似ている。彼女は、ヒトのように足を自然に地面につけて立つことはできなかっただろう。その代わり、ヒトよりも柔らかい足関節のおかげで、木に上るときに足の指で木の幹をつかむことができただろう。足の親指側は、ものをつかむのに適した、長く横に張り出した親指を含めてチンパンジーに似ているが、小指側はヒトの足に似ている。二本足で移動するときには、彼女の足の骨はしっかり固定され、地面を押し返す硬い足底を形成したことだろう。

アルディピテクス・ラミダスの骨は、われわれ自身の足についての驚くべき物語を明らかにしてくれる。ヒトの足は、小指側から親指側に向かって進化したのだ。ヒトの足は、数百万年をかけて継ぎ合わされてきた、さまざまな解剖学的特徴のモザイクなのだ。足の小指側は、人類進化史の早い段階で（アルディピテクスの時代までに確実に。おそらくはさらに早い時期から）ヒトに近い形を獲得した。だが、足の親指側はもっとのちに（ルーシーの時代までに）変化した。ヒトの足の親指は最も新しい進化的変化なのかもしれない。ヒトの足の親指は、最近のほんの二百万年の間に短く、真っ直ぐになったのだ。

アルディの足の骨は、最初期の二足歩行ホミニンが足の小指側で地面を蹴り出していたことを示している。彼らの足の親指は木の枝をつかめるように手の親指と同じように横に突き出していたため、彼らは、足の親指に体重を移動させずに歩いていた（現在、ほとんどの人は体重を移動させて歩いている）。そのような足で二足歩行するのはおそらく効率が悪かっただろうが、アルディピテクスにとってはそれで充分だった。大半の時間を樹上で過ごし、地面に下りて餌場から餌場へと二本足で移動していたアルディピテクスは、そのような歩き方で妥協したのだ(8)。

直立二足歩行と木登りを両立させていた初期ホミニンの発見自体は驚くようなことではない。そのような動物が存在していた証拠は、六百万年前のオロリンや別種のアルディピテクス（アルディピテクス・カダバ）の化石によってすでに見つかっている。真に驚くべきことは、ホワイトと彼の長年の研究仲間オーウェン・ラブジョイがアルディピテクスを通じて二足歩行の起源についての考え方を転換したことだ。それはまさに革命的な転換だった。

人類進化の行進図

私の子ども時代の愛読書に、『恐竜と大昔の爬虫類』という大型本があった。最後にその本のページをめくってから数十年が経過したが、生き生きとした絵を今でもよく覚えている。巨大なブロントサウルスが沼地で口いっぱいに木の葉を頬張っている図が目に浮かぶ。首の長い恐竜がアロサウルスに攻撃されている絵は恐ろしいと同時に魅力的だった。

この素晴らしい挿絵を描いたのは、イェール大学付属ピーボディ自然史博物館の巨大壁画「爬虫類の時代」で有名な、ロシア生まれの画家ルドルフ・ザリンガーだ。『恐竜と大昔の爬虫類』の挿絵は、この壁画に基づいて描かれている。一九六五年、タイム・ライフ社から二十五巻セットの「サイエンス・ライブラリー」が出版された。惑星の巻、大洋の巻、昆虫の巻、宇宙の巻、さまざまな大陸の巻などがあり、いずれも美しい挿絵入りだった。そして、その中の「初期人類」の挿絵を担当したのがザリンガーだった。

彼は既知の類人猿と初期人類の絵を、四ページ分の折り畳み式カラーページいっぱいに並べて描いた。ページの左端から右端に向かって、最初はうずくまっていた人類の祖先がゆっくりと着実に立ち上がっていく過程が描かれていた。最初、進化はなかなか進まず、祖先たちはうずくまった姿勢のままだ。だが、クロマニヨン人あたりから完全に直立し、人間らしい姿勢を取るようになる。「人類進化の行進図(9)」と呼ばれる、この誤解を招く図はすっかり定着し、マグカップやTシャツやバンパーステッカーなど至る所にあしらわれてきた。

「人類の進化」をググってみると、チンパンジーが段々と人間に変化していく絵の一覧がヒットする。チンパンジーや人間がシルエットのように描かれている絵もある。黒いチンパンジーがゆっくりと、白い肌の、不気味なほどチャック・ノリス似の男性に変化していく絵もある。人種差別と性差別がプンプンにおう絵だ。絵全体に赤線が引いてあるものもある。これは、天地創造説支持者の抗議だろう。

「人類の進化」と聞いて、多くの人が思い浮かべるのはこの図である。この図は、われわれ人類がナックルウォークするチンパンジーから直線的に進化したことをシンプルかつ明快に伝えている。だが、一つ問題がある。これが間違いだという点だ。これまで見てきたように、チンパンジーはわれわれの祖先ではなく、いとこである。チンパンジーが六百万年もの間変化しなかったとはまず考えられない。さらに、この図では、進化するにつれて人類は段々と背筋が伸びて脳も大きくなり、体毛も薄くなっていったように見える。だが、これは間違いである。こうした変化は同時に始まったわけではないし、変化のスピードもまちまちだったのである。

ザリンガーを弁護するために言っておくが、彼は人類がチンパンジーから直接進化したとは一度も言っていないし、彼の「人類進化の行進図」にチンパンジーは描かれていない。それでも、彼の絵には、「人類の祖先はナックルウォークの段階を経て進化してきた」「二足歩行を始めた頃の人類は、二本足で立ったときのチンパンジーのように屈み込んだ姿勢だった」という仮説が暗黙のうちに含まれている。これは論理的な、科学的に検証可能な仮説である。ヒトに最も近縁の類人猿であるチンパンジーやボノボやゴリラはすべてナックルウォークしているのだから、ヒトと彼らの共通祖先もナックルウォークしていただろうと考えるのは理にかなっている。

最後の共通祖先がナックルウォークしていなかったとすれば、チンパンジーやゴリラはナックルウォークを独自に発達させたことになる。多くの研究者がその可能性は低いと考えていたが、オーウェン・ラブジョイとティム・ホワイトの考えは違っていた。アルディピテクスの化石は、人類の祖先が最初からナックルウォークしていなかったことの明確な証拠だ、と彼らは考えた[10]。つまり、これまで考えられていたよりもヒトの骨格は原始的で、大型類人猿の側(がわ)が進化したのかもしれない、と。

ラブジョイとホワイトの説は、人類進化の物語を根底から覆すものだった。現生類人猿の身体はナックルウォークに特化しているから、そこから二足歩行に進化できるはずはない、と彼らは主張した。どうやったら類人猿から人間に行き着けるというのか。メイン州で人に道を聞くと、「ここからそこへは行けないんです」とよく言われるが、それと同じだ、と（訳注：「ここからそこへは行けないんです」とは、回り道をしないと行き着けなかったり、遠すぎたり、説明するのが難しすぎる場所への行き方を尋ねられたときの冗談めかした定番の答え方。入り組んだ海岸線と森の多いメイン州の住人が特によく使うとされている）。

だが、二足歩行するホミニンがナックルウォークするチンパンジー似の動物から進化したのでないとすれば、われわれはいったい何から進化したのだろう。ラブジョイとホワイトは、「アフリカの類人猿とホミニンは、尾のない大型のサルのようなものから枝分かれした」という説を提唱した。決め手になったのは、サルや多くの原始的な類人猿が人間と同じように長い背中を伸ばし、サルの着ぐるみを着た人間のように直立できることだった。これに対して、現生の大型類人猿の背中は短く柔軟性に欠けるため、木登りは得意だが、膝や腰を曲げずに直立することができない。ラブジョイとホワイトは、アルディピテクスは二本足で立って歩くとき腰を屈めてはいなかったと主張した。横に突き出した足の親指のせいで、アルディピテクスはわれわれと同じような歩き方はできなかったが、われわれと同じように直立していた、と。

彼らの主張が正しいとすれば、人類の祖先は最初からナックルウォークをしていなかったし、身体を屈めてもいなかったことになる。

だが、アルディピテクスが生きていたのは四百五十万年前のこと。チンパンジーとの共通祖先まではまだ二百万年近く遡らなければならない。アルディよりも古い人類の祖先を見つけられるだろうか。千二百万～七百万年前に生きていた祖先を見つけられるだろうか。そのためには、中新世にまで時代を遡る必要がある。そして、驚いたことに、その場所はアフリカではない。

ドイツで発見された新種

類人猿は二千万年前までにアフリカで進化した。現生類人猿が共通の祖先から枝分かれしたのが二千万年前だということが遺伝学的証拠によって判明しているし、ケニアとウガンダで発見された最古の類人猿の化石もほぼ二千万年前のものと分かっている[11]。現在、類人猿の種類は数えるほどしかないが、過去には、カモヤピテクス、モロトピテクス、アフロピテクス、プロコンスル、エケンボ、ナコラピテクス、エクアトリウス、ケニアピテクス等々、非常に多くの種類の類人猿がいた。それらはいくつかの点で現在の類人猿に似ていた。たとえば、それらには尾がなかったし、果実を食べていたこと、成長期間が長かったことが歯から分かっている。だが、それらの大半は現生類人猿とは異なり、前肢で木の枝からぶら下がることはできず、尾のない大型のサルと同様に四本足で樹上を移動していた。

およそ千五百万年前、アフリカの類人猿は減少し始めた。この時代の類人猿の化石はサウジアラビア、トルコ、ハンガリー、ドイツ、ギリシャ、イタリア、フランス、スペインで発見される。赤道直下のアフリカにあった大森林が地中海岸へと北上したのだ。ヨーロッパの森は、果実を餌とする現生大型類人猿（および人類）の祖先たちに豊かな環境を提供した。太古のヨーロッパの類人猿は多様化し、ドリオピテクス、ピエロラピテクス、アノイアピテクス、ルダピテクス、ヒスパノピテクス、オウラノピテクス、そして、（みんな大好き）オレオピテクスなど、多くの種が出現した。

ヨーロッパに類人猿がいたと思うと不思議な感じがする。当時の気候は現在よりも温暖湿潤だったとはいえ、高緯度の森は季節の影響が大きい。日の短い冬の間、果実は乏しくなる。果実に依存する類人猿にとっては過酷な状況である。彼らはどうやって生き延びたのだろう。遺伝学と生化学がその答えを教えてくれる。

尿酸は、細胞が特定の化合物を分解するときにできる、正常な代謝副産物である。尿酸は尿とともに体外に排出される。ほとんどの霊長類を含むほとんどの動物は、尿酸が血液中にたまったとき、それを分解する働きを持つウリカーゼという酵素を作ることによっても尿酸を除去する。だが、ヒトはウリカーゼを作り出すことができない。ヒトにもウリカーゼを作る遺伝子はあるのだが、それが働かないのだ。突然変異によってウリカーゼが作れなくなっているのだ。チンパンジー、ボノボ、ゴリラ、オランウータンもウリカーゼを作ることができない。この事実から、分子遺伝学者はこの遺伝子が変異した時期を、人類とこれら大型類人猿との最後の共通祖先が生きていたおよそ千五百万年前と特定した。

この変異がわれわれの祖先に何らの利益ももたらさなかったということはあり得ない。ウリカーゼが作れないことによって、人類は足の親指が関節炎を起こしてひどく痛む痛風にかかりやすくなった。だから、この変異に何の利点もなければこれが維持されたとは考えにくい。

それはどんな利点だったのだろう。尿酸には、果糖が脂肪に変わるのを助ける働きがある。[12] ヨーロッパの森で暮らす類人猿にとって、冬の日照不足によって食糧が乏しくなったとき、脂肪を蓄えていることは役に立ったはずである。赤道直下のアフリカの熱帯雨林にはそのような問題は存在しないのだから、それを解決するための進化的変化は温帯の南ヨーロッパの森でしか起こらなかっただろう。

脂肪を蓄えていたとしても、冬の間空腹を抱えた類人猿は食べられるものなら何でも必死に食べたことだろう。現在、東南アジアの森に生息するオランウータンは、食糧が乏しくなると樹皮や未熟な果実まで食べるようになる。対照的に、人類の祖先が熟れすぎて発酵した果実を好むようになったことを遺伝学的証拠は示している。

世界で最も大量に消費されている飲料は水、茶、ビールである。水と茶はノーカロリーだが、ビールは高カロリーである。私が愛飲しているローソン醸造所のビール、「シップ・オブ・サンシャイン」は、一缶でマクドナルドのハンバーガー一個と同じカロリーがある。発酵した果実は高カロリーだが、それは、エタノールを代謝できれば、の話である。代謝できなければ、それは身体にとって毒だ。ほとんどの人は、エチルアルコールを分解するために不可欠な酵素を作り出す遺伝子を持っている。チンパンジー、ボノボ、ゴリラにもこの遺伝子はあるが、オランウータンにはない。他の霊長類も、マダガスカルの奇妙なサル、アイアイ以外はこの遺伝子を持っていない。アフリカの類人猿とヒトにだけこの遺伝子があるという事実[13]は、われわれとアフリカの類人猿に共通する最後の祖先が食糧難の時期に、森の地面に落ちて発酵した果実を食べて生き延びたことを示唆している。

中新世末期に気候が寒冷化・乾燥化すると、類人猿たちは地中海岸の温帯の森では生きられなくなり、ついには絶滅してしまった。だがその前に、人類とアフリカの類人猿に共通する最後の祖先が誕生していた。森林の端がアフリカへと南下していった頃、チンパンジーとゴリラとヒトの祖先が誕生した。

この太古の類人猿はどんな姿をしていたのだろう。どんな歩き方をしていたのだろう。それを理解するため、私はテュービンゲン大学の古生物学者マデライネ・ベーメに会いにドイツを訪れた。

ブルガリアのプロブディフで少女時代を過ごしたベーメは、遺跡発掘現場に忍び込んでは瓦礫の山から青銅器時代の遺物を見つけ出してきた。過去に魅せられていた彼女は行く先々で穴を掘った。ハイティーンになる頃には、ブルガリアの丘の中腹から希少なゾウの下顎骨を掘り出した。実家に広い庭があったので、穴掘りの技術を家庭菜園に活かしてくれと父親から頼まれたが、彼女の関心は常に野菜より骨や遺物に向いていた。

大学では地質学と古生物学を学び、専攻は中新世の中央ヨーロッパだった。千五百万〜千万年前の中央ヨーロッパの沼地や森林や河川には、カメやトカゲやカワウソやビーバーやゾウやサイがたくさんいた。ネコ科の猛獣やハイエナもいた。それは、ドイツ南部バイエルン州のアルプス山麓の小さな町プフォルツェン郊外にあるハンマーシュミーデという粘土採掘場でベーメがこれまで発見してきた、千百六十二万年前の化石の数々からもよく分かる。

「ハンマーシュミーデで見つかる化石の八十パーセントはカメですが、どの化石も重要です」研究室を訪ねた私に、彼女は熱く語った。「どんな欠片もすべて回収します」

ベーメの化石収集法は、古生物学の標準的なやり方とは対照的だ。ふつうは、それほど重要ではないと思われる断片や特定不能の破片は地中に放置したり廃棄したりするが、彼女はまるで掃除機のようにすべてを収集する。彼女にはそうしなければならない理由がある。ハンマーシュミーデは現在も操業中の粘土採掘場である。ベーメに化石発掘の許可を出している土地所有者は、粘土の採掘会社とも契約を結んでいる。化石が埋まっている砂岩層は、厚い粘土層に挟まれている。掘削機には化石と粘土の区別はつかない。だから、ハンマーシュミーデの粘土から造られた煉瓦の中には、きっと中新世の黒ずんだ骨の欠片が埋め込まれていることだろう。「カロライナの虐殺者」が発見されたノースカロライナ州チャタム郡の状況とよく似ている。

二〇一六年五月十七日、教え子のヨッヘン・フスが類人猿の上顎骨と顔の骨の一部を掘り出したとき、ベーメにとってすべてが変わった。近いうちに採掘会社がそのエリアから粘土を採掘する予定だということを知っていたベーメは、急遽、切り立った砂岩層をハンマーで薄く削り取った。すると、上顎骨にぴったり合う下顎骨が現れた。

それからまもなく、ベーメは丸い黒ずんだ骨の欠片に気づき、ああまたカメの化石かと思った。だが、「どんな骨も重要」ということでそれも収集した。彼女はそれに接着剤を注入すると、残りの部分を掘り出し始めた。

粘土と砂を払いのけたとき、彼女は、その骨（まだ一部は埋まったままだった）がカメのものではありえないと気づいた。次に浮かんだのは、ミオトラゴセルスという有蹄動物の角かもしれないという考えだった。ミオトラゴセルスは中新世のヨーロッパではありふれた動物だった。現在、ニルガイという近縁種がインドに生息している。彼女は道具をフスに手渡し、骨を全部掘り出すように指示した。全部掘り出してみると、先細りになっているだろうという予測が間違っていたことが分かった。その骨は先端が広がっていたのだ。

「ありえない」とベーメは言った。

レイヨウの角としてはありえなかったが、それは角ではなかった。それは類人猿の尺骨、つまり前腕の骨だったのだ。それは非常に長い骨だった。現在の、木の枝からぶら下がれる類人猿の腕に匹敵する長さだった。さらに見つかった黒ずんだ骨の塊にも接着剤が注入され、石膏で固められて研究室へ送られ、処理と研究がおこなわれることになった。

「ここが発見場所です」ベーメは私に言った。二〇一九年十一月の、風の強い日だった。

ハンマーシュミーデは化石の発掘現場というより砂利採取場のように見える。この粘土採掘場は円形競技場のような形をしていて、真ん中がきれいに削り取られて低くなっている。灰色の粘土の厚い層がわれわれの周囲にそそり立ち、常緑樹が採掘場の周囲を縁取っている。ベーメは化石が埋まっている砂岩のレンズ状層を指さしたが、私は、すぐにも作業を開始する態勢になっている掘削機やブルドーザーに気を取られていた。

その二週間前、ベーメのチームはこの粘土採掘場で発見された類人猿の化石の分析結果を発表し、これを千百万年以上前に生息していた中新世の類人猿の新種としてダヌビウス・グッゲンモシと命名していた。ダヌビウスはケルトの川の神の名である（ドナウ川という名称はこの神に由来する）。だが、私がここへ来たのは、新種の類人猿の化石がドイツで発見されたからではない。私がここへ来たのは、「ダヌビウスは二足歩行していた」とベーメが主張しているからだ。

ベーメは、ダヌビウス・グッゲンモシの顔と歯が中新世のヨーロッパに生息していた既知のどの類人猿とも異なっていることがはっきりした二〇一七年の時点ですでに、新種発見を発表するための論文をオフィスで執筆し始めていた。隣の研究室では、地質学と古生物学を専攻するテュービンゲン大学修士課程の学生トーマス・レヒナーが、前年に粘土採掘場で急いで収集された化石から粘土や砂を注意深く取り除いていた。その中の一つ、発掘現場でざっくり「ほ乳類の長骨」とだけ特定されていた骨が、実は類人猿の脛骨だったことが判明した。

四千マイル（約六千四百キロメートル）近く離れたドイツまで私がはるばるやってきたのは、この骨を見るためだった。

ベーメのオフィスは、テュービンゲン大学古生物学博物館の二階にある。廊下の一方の突き当たりに、近くの町ホルツマーデンの頁岩（けつがん）採掘場でジュラ紀の地層から発見されたイクチオサウルスやアンモナイトや太古のウミユリの見事な化石が並んでいる。もう一方の突き当たりには、恐竜や獣弓類（爬虫類のような姿をした、ほ乳類の祖先）の化石が展示されている。

私は丸いテーブルを前にして座っていた。近くに、化石でいっぱいのキャビネットがあるが、化石を間近で見たり、計測したりすることは可能なのだろうか。私はベーメを知らないし、ベーメも私のことは知らない。ホミニンや類人猿の化石の発見者の中には、奇妙な交換条件を持ち出して化石を見せるのを渋る人もいる。科学者としてあるまじき姿勢だと思うが、これまで何度かそれで痛い目にあった。私がベーメに提供できるものと言えば、脛骨の専門知識（博士論文のテーマが脛骨だった）だけだ。

だが、ほんの数分のうちに、私はハンマーシュミーデから見つかった化石に取り囲まれていた。ベーメは熱く語りながら私の目の前に、ダヌビウスの尺骨、足の指の骨、手の指の骨、大腿骨、と次々に並べ、最後に脛骨を置いた。さらに、赤ちゃんゾウの骨盤、ブルガリアの比較的新しい地層から発見されたサルの化石、パキスタンやスペインやケニアで発見された類人猿の化石のレプリカも。化石に対するベーメの愛は、私に劣らず熱い。古生物学者としての姿勢に関しても、彼女は私と同意見だった。化石は秘蔵するためのものではありません。共有し、自由に研究するためのものです。

私はノギスとカメラを取り出し、作業に取りかかった。

ダヌビウスの脛骨は完全な形で残っていた。これなら、膝と足首の関節の機能を知る手がかりを与えてくれそうだ。膝関節がどんなふうに動くかは、丸みを帯びた大腿骨の下端が脛骨の上端の上でどんなふうに回転するかで決まる。類人猿の脛骨の上端は丸みを帯びているため、チンパンジーやゴリラやオランウータンの膝はヒトのそれよりも遙かに可動性が高い。驚いたことに、ダヌビウスの脛骨上端はヒトのそれのように平らだった。これなら、膝を伸ばして類人猿よりもまっすぐ立つことができただろう。

だが、私がいちばん驚いたのはその足首の関節だった。

ヒト以外の現生霊長類は、脛骨の下端が傾斜している。そのために足が内側を向き、足で木の幹や枝をつかみやすくなっている。また、この傾斜によって膝と膝が離れるため、類人猿はO脚である。しかし、ヒトの足首の関節には傾斜がないため、膝を合わせてまっすぐ立つことができる。

ダヌビウスの足首はヒトのそれに似ていた。それ以上に、ルーシーの足首に似ていた。ハンマーシュミーデでは背骨も二体分発見されていたが、ベーメはそれを見て、ダヌビウスの脊柱はS字カーブを描いていたと確信した。脊柱のS字カーブは、ヒトや二足歩行ホミニンの直立姿勢にとって決定的に重要な解剖学的特徴である。ベーメとそのチームは、「ダヌビウスは千百万年前、直立して（地面ではなく）木の上を歩いていた」と結論づけた[14]。ベーメの見解が正しければ、二足歩行は地面に下りてからではなく、木の上で始まったことになる。この目でダヌビウスの化石を観察してみて、私としてはその研究結果に反論する理由はないと考えるが、ベーメの見解に対しては異論もあり、結論はまだ出ていない[15]。

実は百年近く前、ベーメの仮説は予言されていた。

樹上の二足歩行？

コロンビア大学の外科医ダドリー・J・モートンは、一九二四年にダヌビウスのような類人猿の存在を予言していた。遺伝子研究によって、「ヒトに最も近い類人猿は、ナックルウォークするチンパンジーとボノボである」と判明する遙か以前のことである。モートンの専門は足治療だったが、彼は進化にも興味を持っていた。彼は、「ヒトの二足歩行の進化を理解するために最適のモデルは、類人猿の中で最も二足歩行に近いギボンである」という説を提唱した[16]。

ギボンは腕渡りのスペシャリストだ。東南アジアの熱帯林に生息するギボンは、その長い腕と手を使って枝から枝へとすばやく飛び移る。ギボンの腕は非常に長く、身体を屈めなくても手が地面についてしまう。腕があまりにも長くて細いため、腕に体重をかけすぎると骨折する危険がある。そこで、ギボンは地面に下りると腕を上げて二本足で走る[17]。樹上にいるときも、綱渡りをする人のように腕でバランスを取りながら枝の上を歩くことがある。

化石や分子遺伝学の知識に頼ることができなかったモートンは、さまざまな類人猿の骨や行動を比較することで研究を進めた。彼は、「人類の祖先は大型のギボンのような姿だったに違いない。ただし、腕は現在のギボンよりも短かっただろう」という結論に達した。人類の祖先はものをつかめる強力な手足を持ち、木の上を二本足で移動していただろう、と彼は想像した。

彼の仮説は二十世紀の中頃までは有力視されていたが、一九六〇年代末にはすっかり支持を失ってしまった。タンパク質の比較やその後のＤＮＡ研究によって、あらゆる類人猿の中でギボンは最もヒトから遠いことが明らかになったからである。チンパンジーやゴリラのほうがヒトに近いのだから、人類の祖先は地上をナックルウォークする大型の類人猿のようなものだったのだろうと考えるほうが自然だった。

問題は例の厄介な化石だ。

ヒトとチンパンジーとゴリラが共通の祖先から枝分かれした時代に生きていた、ナックルウォークする大型類人猿の化石は一つも発見されていない。その時代の地層からこれまでに発見された数少ない化石は、枝から腕でぶら下がることができ、直立姿勢を取ることが可能な柔軟な背中を持った、比較的小さな類人猿のものである。

ベーメがダヌビウス発見を発表するわずか数週間前、ミズーリ大学の古人類学者キャロル・ウォードが、ルダバニア（ハンガリー）の湖沼堆積物の中から発見された、千万年前の化石類人猿ルダピテクス・フンガリクスの骨盤に関する論文を発表した。頭骨や歯の形状からルダピテクスは大型類人猿の祖先と位置づけられているが、その骨盤はまるで大型類人猿らしくない。それは多くの点でフクロテナガザル（ギボンの中で最大の種）に似ている。「骨盤の形状から、ルダピテクスは現生大型類人猿よりも効率的に二足歩行できただろう」とウォードは考えている。木の上で二足歩行していたのはダヌビウスだけではなかったかもしれないのである[18]。

「なぜ人間は四本足から二本足になったのだろう、と考えること自体が間違っています」とウォードは二〇一八年にダートマス大学を訪れた際、私の受け持つ人類進化の授業で学生たちに語った。「疑問に思うべきなのはおそらく、なぜ人類の祖先はそもそも手をついて歩かなかったのだろう、ということなのです」

ハンマーシュミーデに話を戻そう。私はゆっくりとその場で回転し、採掘場の全景をぐるりと見渡した。三年前に大きなオスのダヌビウスの骨格化石が発見された場所はなくなっていた。掘削機がごっそり削り取っていったのだ。大量の土が持って行かれてしまった。ダヌビウスが見つかるかもしれなかった土の大半が粘土になってしまったのだ。

「ちょうどそこで、メスのダヌビウスを発見しました」。砂岩のレンズ状層を挟み込んだ粘土の壁を指さしてベーメが言った。そのレンズ状層から、彼女のチームは数本の歯と小さな大腿骨を回収していた。いつも前向きな彼女は笑顔で言った。「残りの部分も必ず発見できると思っています。来年きっと発見しますよ」

ダヌビウスが教えてくれること

ダヌビウスには、古人類学の定説を覆すすさまじい破壊力がある。さらにそれは、論争を巻き起こしているもう一つの化石の謎を解く手がかりも与えてくれるかもしれない。

トゥーマイ（サヘラントロプス）が生きていたのが七百万年前だったことを思い出してほしい。分子遺伝学者の中には、ヒトとチンパンジーの系統が分かれたのは七百万年以上前だったと主張する人もいる。[19] そうであれば、二足歩行していたサヘラントロプスをぎりぎりホミニンの仲間に入れることができる。ヒトとチンパンジーが共通の祖先から枝分かれした時期はもっと新しいとする研究者もいる。彼らは、サヘラントロプスを二足歩行ホミニンに分類するのは誤りだと主張する。

この難問をダヌビウスが解いてくれるかもしれないのだ。

トッド・ディソテル（第三章に登場した、タトゥーを入れた分子人類学者）は、ヒトとチンパンジーが共通の祖先から枝分かれした時期を六百五十万〜五百五十万年前と断定している。彼の見解が正しければ、二足歩行していた可能性のある類人猿トゥーマイが生きていたのはそれより前の時代ということになる。それはホミニンが進化する以前の、そもそもヒトの系統が存在しなかった時代である。直立二足歩行がホミニンに特有のものであると考えれば、「そんなことはありえない」ということになるが、ヒトとアフリカの大型類人猿に共通する祖先が現在のチンパンジーやゴリラよりも二足歩行が得意だったとすればすんなりつじつまが合う[20]。

そこに登場するのがダヌビウスである。

ダヌビウスの化石は、ヒトと類人猿の共通祖先が木の上で二足歩行していたことを示しているのかもしれない。両手を上げて木の枝をつかみ、熟した果実が生っているところまで二本足で枝の上を歩いていったのだろう。こうした行動は現在、オランウータンやギボン、クモザルに時折見られる[21]。

このような祖先からまずゴリラの祖先が、続いてチンパンジーの祖先が枝分かれし、大型化したのかもしれない。身体が大きくなれば、木から落下した場合の危険も大きくなる。木から落ちないように、彼らの腕は長くなり、手のひらは大きくなり、背中は柔軟性を失っていった。

だがアフリカの森には、木から木へと枝づたいに移動できるほど果樹が密集していなかったから、腕の長い大型類人猿は、地面を歩いて次の餌場まで移動しなければならなかっただろう。彼らは二本足で歩けただろうか。答えはノーだ。柔軟性のない短い背中を持つ彼らは背筋を伸ばして直立することができなかったから、二本の足で歩くにはエネルギー効率が悪かった。彼らは四本足で歩くしかなかったが、彼らの指は長い上に湾曲していたから地面に手を平らにつくことができなかった。そのため、指を曲げ、指の節を地面につける形になったのだろう。このシナリオが正しければ、チンパンジーとゴリラのナックルウォークはそれぞれ別々に、しかし同じ理由で発達したことになる。

それで、われわれ人類の祖先はどうなったのだろう。すでに直立姿勢に適応していた彼らは、数箇所の解剖学的マイナーチェンジによって、地上での二足歩行も樹上でのそれと同じように楽にこなせるようになっただろう。

ドイツ・ハンマーシュミーデの粘土採掘場で発掘された1162万年前の直立類人猿ダヌビウス・グッゲンモシの復元図。Velizar Simeonovski

ダヌビウスについてこのような解釈が受け入れられれば、「なぜナックルウォークから二足歩行が生まれたのか」という疑問を解き明かす必要はなくなる。なぜなら、二足歩行はナックルウォークから生まれたわけではないからだ。二足歩行は新しい移動方法ではなく、新たな環境における旧来の移動方法だったのだ。言い換えれば、「人類進化の行進図」は方向が逆だったのかもしれない。人類はナックルウォークしていた祖先から進化して二足歩行するようになったのではない。逆に、ナックルウォークする現生類人猿のほうが、二足歩行していた（少なくとも、時々は）祖先から進化したのだ。

このパズルに塡まるもう一つの興味深いピースを提供してくれるのは、ホミニンの下肢ではなく手だ。

チンパンジーの手の親指は比較的短く、他の指は長く、鈎のように湾曲している。対照的にヒトの手は、親指は長くて太いが、他の指はチンパンジーに比べて短い。ヒトは親指の腹を他のどの指の腹とも合わせることができる。つまり、ヒトは親指を他の指と向かい合わせることができる。一世紀もの間、科学者たちは、このような特徴を持つヒトの手がチンパンジーのような手からどのように進化したのかを解明しようとしてきた。アメリカ自然史博物館の古人類学者セルジオ・アルメシージャは、これも進化の方向が逆だったのだと考えている。

二〇一〇年に彼が六百万年前のオロリン・トゥゲネンシスの親指を分析した結果、それが驚くほどヒトのそれに似ていたことが判明した。その五年後、彼は手の骨のさまざまな比率を化石類人猿とヒトとで比較し、ヒトの手は過去六百万年の間に驚くほどわずかしか変化していないと結論づけた。これに対して、チンパンジーやその他の類人猿は木から落ちないように進化し、指が長くなったのだ、と。

これが二足歩行とどう関係があるのだろうか。

木の枝の上を二本足で歩くと、バランスを崩す危険がある。足の指がものをつかめる構造になっていれば枝にしがみつくのに役立つが、木の枝の上を二足歩行していた太古の類人猿には、ものがつかめる力強い手も必要だったのではないだろうか。イギリス・バーミンガム大学のスザンナ・ソープとそのチームによれば、それはおそらく必要なかった。バランスを取るには指先で軽く触れるだけで充分だし、それだけで筋肉の活動量を三十パーセント減らすことができる、と彼らは述べている。[22]

「人類進化の行進図」を逆向きにする斬新さは魅力的だが、これは考えすぎの可能性もある。二足歩行はナックルウォークから進化した、という仮説を残しておくことは可能だろうか。[23] もちろん可能だ。東アフリカの千四百万〜千万年前の地層からナックルウォークしていた類人猿の骨格化石が発見されれば、「ヒトの祖先はナックルウォークする類人猿だった」という仮説が再び有力になるだろう。ダヌビウスやルダピテクスといったヨーロッパの類人猿は、われわれを惑わせた、絶滅した近縁種ということに落ち着くかもしれない。

そのような類人猿が存在した証拠はまだ発見されてはいない。それでも、この問題をすでに解決済みと考えるのは早計だろう。今後さらに化石が発見されれば、人類進化の物語はさらに解明されていくことだろう。

だがさしあたっては、これまでに発見された化石が語りかけてくる魅力的な物語は次のように解釈できるだろう。およそ七百万年前から四百万年前までの間（つまり、人類進化史の最初の三分の一よりも長い時間）に、樹上生活に適応した類人猿が後退する森を追ってヨーロッパを出て、[24] 中央アフリカと東アフリカに点在する森林に散らばっていった。祖先のダヌビウスと同じように、その類人猿は木の枝の上を二本足で歩き、ときには地上に下りて二足歩行した。その類人猿はわれわれと同じように膝と腰を伸ばして立ち、足の親指はいまだに横に突き出していたとはいえ、足の小指側で地面を蹴って歩くことができた。サヘラントロプス、オロリン、アルディピテクスなど、さまざまな種が進化した。もちろん、まだ発見されていない種も数多く存在したことだろう。

数百万年の間、彼らは果実を食べ、樹上で眠る生活を送り、アフリカの縮小していく森林の周縁で暮らしていた。樹上が彼らの生活の場だったが、ある森から次の森へ移動するときには、危険な開けた場所を二本の足で用心深く歩いて通過した。

だが、進化は立ち止まることがない。アウストラロピテクスの時代が始まろうとしていた。

第二部 人間の特徴

BECOMING HUMAN

人類のテクノロジー、言語、食生活、子育て法は、
直立二足歩行によってもたらされた

ホモ・サピエンスが二足歩行を発明したわけではない。その逆だ。[1]

——アーリング・カッゲ（探検家）

『歩く：一歩ずつ』（二〇一九年）

第六章　太古の足跡

Ancient Footprints

366万年前の奇跡「ラエトリの足跡化石」。
われわれはそれを再発見する。
二足歩行が足跡の主に与えたものとは何だったのか

静かな平原をゆっくりと歩くことは魅力的だ(1)

「バーンズの国を訪れたあとスコットランド高地で書いた詩」（一八一八年）
——ジョン・キーツ

タンザニア北部ンゴロンゴロ・クレーターの北西に、ラエトリという、美しいが荒涼とした地域がある。(2)ラエトリという地名は、タンザニアのこの地域でしか見られない、赤い花を咲かせる繊細な植物ラエトリルに由来する。ところが、このラエトリルの花の近くには、ちょっと気をつけたほうがいい植物も生えている。

その地域で知られている五種類のアカシアの中で、よく目につくものが二種類ある。一つはサバンナ・アカシア。夕日をバックにしたそのシルエットが、アフリカの自然を紹介するドキュメンタリー番組に必ずと言っていいほど登場する、傘のような姿をした高木だ。枝に鋭いトゲがあり、キリンから葉を守っている。もう一つは低木のアカシアで、枝に、バッグス・バニーの爆弾のような形をした黒いこぶがあり、そこから長さ二インチ（約五センチメートル）のトゲが生えている。この黒いこぶは中空で、風が吹くと高い音で鳴るため、このアカシアには「口笛を吹くトゲ（ホイッスリング・ソーン）」というあだ名がついている。このこぶは甘い蜜を分泌し、アリに住み家と餌を提供している。こぶに軽く触れただけで、アリの大群が大アゴを開けて集まってくる。
マサイ族の少女の足に刺さっていたのは、この口笛を吹くアカシアのトゲだった。
朝、エンドゥレン村近くのキャンプから車でラエトリに向かう途中、われわれは千頭を超えるシマウマの群れを追い越した。まだ乳を飲んでいる子どものシマウマは、薄茶色と白の縞模様だ。大人はおなじみの白黒の縞。シマウマの縞模様は吸血バエの複眼をくらますため、という仮説がある。風景もシマウマの模様にマッチしている。未舗装の道路はチャコールグレー。これは風化した火山灰層の色だ（アフリカ大地溝帯の東端に沿って、数百万年にわたって火山噴火が散発的に繰り返されてきた）。道路の両端に何マイルにもわたって薄茶色の草原が続き、シマウマやヌーやガゼル、それに遊牧民マサイの牛が草を食(は)んでいる。

雨期の雨に浸食されてできた大小の谷には、太古の岩が露出している。コロラド大学の古人類学者チャールズ・ムシバは、ここで何十年も化石を掘り続けている。

タンザニアのビクトリア湖地方出身のムシバは高校生の時、オルドバイ渓谷での発掘に関するメアリー・リーキーの講演を聴いて古人類学への愛に目ざめた。講演のあと、彼はチームへの参加を願い出た。彼女は彼に、何か得意なことはありますかと尋ねた。そうですね、絵が描けます、と彼は答えた。科学イラストレーターから古人類学の道に進んだリーキーはそれを聞いて、ムシバ少年にチャンスをくれた。石器のスケッチを少し描いて見せ、ムシバはリーキーのチームの一員になった。

二〇一九年六月、私はムシバと一緒に、それぞれコロラド大学とダートマス大学の学生を率いてラエトリを訪れた。その数年前、ムシバのチームはそこでホミニンの下顎骨を発見していた。他にも何か見つかるかどうか調査するため、われわれは合同で同じ場所を当たってみることにしたのだ。一時間ほど作業していたところへ、五歳くらいの女の子を連れてマサイの子どもたちが六人やってきた。女の子は足を引きずり、泣いていた。足首から先が腫れ、小さな素足の土踏まずには黒いかさぶたができている。タンザニアに向けて出発する際、娘が荷物の中に救急箱を入れてくれていたことを思い出し、私はマサイ族の現場アシスタント、ジョゼファト・グルトゥにトゲ抜きとアルコールティッシュを渡した。

グルトゥに足を調べてもらっている間、女の子は姉の肩に顔を埋めて泣いていた。グルトゥはすぐに痛みのもとを突き止め、まるで屋根釘のように長いアカシアのトゲを抜いた。傷口から信じられない量の膿が流れ出た。足にトゲが刺さったままになっていたせいで、ひどい細菌感染を起こしていたのだ。グルトゥは傷口を洗って、救急箱に入っていた殺菌クリームを塗り、滅菌ガーゼで覆ってサージカルテープで固定した。女の子の姉がマー語（マサイ族の言語）でお礼を言い、女の子は他の子どもたちと一緒に足を引きずって帰っていった。

それから私は昼までそこで化石を探し続けたが、その女の子のことが頭から離れなかった。シマウマやキリンには蹄がある。ゾウの足裏は分厚い角質で覆われている。二足歩行する人間の子どもの柔らかな素足は、この過酷な環境を歩くにはあまりにも無防備だ[3]。

だが、三百五十万年以上前、人類の祖先はラエトリを裸足で歩いていたのだ。その証拠は、われわれの周りのそこここに残されていた。

一九七六年、メアリー・リーキーはラエトリで化石を探すためチームを結成した。その四十年前、彼女は夫のルイスとともにラエトリで数個の化石を発見していたが、その後は、タンザニア内のもう一つの発掘現場であるオルドバイ渓谷で調査を続けてきた。ルイスの死後、メアリーは再びラエトリに注目した。ラエトリの地層のほうがオルドバイのそれよりもかなり古いことが地質学的調査によって分かっていたし、およそ三百五十万年前の火山灰層からホミニンの化石が露出しているのを彼女のチームが発見していた。だが、メアリーにも流石に、ラエトリの太古の岩に奇跡が隠されていることは予見できなかった。

きっかけは、ゾウの糞のぶつけ合いだった。

一九七六年七月二十四日、メアリー・リーキーのもとをケイ・ベーレンスマイヤー、ドロシー（ドティ）・デシャン、アンドリュー・ヒル、デビッド（ジョナ）・ウェスタンという四人の研究者が訪れた。リーキーの息子フィリップが発掘現場を案内して回ったが、ウェスタン（生態学と保全生物学の専門家。のちにケニア野生生物公社ディレクターになった）はそのうち飽きてしまった。彼は干からびた大きなゾウ糞を拾い上げると、フリスビーのように他人に向かって放り投げた。ケニア国立博物館の古生物学者ヒル（のちにイェール大教授になり、高く評価された）が応戦した。ゾウ糞合戦の末、ヒルとベーレンスマイヤー（現在、スミソニアン研究所の古生物学学芸員）は小峡谷に逃げ込んだ。ゾウ糞を探していた二人はそこで、浸食によって丘の斜面から露出した凝灰岩層に奇妙な形をした何かの跡を見つけた。

ゾウの足跡化石かな。疑問がヒルの口を突いて出た。ゾウ糞合戦は休戦となり、発見されたものを見にみんながやってきた。

小峡谷とその先に、さまざまな動物の足跡が残されていた。レイヨウ、シマウマ、キリン、鳥の足跡まであった。その灰色の凝灰岩には、奇妙な小さな凹みも見られた。[4] ヒルは以前、チャールズ・ライエルの三巻本『地質学の原理』（一八三〇－一八三三年）の中で同じような凹みを見たことを思い出した。それは、その中の一巻に掲載されている、ファンディ湾（カナダ・ノバスコシア州）の泥に残された雨粒の跡を描いた挿絵だった。岩の中にこれと似た跡が見られる場合には、それもやはり、大昔に降った雨の跡なのだ、とライエルは述べている。ライエルは、「現在の地表に影響を与えているプロセスは、過去の地形を刻んだプロセスとまったく同じものだ」と信じていた。斉一説と呼ばれるこの考え方は、今や現代科学の根幹である。そして、ヒルはラエトリの凝灰岩にその典型例を発見したのだった。

それから数週間かけて、上を覆っている堆積物を取り除いた結果、凝灰岩の中から数千もの足跡が見つかった（そこはのちにA遺跡と呼ばれることになった）。化石がある生物の生涯について大まかに語るのに対して、足跡化石は生活の一コマを写したスナップショットだ。

地質学者ディック・ヘイは、この足跡化石がどのようにできたかを次のように説明している。火山の噴火によって、その地方一帯が厚い火山灰層に覆われた。雨が降り、火山灰が泥状になったところを動物たちが数日間歩いた。[5] 雨が上がって太陽が出ると、火山灰の泥はセメントのように固まり、三百六十六万年前の瞬間を保存した。その上に、その後の火山噴火によって何層にも火山灰が積み重なり、足跡のついた層を毛布のように覆った。

地元のマサイ族シモン・マタロは、他の誰よりも的確に足跡の主を特定することができた。彼は、ゾウ、サイ、シマウマ、レイヨウ、大型ネコ科動物、ヒヒ、鳥の足跡を見つけ出した。中にはヤスデの足跡まであった。ほとんどの足跡が小型のレイヨウとウサギのものだった。

メアリー・リーキーは、二足歩行動物の足跡を見落とさないでとチームに指示した。うまくいけば見つかるかもしれない、と。それは九月に見つかった。[6] 保全生物学者ピーター・ジョーンズはフィリップ・リーキーとともに、四本足ではなく二本足で歩いていた何者かがつけた、連続した五つの足跡を発見した。だが、その足跡は奇妙だった。その小さな足跡は、左右の足跡が一直線上に並んでいた。ランウェイを歩くモデルのように、左右の足を交差させて歩いたのだろうか。

メアリー・リーキーは石膏で足跡の型を取ると、それを足跡の専門家に見てもらうためロンドンとワシントンＤＣへ送った。専門家の中には、これは人類の祖先の足跡だとは思えないと言う人もいた。二足歩行の得意な、絶滅したクマの足跡ではないか、とある専門家は指摘した。

メアリーは落胆したが、やがて事態は大きく動いた。

足跡化石が発見されてから二年後、発見場所の近く（そこは現在、Ｇ遺跡と呼ばれている）を歩いていたロードアイランド大学の地球化学者ポール・アベルが人間の踵の跡のように見えるものを発見した。キャンプに戻ったアベルはメアリー・リーキーに報告したが、足首を骨折して治療中だった彼女は、またがっかりするだけだからと見に行くのを断った。彼女は、オルドバイでリーキー夫妻とともに発掘作業に当たった経験のあるンディボ・ムブイカを現場に派遣し、見てきてもらうことにした。[7]

ムブイカ（一九六二年、ホモ・ハビリス発見のきっかけとなった歯を見つけた人物）は、長時間掘るまでもなく、その足跡がホミニンのものだと気づいた。さらに、そこから次々に足跡が見つかった。最終的に、全部で五十四個のホミニンの足跡が発掘された。足跡は二本の平行線に沿って並んでいた。

この足跡化石は、古人類学史上最も注目すべき発見の一つだ。三人（四人かもしれない）が一緒に[8]、北に向かって歩いていたように見える。一人の足跡が左側に、それより大きいもう一人の足跡が右側に並んでいる。三人目の足跡は（四人分の足跡だとすれば、四人目の足跡も）、大きいほうの足跡のすぐ側に点々と続いている。

科学者たちは数十年にわたってこの足跡化石を分析してきた。ほとんどの研究者が、その足跡の特徴はアウストラロピテクス・アファレンシス（ルーシーの種）の骨の化石から推測される特徴と一致すると考えている。彼らは明らかに踵から着地し、足の親指は他の指と同じ方向に並んでいる。彼らの足には土踏まずもあったようだ。つまり、アウストラロピテクスはわれわれとよく似た足を持ち、いくつかの微妙な違いはあるにせよ、われわれと同じような歩き方をしていたということである。

われわれは歩くとき、体重をつま先に移動させ、おもにつま先で地面を蹴り出す。ラエトリの足跡化石を見ると、やはりつま先で蹴り出しているが、足の小指側にも体重がかかっていることが分かる。足跡からは、ラエトリのホミニンが現代人の標準に照らすと扁平足だったことが分かる（骨の化石からも、そう推測されている）。ラエトリのホミニンは地面を蹴り出す力も現代人より弱かったように思われる[9]。ただし、それは、彼らが厚く積もった湿った火山灰の上を歩いていたからかもしれない。

「人類進化の行進図」から想像されるイメージとは異なり、アウストラロピテクスはチンパンジーのような屈み込んだ姿勢で歩いてはいなかった。ゴリラのルイスがトマトを抱えて囲いの中を行ったり来たりするときのような、おぼつかない足どりで歩いてはいなかった。彼らは背筋と膝を真っ直ぐ伸ばし、堂々と歩いていた。われわれと同じように。

ラエトリの足跡化石は、われわれの絶滅した親類の、人生におけるある瞬間を捉えている。足跡を残したホミニンたちは互いに寄り添い、歩調を合わせて歩いていた。彼らは集団でゆっくりと歩いていたのだ。彼らは北のオルドバイ盆地を目指していた。そこには水と木陰があったのだろう。足のサイズと身長には大まかな相関関係があるから、左側の小さな足の持ち主の身長は四フィート（約百二十センチメートル）足らずだったものと推測される。大体ルーシーと同じくらいだ。右側のより大きい個体の身長は五フィート（約百五十センチメートル）足らず。小さい個体の右足の足跡は、進行方向に対しておかしな方向を向いている。このホミニンは怪我をしていたのかもしれない。彼らが旋回して向きを変えたため、終わりに近づくあたりで足跡は入り混じり、少し深くなっている。一休みしたあと、彼らは北に向かって歩き続けた。

ラエトリの足跡化石は、科学と想像力の接点のエレガントな一例だ。彼らは二足歩行していた。これは確実に分かっていることだ。だが、彼らは手をつないでいただろうか。ニューヨークのアメリカ自然史博物館に展示されているラエトリのジオラマのように、互いの身体に腕を回していただろうか。イメージがふくらんでいく。想像してみよう。

北へ行こう。水があるところへ。昨日は恐ろしかった。息が詰まりそうだった。空が暗くなって、灰が降った。地面が揺れ、猛獣のようにうなり声を上げた。今日は少しましだ。でも恐い。それにお腹がすいた。空はまだ暗い。稲妻が光り、雷が鳴っている。でも今日は、少なくとも降ってくるのは水だ。灰じゃない。食べるものがない。灰が積もって、草がなくなってしまった。北へ行かないと。水があるところへ。そこには食べ物があるだろう。そこも灰に覆われていなければ、だけれど。ねぐらの木の枝にも灰が積もっている。僕らは用心深く様子を見て、木から下り、ぬかるんだ地面に足を踏み出す。何人で歩いているか分からないように、一列になって、お互いの足跡を辿って歩く。地面が滑りやすくなっているから、ゆっくり歩かないと。それに、母さんの怪我はまだ治っていない。母さんは僕らの左側を用心しながら歩いている。母さんの足にはトゲが深く刺さっている。僕らにはそれを抜くことはできない。シマウマの足跡が僕らの足跡と交差する。ホロホロ鳥の群れと数匹のディクディクが餌を探している。ゾウが一頭、こっちをじっと見ている。地面がまたうなり声を上げたので母さんが立ち止まり、西に向きを変える。大丈夫、何でもなかった。僕らは北へ歩き続ける。ゆっくりと、厚く降り積もった灰の上を、北へ。水のあるところへ。

ラエトリの足跡化石という言い方にはやや紛らわしいところがあるので、説明しておこう。右に述べた、五十四個の足跡が二本平行に並んでいる有名な足跡化石はＧ遺跡で発見された。だが、ラエトリで最初に発見された二足歩行動物の足跡が奇妙だったことを思い出してほしい。Ａ遺跡で見つかったそれは、まるでランウェイ上のモデルが残したもののように見えた。研究者の中には、これは絶滅したクマの足跡だと言う人もいた。私はこの奇妙な二足歩行動物の足跡の謎を是非とも解きたいと思った。だがそれにはまず、その足跡を再発見しなければならなかった。

われわれの再発見

失神しそうだった。われわれは朝からずっとA遺跡で発掘作業をしていた。太陽が真上から照りつけてくる。飲み水も充分ではなかった。生ぬるい水がナルゲン・ボトルに半分入っているだけだった。結婚指輪のすぐ下に水ぶくれができ、足跡化石の地層から硬い表土をこすり落とす作業を数時間続けるうちにそれは大きくなり、潰れた。謎の足跡化石の位置は、メアリー・リーキーの古い地図を使って特定してあった。アイダホ整骨医学大学の解剖学准教授ブレイン・マレーとダートマス大学大学院生のルーク・ファニンが、メアリーの地図に記載されている子ゾウの足跡群を発見し、注意深く再発掘していた。A遺跡の足跡化石はそこから四メートル西へ行ったところにあるはずなのだが、そこにはディクディクやホロホロ鳥の風化した足跡しかなかった。二足歩行動物の足跡化石は元々、浸食によって露出したものだったが、発見後の四十年間に浸食がさらに進み、足跡を消し去ってしまったのだろうか。

私はサバンナ・アカシアの木陰に避難した。日陰はそこしかない。そこにはすでに、私の学生数人とナパバレー大学教授シャーリー・ルービンが休憩している。近くの木の下で、怒ったミツバチの群れが不穏な羽音を立てている。A遺跡の足跡化石は諦めたほうがいいのだろうか。四十年間、雨期の雨にさらされたら、残っているはずがないのだろうか。

ダートマス大学古人類学研究室の大学院生エリー・マクナット（彼女は第五章にも登場している）は最近、博士号を取得し、ロサンゼルスの南カリフォルニア医科大学で解剖学を教え始めていた。アイオワ州出身の中西部人らしい感性で科学にアプローチしてきた彼女は、「A遺跡の足跡化石は絶滅したクマの足跡」という従来の説に疑念を持っていた。ラエトリではクマの化石は一度も発見されていないし、Ａ遺跡の足跡は、サーカスのクマのように歩いていたクマの足跡にしては小さすぎる、と。彼女は、アメリカクロクマの保護活動で知られるベン・キルハムがニューハンプシャー州ライムのキルハム・ベアセンターで数十年にわたって撮影した映像を分析した結果、野生のクマはそうそう二本足で歩くものではないことを突き止めた。五十時間に及ぶ映像の中で、Ａ遺跡の足跡を再現するために必要な、連続五歩の二足歩行が映っていたのは一度だけだった。

マクナットはさらに、キルハムが自然に帰す訓練をしている若いアメリカクロクマの鼻先にメープルシロップ入りのシリンジをぶら下げ、泥の上を二本足で歩かせてみた。彼女は泥についたクマの足跡を計測し、Ａ遺跡の足跡の写真や公表された計測結果と比較した。結果は「一致せず」だった。二足歩行するとき、クマは人間のように腰の位置を安定させることができない。クマはふらつきながらよちよちと歩くため、左右の足跡が大きく開く。だが、Ａ遺跡の足跡は左右の間隔が狭い。それどころか、左右の足跡が一直線上に並んでいる。メアリー・リーキーも認めているように、Ａ遺跡の足跡の発掘は中途半端なまま終わってしまった。われわれがそれを再発見できなければ、それはホミニンの足跡だったと主張してもなかなか認めてはもらえないだろう。

私は残っていた水を一気飲みし、日よけ帽を勢いよくかぶると発掘現場に戻った。現場アシスタントのカリスティ・ファビアンが、コテの平らな縁で硬い表土を擦り落とし続けている。

「ムトゥ」と彼が言った。

「何だって？」

「ムトゥ！」

ファビアンはついに火山灰層に達したのだ。そこで彼は小さな凹みを発見していた。それは、足跡だった。

「ムトゥ?」と私は彼の言葉を反復して尋ねた。ムトゥとはスワヒリ語で「人間」という意味だ。

「ンディヨ」ファビアンは、そうだと答えた。

私は腹ばいになり、歯科治療ツールを取り出して、足跡を覆っている母岩を優しく取り除いた。母岩はまるで砕いたクッキーで作ったタルトのように太古の火山灰層からはがれ落ち、見事に保存されたホミニンの小さな足跡が露わになった。私は踵の跡に触れ、つま先の輪郭を親指でそっとなぞった。

それはクマの足跡ではなかった。

私はこれまで、キャリアの大半を直立二足歩行の進化の研究に捧げてきたが、本物のアウストラロピテクスの足跡をこの目で見、それに触れたのはそれが初めてだった。

背中がぞくぞくした。

「これだ！　A遺跡の足跡が見つかったぞ！」

私は興奮していた。ダートマス大学大学院生ケイト・ミラーと学部生アンジャリ・プラバトがやってきて、さらに足跡を探す作業を手伝ってくれた。A遺跡のオリジナルの足跡は雨に洗い流されて消えてしまったのではと諦めかけていたのだが、ここにあったのだ。四十年以上にも及ぶ浸食も足跡を消してはいなかった。むしろ、浸食によって足跡は土砂に覆われ、保存されたのだ。

ジョゼファト・グルトゥが微笑みながらやってきた。

「ムトゥ?」と私は尋ねた。

彼は頷き、「ムトト」と言った。「子ども」という意味だ。A遺跡の足跡が独特なのは、だからな

タンザニア・ラエトリの足跡化石。366万年前にホミニンが二足歩行した跡。著者撮影

のかもしれない。この足跡が小さく、一直線上に並んでいるのは、だからなのかもしれない。これは、子どものアウストラロピテクスの足跡なのかもしれない[10]。

足のサイズは六インチ（約十五センチメートル）強、現代の四歳児の大きさだ。つま先の跡が凝灰岩の中にくっきりと残っている。踵から着地した跡がはっきりと見て取れる。

午後、われわれは現場に戻り、残りの部分を発掘した。その結果、全部で五個の連続した足跡を再発見した。足跡を3Dレーザースキャナーでスキャンする。これで、研究者は将来にわたってデジタルコピーを入手できるようになる。発掘範囲を広げてみたが、それ以上何も見つからなかった。このホミニンが歩いたとき、湿った火山灰層は固まりかけていたに違いない。だから、それ以上の足跡は残らなかったのだ。だがここだけは、火山灰はまだ湿っていたのだろう（木陰だったのかもしれない）。だから五つの足跡がここに残ったのだ。

学生たちはスマートフォンで一九八〇年代ロック（ブルース・スプリングスティーン、イエス、ドン・ヘンリー、ホール&オーツ[11]）を流しながら、足跡化石をクリーニングしていた。夕方近く、マサイの子どもたちが戻ってきた。トゲを抜いてもらった女の子は、まだわれわれを警戒して姉たちの陰に隠れてはいたが、ずっと元気になったように見えた。エンドゥレンの病院へ行き、きちんと手当てしてもらってきたとのこと。包帯を巻いてもらった足に、古タイヤ製のマサイ族手作りサンダルを履いている。女の子の足のサイズは、A遺跡の足跡の主と同じくらいだ。三百六十六万年前、小さなアウストラロピテクスがこの場所を歩いたのだ。

私はスマートフォンのコンパスアプリを開き、足跡の進行方向にスマートフォンを向けた。幼いホミニンは、降り積もった火山灰の上を、他のホミニンたちと同じように北を目指して歩いていた。

最初期のホミニン（サヘラントロプス、オロリン、アルディピテクス）が二足歩行していたかどうかについては異論もある。七百万〜四百万年前に生きていたこれら最初期のホミニンは、まだ樹上生活に適応していた。化石証拠には二足歩行を示唆する興味深い手がかりが含まれてはいるが、さらに多くの化石と、それらを研究するための新たな方法が発見されるまでは、彼らがどの程度地上で二足歩行していたかは断定できない。

ルーシーはホミニンが少なくとも三百十八万年前に直立二足歩行していたことを証明したが、彼女の骨の解釈も容易ではなかった。だが、ラエトリの足跡化石には疑問の余地はない。三百六十万年以上前に生きていたアウストラロピテクス属の古い種は、現生人類とよく似た方法で二足歩行していたのだ。化石証拠はアウストラロピテクスが木登りが得意だったことも示しているが、これは当然である。キャンプファイアーの周りや、建物の中で眠ることができなければ、安全な寝場所は木の上しかないからだ。だが、日中は、アウストラロピテクスは地面を二本足で歩き、生き延びるために食べ物を探していた。

しかし、二足歩行の持つ意味は、ある場所から他の場所に移動することだけではない。それは他の、人類を現在のような存在にしたきわめて重要な変化への入り口でもあった。

二足歩行と石器

ラエトリの足跡化石を発見する以前、メアリーと夫のルイス・リーキーは数十年間オルドバイ渓谷で発掘調査を続け、数百個の石器を発見していた。彼らはこれらの石器を生み出した文化を「オルドワン文化」と名づけた。一九六四年、リーキー夫妻は石器の作り手を発見した。それは、アウストラロピテクスより少し大きな脳と少し小さな犬歯を持つホミニンだった。夫妻は新種を発見したとしてこれをホモ・ハビリス（「器用なヒト」の意）と名づけた[12]。

そのちょうど十年後にドン・ジョハンソンがルーシーを発見し、その数年後にメアリー・リーキーのチームがラエトリの足跡化石を発見したことにより、二足歩行の起源は少なくとも三百六十万年前にまで遡ることになった。二足歩行の起源は、最古の石器より二倍古いように思われた。

したがってダーウィンは間違っていたのだ、ということになった。『人間の由来』の中でダーウィンは、「二足歩行と石器作りは同時に発達した」という仮説を述べていた。二足歩行によって自由になった手で初期人類は道具を作り、それによって大きな犬歯が不要になり、脳が飛躍的に成長したのだ、と。だが、ルーシーやラエトリの足跡化石から考えれば、二足歩行は石器作りよりも遙かに早く始まっていたことになる。

ところが、さらに最近の発見によってダーウィンの説が見直され始めている。

二〇一一年、ケニアのトゥルカナ湖西岸で発掘調査をおこなっていたニューヨーク州立大学ストーニーブルック校の人類学准教授ソニア・ハーマンドは、ロメクウィという地域に向かっていた。そこは、一九九九年にミーブ・リーキー（古生物学のファースト・ファミリー、リーキー家の一員）のチームが三百五十万年前のホミニンの頭骨を発見した場所の近くだった（ミーブ・リーキーはこれを新種だとして、ケニアントロプス・プラティオプスと命名していた）。ハーマンドとそのチームは道を間違え、偶然、新たな露頭を発見した。ハーマンドは車から降り、この新しい地域を調査してみようと提案した。一時間試掘した結果、彼らは奇妙な石器が地層から露出しているのを発見した。

彼らは石器が露出している場所を特定し、翌年、ホミニンが作った石器を百五十個発見した。それらはオルドバイ渓谷で発見された石器よりも大きく、ずっと単純だった。ロメクウィのホミニンは、大きな石と石を打ち合わせ、はがれ落ちた鋭い破片を石器として使っていたようだった。単純さが時代の古さを意味する場合があるが、果たして、これらの石器は三百三十万年前の凝灰岩層に挟まれていた[13]。

オルドバイ渓谷でリーキー夫妻によって石器が発見されたのち、それより古い、二百六十万年前のオルドワン石器がエチオピアで発見された。ハーマンドの発見によって、石器作りが始まった時期はさらに七十万年遡ることになった。しかも、石器作りを始めたのはホモ・ハビリスではなく、アウストラロピテクスだったことになる。

同じ頃、アワッシュ川流域のディキカという地域（その対岸でルーシーが発見された）でシカゴ大学のゼレー・アレムセゲドが発掘作業をおこなっていた。彼はそこで、アウストラロピテクスの女児の部分骨格を発見した。[14] これがメディアによって「ルーシーの赤ちゃん」と名づけられた化石である。二〇〇九年、私はアレムセゲドからこの珍しい化石の足の共同研究に誘われ、その結果を二〇一八年に発表した。その足は、現生人類の足によく似ていた。つまり、この「ディキカ・チャイルド」がすでに二本足で歩いていたことを示していた。しかし、その足には、足の親指がヒトよりも可動性に富んでいたことを示す証拠も残されていた。そのおかげでこの女児は、現代の子どもたちよりも効率的に木によじ上ったり母親にしがみついたりすることができただろう。それは道理にかなっていた。もっとも、休み時間の小学校の校庭を覗いてみれば、子どもたちが数百万年前と同じようによじ上っているところが見られるだろうが。

「ルーシーの赤ちゃん」が見つかった三百四十万年前の地層から、アレムセゲドはレイヨウの骨の化石も発見したが、それには、鋭い石で意図的に傷をつけた跡があった。[15] 小柄なアウストラロピテクスにはレイヨウのような大型動物を狩る能力はなかったが、こうした傷は、彼らが鋭い石（ソニア・ハーマンドがロメクウィで発見したような）を使って、死んだ動物から肉をこそげ取っていたことを示している。

道具はゲームチェンジャーである。三百万年以上前、アウストラロピテクスが植物の根や塊茎を掘ったりライオンの食べ残しから肉を切り取ったりするためのものとして始まった道具は、現在では、iPhoneや抗生物質や弾道ミサイルや無人探査機ニュー・ホライズンズといった形で進化の頂点を極めている。テクノロジー発達史上最大の偉業の一つ、月面での直立二足歩行は、「一人の人間にとっては小さな一歩だが、人類にとっては偉大な一歩だ」と賞賛された。

どんな文化も道具を使用する。われわれの身体は、テクノロジー抜きには成り立たない食生活と生き方に、生物学的に適応してしまっている。この変化は、最初の常習的二足歩行者にして石器テクノロジー利用者であるアウストラロピテクスから始まった。二足歩行によって、手は移動手段としての働きから解放された。自由になった両手は石と石を打ち合わせ、ものを切る道具を作り出すことができるようになった。ものを切る道具を使うことによって、ホミニンはそれまで手に入れられなかった食べ物を口にできるようになった。食生活の改善によってもたらされたエネルギーの増大が、ついには人類を太陽系の果てへと進出させることになった。

たしかに、チンパンジーも道具を作る。草の茎を使ってシロアリを釣る道具を作るチンパンジーについて紹介したジェーン・グドールの有名なレポートによって、「道具作りは人類固有の能力だ」という従来の定説は再考を余儀なくされた。「この定義に固執する科学者には三つの選択肢がある。チンパンジーを定義上ヒトとして認めるか、ヒトの定義を見直すか、あるいは道具の定義を見直すか、だ[16]」というルイス・リーキーの言葉は有名である。

それ以来、サル、カラス、カワウソ、ツノメドリ、さらには数種の魚やタコまでも、道具を使用しているところが観察されている。だが、ヒト以外の種はわれわれのように道具に依存してはいない。そして、道具へのこの依存は、二足歩行によって手が解放された直後に始まったのだ。

二足歩行の始まりと石器の発明とが時間的にどれほど近接しているかはまだよく分かっていない。

ラエトリの足跡は、アウストラロピテクスによる石器使用の、報告されている中で最古の証拠よりも二十五万年ほど古い。ケニアのカナポイで発見された、アウストラロピテクス・アナメンシス（アウストラロピテクス属の最古の種）のものとされる四百二十万年前の脛骨はヒトのそれに非常に近い。とすれば、二足歩行開始と石器使用との時間的隔たりは少なくとも八十万年ということになる。だが、当時のアウストラロピテクスが自由になった手を使って作っていたのは、木製の穴掘り棒や蔓草やシュロの葉でできた抱っこひもだった、と考えることもできる。こうした植物性の材料が化石となって残ることはないだろう。

二足歩行と石器使用はほぼ同時に始まった、というダーウィンの考えは完全に正しいというわけではないにせよ、おそらくは、一時考えられていたよりは正解に近かったのだ。

二足歩行と育児

だが、自由になった手でホミニンが運んだのは道具だけではなかった。直立二足歩行の進化によって、子育てが根本的に変わったのである。

二〇一〇年、私は双子の父親になった。楽しくもきつい最初の数週間に、私は自分の妻がスーパーヒーローだったことに気づいたが、それ以外にも二つの事実を身をもって知った。子育てには何と多くの援助が必要なのだろう。そして、周囲の人たちは何と親切に援助の手を差し伸べてくれることだろう。そんなことから私は、現在よりも遙かに過酷な環境でルーシーはどんな子育てをしたのだろうと考えた。

生まれたばかりのわが子らを抱いているとき、私は時々、自分がルーシーだったら、と空想してみることがあった。私は、自分が三百万年以上前に生きていたメスのアウストラロピテクスになったところを想像してみた。周囲に見えるものは、住宅街やダンキン・コーヒーや道路やリスではない。広々とした草原、川、猛獣の姿が見える。ホモテリウム（現在のライオンよりも大きいサーベルタイガーの一種）などの大型肉食獣だ。ルーシーになった私は二本足で歩いていた。二足歩行のせいで、私はあたり一帯でいちばん足の遅い動物だ。ほとんど一日中、地べたでシロアリや果実や植物の根や塊茎を探している。ほとんど常に空腹状態だ。木登りはまあまあ得意だが、チンパンジーほどうまくはない。腕は膝に届くほど長いが、類人猿の腕ほど長くはないし力強くもない。ルーシーになった私の生活は過酷だ。ずっとそうだったが、腕に赤ん坊を抱いている今はさらに過酷だ。

チンパンジーの母親が森の中をナックルウォークで移動するとき、赤ん坊は母親の背中に乗っている。母親が木に上るときには、赤ん坊は力強い手とものがつかめる足の親指を使って母親の毛皮にしがみつく。ルーシーの赤ん坊にはそれは無理だっただろう。アウストラロピテクスのルーシーは直立していたから、赤ん坊を背中に乗せてもすぐに滑り落ちてしまっただろう。それに、母親が木に上るとき、アウストラロピテクスの赤ん坊は足の親指で母親にうまくしがみつくことができなかっただろう。

ヒトに寄生する三種のシラミ（アタマジラミ、ケジラミ、コロモジラミ）の遺伝子解析結果は、われわれの祖先がルーシーの頃から体毛を失い始めたことを示唆している[17]。だからどのみち、ルーシーの赤ん坊にとってしがみつくものはあまりなかったかもしれない。ルーシーは、赤ん坊を腕に抱いて運ぶしかなかっただろう。

彼女は毎朝、ねぐらの木から下りて、自分と赤ん坊が生きていくのに必要な量の食べ物を草原に探しにいっただろう。赤ん坊がむずかれば、乳をやって静かにさせただろう。どんなに小さな泣き声でも、近くのホモテリウムに聞きつけられてしまう。彼女の群れのメンバーはみんな、肉食獣を警戒していつも地平線を見渡していただろう。夜行性の肉食獣が起き出してくる夕方には、彼女はねぐらに戻ったことだろう。だが、片方の腕で赤ん坊を抱き、もう片方の腕で木に上るのは至難の業だったろう。不可能だったかもしれない。彼女はどうしただろう。二足歩行によって、われわれの祖先は新たな難題に直面することになったのだ。新たな難題には、新たな解決法が必要だった。

すぐにまたルーシーの話に戻るが、その前に、チンパンジーの子育てについてちょっと考えてみよう。チンパンジーはふつう、夜間に一頭で出産する。生まれた赤ん坊はすぐに母親の毛皮にしがみつけるようになり、母親は生後六ヶ月ほどになるまでは常に子どもを背負って移動する。群れの他のメンバーに子どもを触らせることは滅多にない。

人間の子育てはこれとはまったく違う。出産はふつう、同性の協力者、つまり助産婦が立ち会って介助する社会的イベントである。赤ん坊は一人では何もできないし、母親は他者に助けてもらいながら、授乳し、あやし、笑いかけ、話しかけ、保護する。諺にもあるように、「子どもを育てるには村全体の協力が必要」なのだ。

どうしてそうなったのだろう。どうしてわれわれ人類は、子育てを手伝ってくれる協力者を必要とする種になったのだろう。

ルーシーに話を戻そう。片方の腕で無力な赤ん坊を抱きかかえながら、どうやってもう片方の腕で木に上ることができたのだろうか。最も分かりやすい答えは、群れの誰かに赤ん坊を預けた、である。食べ物を探す間も、そうしていたかもしれない。ルーシーの代わりに赤ん坊を抱いていたのは、年長の子どもだったかもしれない[18]。姉妹――赤ん坊のおば――だったかもしれない。血のつながりのないメス――友だち――だったかもしれない。母親が食べ物を探したり眠ったりする間、父親が赤ん坊を抱いていたのかもしれない。他者が子育てを手伝うこのような行為が成立するためには、相互の信頼や協力、持ちつ持たれつの関係が必要である[19]。

こうしたつながりは現代社会に不可欠な要素だが、そのルーツは、アウストラロピテクスが四本ではなく二本の足で歩いたことによって直面した問題の解決法にあったのだ。共同で子育てするという現在のわれわれのやり方は、ルーシーつまりアウストラロピテクスにまで遡ることができるのだ[20]。

二足歩行と脳

サファリツアー催行業者は夜明け前にツアー客を起こし、車に乗せて動物保護区域へ案内する。ツアーは夕方にも開催されるし、ナイトツアーまである。業者はスポットライトを使い、アフリカのさまざまな野生動物がらんらんと目を光らせているさまを浮かび上がらせる。昼間にツアーを開催しても、野生動物が活動している姿は見られないだろう。出歩いている動物は人間だけだ。これには重要な意味がある。

二足歩行に移行したことで、ホミニンは逃げ足が遅くなった。それなのに、当時のアフリカには大型肉食獣がうようよしていた。巨大なサーベルタイガー二種（ホモテリウムとメガンテレオン）と大きなヒョウほどのサーベルタイガー一種（ディノフェリス）の化石が、アウストラロピテクスの化石が見つかった場所で発見されている。骨をも噛み砕く強力な顎と歯を持った、ライオンほどの大きさのハイエナ（パキクロクタ）も見つかっている。大型のワニの化石もよく見つかる。肉食獣の歯形がついたホミニンの化石がたまに見つかることから、こうした大型肉食獣がわれわれの祖先にとって常に脅威だったことはたしかだが、彼らの狩りが成功するのはほんの時たまだった。

霊長類は現在、大きな群れを作ることでこのような脅威に対抗している。ヒョウがヒヒの群れに忍び寄ったとしても、たいていは群れの一頭がそれに気づき、警戒音を発するだろう。この対抗策は、充分な数のヒヒが一緒に警戒に当たらなければ機能しない。二〜三頭では、こちらを窺っているヒョウに誰も気づかず、餌探しに没頭している間に自分が餌にされてしまうかもしれない。大きな群れの中にいれば、自分が肉食獣の餌食になる確率を最小化することもできる。二頭の群れなら自分が喰われる確率は五十パーセントだが、五十頭の群れの中にいればそれは二パーセントになる。だが、ヒヒは足も速いし木登りも得意だ。アウストラロピテクスはそうではなかった。彼らはどうやってサーベルタイガーやハイエナの定番の獲物になることを免れたのだろう。

太陽が高く上り、暑くなると、ライオンもヒョウもチーターもハイエナも日陰に入って眠りにつく。レイヨウやシマウマなど、狩られる側も丈の高い草に隠れてうずくまり、暑さをしのごうとする。われわれの祖先が生き残るために選んだのは、肉食獣が活動的になる時間帯——夕暮れ時、夜、夜明け前——には地上に下りないようにすることだった。

アウストラロピテクスはわれわれと同じように昼間活動していたに違いない。満腹したサーベルタイガーやハイエナが日陰で眠りにつくのを待って、アウストラロピテクスはねぐらの木から下り、食べ物を探した。見つけたものは何でも手当たり次第に食べたことだろう[21]。発酵した果実、木の実、種子、塊茎、根、昆虫、若葉。ときには、ディノフェリスの前夜の食べ残しを口にすることもあっただろう。

現在、人間はあらゆるものを食べている。生き物であればそれが何であれ、人類は食べられるかどうか試してきた。この雑食へのシフトは人類進化史のごく初期に始まったように思われる。[22] 地面を歩くホミニンはか弱い存在だった。食べ物のえり好みをする余裕はなかった。

アウストラロピテクスは、草のわずかな動きにも常に目を配りながら、大きな群れで行動していた。肉食獣に遭遇すれば、時速二十マイル（約三十二キロメートル）で逃げても助かる見込みはなかっただろう。ホモテリウムにとっては、ほくそ笑んでゆっくり舌なめずりしてから追いかけても、アウストラロピテクスを捕まえるのはわけもないことだっただろう。ヒヒやチンパンジーには、他に選択肢が残されていないと見ると、立ち上がって自分を大きく見せ、金切り声を上げたり、ときには石や木の枝を投げつけたりしながら集団で肉食獣に襲いかかる習性がある。[23] アウストラロピテクスもほぼ確実に同じことをしていただろう。群れの仲間同士協力し合い、共通の敵に立ち向かったに違いない。

昼間、赤道直下のアフリカの大地を歩き回ることにより、人類は別の難題に直面することになった。たとえば、暑さである。彼らが森林で過ごしていたのなら、それはそれほど問題にはならなかっただろう。だが、アウストラロピテクスの歯の炭素同位体を分析した結果、彼らが食べていたものの大半は草原由来だったことが分かっている。彼らはどうやって暑さをしのいだのだろう。

アウストラロピテクスの時代にわれわれの体毛が薄くなったことを思い出してほしい。アウストラロピテクスの体毛が薄くなり、肌が大気にさらされるにつれて汗腺も発達し、体温を下げられるようになったのかもしれないが、汗腺の進化についてはまだよく分かっていないことが多い。アウストラロピテクスたちは昼間は一緒に食べ物を探し、夜になればねぐらの木に戻り、毛繕いし合ったり互いに寄り添って眠ったことだろう。

人類の脳が大きくなったのは、二足歩行、道具の使用、犬歯の小型化という一連の変化の結果だ、とダーウィンは一八七一年に述べている。しかし、この順序ではうまく説明できないことがある。二足歩行を始めた頃のホミニンの脳容量は、現在のチンパンジー程度だった。二足歩行によって、精緻な筋骨格機構を調整して平衡を保つために大きな脳が必要になったのだ、と主張する研究者もいるが、それならニワトリはどうなるのか。ニワトリの脳はアーモンドくらいの大きさしかないのだ。

明らかに、二足歩行と脳のサイズの間に密接な関連はない。だが、人類の場合、この二つはある程度結びついている。どうしてだろう。

最初期のホミニンであるサヘラントロプスとアルディピテクスの脳容量はおおよそ、平均的なチンパンジー程度（三百七十五立方センチメートル。缶入り清涼飲料水の容量よりわずかに大きい）。古人類学者ヨハネス・ハイレ＝セラシエは最近、三百八十万年前のアウストラロピテクス・アナメンシスの見事な頭骨を発見した[24]。アウストラロピテクス・アナメンシスも、脳の大きさはサヘラントロプスやアルディピテクスと同程度だった。しかし、それから五十万年後のルーシーの時代までには、脳容量は平均四百五十立方センチメートルへと増加していた。それでも平均的な現生人類の三分の一しかないが[25]、三百七十五立方センチメートルから四百五十立方センチメートルに増えたということは容積が一・二倍になったということである。それに、脳は維持費がかさむのだ。

脳の重さは体重の二パーセントに過ぎないが、脳は摂取エネルギーの二十パーセントを消費している。[26] つまり、吸った酸素の五分の一、口に入れた食べ物の五分の一が脳細胞に割り当てられているということだ。アウストラロピテクスは大きくなった脳の維持費をどのようにまかなったのだろうか。

ランニングマシンを使った実験によって、チンパンジーが歩行する際に消費するエネルギーは人間の二倍であることが分かった。類人猿は頻繁に木に上るが、その際にも多くのエネルギーを消費する。移動するだけで大量のエネルギーを必要とするため、類人猿には大きくなった脳に振り向けられるだけのエネルギーの余裕がない。

おそらく、このエネルギー事情がアウストラロピテクスとともに変化したのだろう。

二本足で歩き、木に上る頻度が減ったことによって、余剰エネルギーが生まれたのだろう。仲間よりもほんのすこし大きな脳を持った個体は、この余剰エネルギーを有効利用し、群れの複雑な社会問題をうまく収めたかもしれない。新たに発明された石器というテクノロジーによって、根を掘ったり肉をこそげ取ったりという採食行動が容易になったかもしれない。これによって食糧を得る能力が向上し、脳の成長に振り向けられるエネルギーはさらに増加しただろう。

この仮説のバリエーションとして、「二足歩行によって余剰エネルギーが生まれた」のではなく、「二足歩行が効率的だったため、食べ物を遠くまで探しにいけるようになった」と考えることもできる。食べ物の分布密度が森林よりも低い草原で充分な量の食糧を得ることは、標準的な類人猿より効率的に移動できるホミニンにしかできなかったのかもしれない。[27]

これらはすべて、「脳はなぜ大きくなったのか」に対する進化論的説明である。しかし、もっと基本的な疑問もある。それは、「アウストラロピテクスの脳はどのように祖先の脳よりも大きく成長したのか」という疑問である。

人間の脳のほうがチンパンジーのそれよりも大きいのには二つの理由がある。まず、人間の脳のほうが成長期に増えていく脳組織の量が、チンパンジーよりも単純に多いのである。また、脳の成長期間も人間のほうが長い。人間の子どもの脳が七〜八歳で大人と同じ大きさになるのに対して、チンパンジーの脳は三〜四歳で成長が止まってしまう。

アウストラロピテクスの脳に何が起きたのだろう。幼い子どもの頭蓋骨がその答えを与えてくれる。

ゼレー・アレムセゲドによって二〇〇〇年に発見されたディキカ・チャイルドの頭骨は非常に保存状態がよく、頭蓋内には砂岩の「頭蓋内鋳型（エンドキャスト）」（つまり、脳のレプリカ）が形成されていた。フランス・グルノーブルの巨大な粒子加速器でこの頭蓋骨の高解像度スキャンがおこなわれた。化石化した頭蓋骨を貫通するほど強力なX線によって、脳の細部や未萌出歯までが映し出された。

グリフィス大学（オーストラリア）の人類進化生物学者タニア・スミスはこの高解像度スキャン画像を使ってディキカ・チャイルドの歯の成長線を年輪のように計測した。彼女の分析によって、ディキカ・チャイルドの死亡時の年齢は二歳五ヶ月だったことが判明した。ディキカ・チャイルドの脳容量は二百七十五立方センチメートルだから、その大きさは大人のアウストラロピテクス・アファレンシスのおよそ七十パーセントに当たる。同じ年齢のチンパンジーの脳容量は、成獣のそれの九十パーセントに近い。人間の脳は長い時間をかけて成長するが、ディキカ・チャイルドの化石はアウストラロピテクス・アファレンシスの脳も同様だったことを示している。われわれの脳と同じように、成長期のアウストラロピテクスの脳は、何が食べられるか、どんなことが危険なのか、群れのメンバーとの接し方など、生きるために必要不可欠なスキルを学びながら神経細胞の回路を形成していったのだ。

強い捕食圧を受けている動物の場合、自然選択は早熟な個体に有利に働く。捕食されるより先に成長して生殖したほうが、遺伝子を残せるチャンスが高まるからである。滅多に捕食されることのない動物――ゾウやクジラ、現代人など――だけが、ゆっくりと成長し、長い子ども時代を過ごすことを許される。アウストラロピテクスの脳の成長がゆっくりだったことは、彼らが捕食を免れる手段（おそらくは社会的な手段）を発達させたことを示している。彼らは協力し合うことで捕食者から身を守ったのだ。

ときにはハイエナに仲間を殺されることもあっただろうが、全体として見ればアウストラロピテクスが捕食される危険は小さかったため、自然選択は、脳の成長期が長く、その結果として子ども時代に多くのことを学習できる個体に有利に働いたのだ。

しかし、そこからすぐに好循環が生まれたわけではなかった。アウストラロピテクスの脳容量は四百五十立方センチメートルで頭打ちになり、それから百万年以上もの間まったく変わらなかった。二足歩行の発達は、ダーウィンが思い描いたほどには石器技術や脳容量の増加と連動してはいなかった。だが、二足歩行はこれらの新たな可能性に道を開いた。

ところが、このストーリーを複雑にするものが新たに発見された。アウストラロピテクスの二足歩行について尋ねられたら、私はこう聞き返すだろう。「どのアウストラロピテクスのことですか？」

第七章

一マイル歩く方法は一つではない

Many Ways to Walk a Mile

多数の種が見つかっているアウストラロピテクス。
私はその一つ、セディバの研究に参加する。
彼らの歩き方は人間とは異なっていた

二本足のネコの皮を剥ぐ方法は一つじゃない[1]（訳注：「ネコの皮を剥ぐ方法は一つじゃない〈物事を達成するにはいろいろな方法がある〉」という諺をもじったもの）。

――ブルース・ラティマー

（ケース・ウェスタン・リザーブ大学准教授　古人類学者）（二〇一一年）

二〇〇九年夏、私は南アフリカ・ヨハネスブルグのウィットウォータースランド大学解剖学科の化石保管室で作業していた。アメリカに帰国するための飛行機の出発が数時間後に迫っていたが、アウストラロピテクスの足の骨を3Dレーザースキャナーで計測する作業がまだ数個分残っていた。そこへ突然、ウィットウォータースランド大学の古人類学者リー・バーガーが興奮した様子で部屋に飛び込んできた。

私はそれまで彼に会ったことはなかったが、彼の名前と業績は知っていた。何しろ、彼は古人類学界の有名人なのだ。彼が私やそこにいたもう一人の若い研究者ザック・コフラン（現在はヴァッサー大学助教）を探して部屋に入ってきたわけでないことは明らかだった。バーガーはコフラン、私、それにテーブルに並べられた何十個ものホミニンの化石に気づいていないかのような目で部屋を見渡した。それから、私とコフランに視線を向けた。

「すごいものがあるんですが、見ませんか?」と彼は言った。

それを聞いてコフランの目は輝いたが、私は凍りついた。作業が間に合わない。「すごいもの」のために時間を無駄にしている場合じゃない。だが待てよ。ちょうど今、ターンテーブルの上に新たに化石をセットして計測を始めたところだ。コーンフレークの箱サイズのスキャナーが二百万年前の足の骨をコンピュータ画面上のデジタル・レプリカに変換するにはしばらく時間がかかる。スキャンが始まってしまえば、数分間はその場を離れても大丈夫。

「見ませんか?」とバーガーは今度はいたずらっぽく笑いながら言った。彼はその「すごいもの」を見せたくてうずうずしていたので、自分の知らない二人の若い研究者が相手でもよかったのだ。

「はい」コフランと私は答えた。

ジョージア育ちだがここ三十年ほどは南アフリカで暮らしているバーガーはコフランと私を連れて廊下に出て、実習室に案内した。そこには、黒いビロードで覆われた大きなテーブルがあった。その黒い布の下にあったものが、直立二足歩行の進化に関する私の知識と見解のすべてを変えることになった。

「化石を見つけておいで」「見つけたよ」

古人類学界には、化石を見つけるフィールドワーカーと、それを研究室で分析する科学者とがいる。大半の古人類学者はその両方を兼ねることになるが、両方を均等にという人は滅多にいないから、「コテで作業する人」か「コンピュータで作業する人」のどちらかに分類されることになる。バーガーはフィールドワーカーであり、探検家だ。まさに、古人類学界のインディ・ジョーンズだ。[2]

だが二〇〇〇年代初め、研究費がフィールドワークよりもこれまでに発見された化石を新しいデジタル方式で分析する研究に優先的に配分されるようになり、古人類学は移行期に差し掛かっていた。

重要な初期人類の化石はすでにすべて発見されているのではと言う人までいた。バーガーはそうは考えなかった。彼は二十年近くもの間、グラディスヴァレという洞窟で発掘を続けてきた。グラディスヴァレ洞窟は、南アフリカの「人類のゆりかご」の中でも化石が最もよく見つかる場所の一つだ。太古のシマウマやレイヨウやイボイノシシやゾウやガゼルやキリンやヒヒの骨が洞窟の壁から露出している。バーガーはこれまで少人数のチームを率いてこうした化石を何千点も収集してきたが、ホミニンの化石はアウストラロピテクスの歯二個だけだった。

グラディスヴァレ洞窟の化石密度の高さは非常に魅力的だったが、バーガーのような古人類学者にとっては、レイヨウやシマウマの骨しか出てこなければキャリアが台なしになりかねない。バーガーは、自分もルーシーのような化石を発見しようと思った。その夢は願った以上に叶ったが、その舞台はグラディスヴァレではなかった。

探検家気質のバーガーは、二〇〇〇年代最初の数年間をかけて、調査範囲をグラディスヴァレからヨハネスブルグ周辺地域の洞窟にまで広げていった。どこを調査すべきかを決めるのに、最初はアメリカ軍によって撮影された高価な高解像度写真を使っていたが、二〇〇八年にその作業はずっと簡単になった。グーグルアースをダウンロードしたのである。[3]

彼は数週間、コンピュータ画面と首っ引きで、自分が二十年間探索してきた乾燥地帯の衛星画像を分析した。すると、地上から見たのでは分からなかったパターンが浮かび上がってきた。野生のオリーブやクサギの群生地があることが分かったのだ。彼は考えた。オリーブもクサギも水がないところでは育たない。どこにそんな水があるのだろう。彼は地質学者のポール・ダークスとともにこの謎を解明した。

縦穴の洞窟に雨水がたまり、オリーブやクサギの種子がそこに落ちて発芽し、根を下ろすのだ。木々は日光を求めて地表にまで伸びてくるから、木の群生地を探せば洞窟が見つかるはずだ。バーガーは木の群生地のGPS座標を記録し、「人類のゆりかご」中を車で調べて回った。彼の読みは当たっていた。洞窟は至るところにあった。これまで誰にも記録されていなかった洞窟が六百以上も発見された。だが、そこに化石はあるだろうか。

二〇〇八年八月、バーガーは九歳の息子マシューとローデシアン・リッジバック種の猟犬タウを連れ、ポスドク研究者のジョブ・キビイ（現在はケニア国立博物館の古生物学学芸員）とともに洞窟の一つを調査した。この洞窟は現在、マラパと呼ばれている。現地のソト語で「ホーム」という意味である。

「マシュー、化石を見つけておいで」とバーガーは息子に言った。数分後、犬を追いかけていたマシューが大きな岩の塊につまずいて転んだ。彼はそれを持ち上げると言った。「パパ、化石を見つけたよ」

その地域で化石が見つかるのは珍しいことではなかったが、それらはほとんどの場合、バーガーがグラディスヴァレで収集した何千個という化石と同じようにレイヨウやシマウマやイボイノシシの化石だった。だが、バーガーが近寄って見てみると、その岩から突き出ていたのはレイヨウやシマウマの化石ではなかった。それは初期ホミニンの鎖骨だった。岩をひっくり返してみると、ホミニンに特徴的な小さな犬歯のついた下顎骨の一部が見えた。バーガーの九歳の息子は、父親がグラ

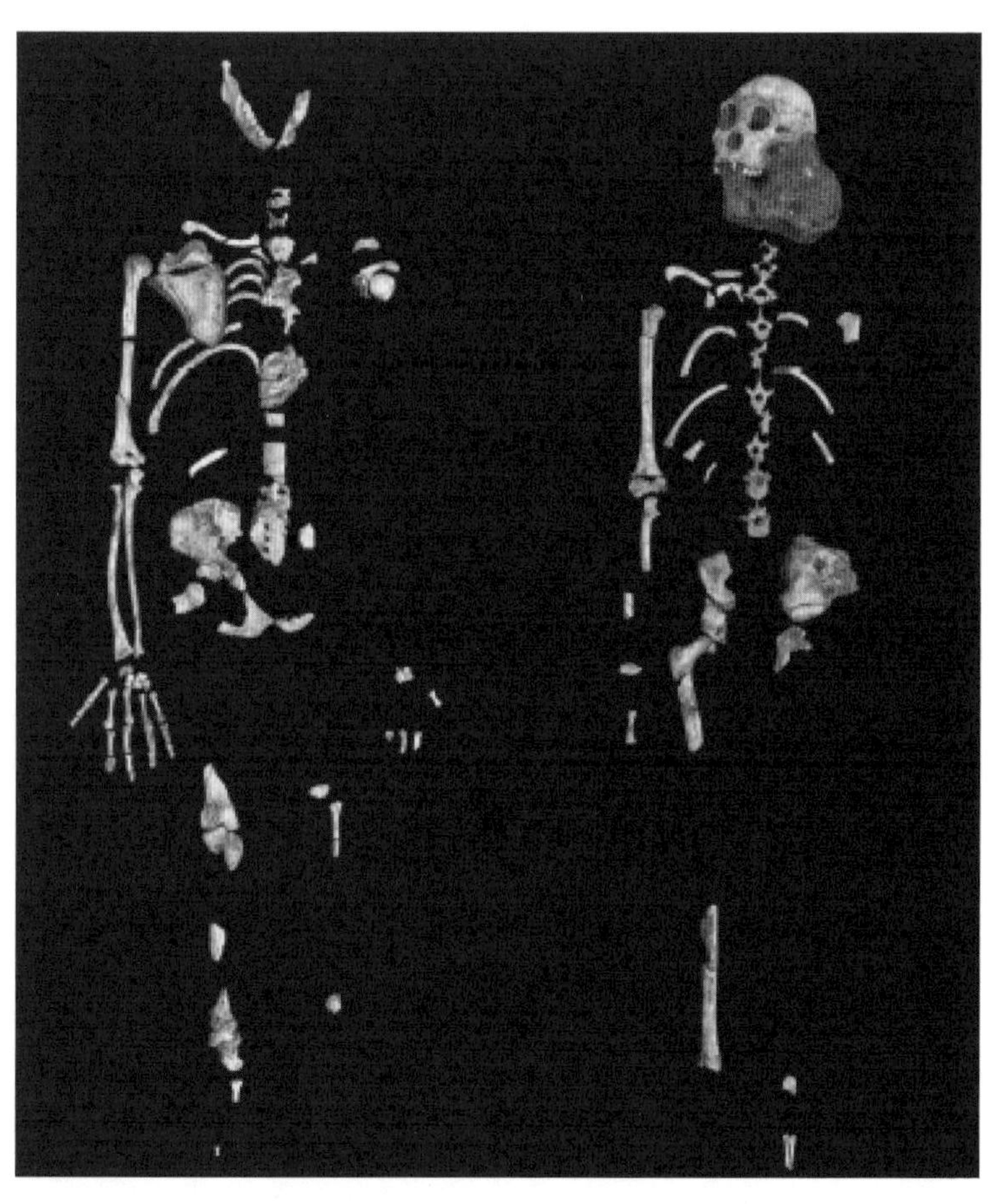

南アフリカ・マラパ洞窟で発見された、およそ200万年前のアウストラロピテクス・セディバの骨格化石。Getty Images/Brett Eloff

ディスヴァレで二十年かけて発見したのと同じ数のホミニンの化石を、マラパに着いて十分足らずで見つけたのだった。

これだけでも古人類学に大きく貢献する発見だったが、マラパからはさらに多くの化石が見つかった。その後の数ヶ月間、バーガーのチームはホミニンの化石を発見し続けた。赤味を帯びた礫岩の、コンクリートのように硬い塊の中に封じ込められた化石は、ウィットウォータースランド大学の研究室に運び込まれた。専門の技術者が小型削岩機のような道具を使い、母岩を何ヶ月もかけて少しずつゆっくりと取り除いていった。母岩の中から現れたのは二体分の部分骨格だった。

そう、黒いビロードの下からリー・バーガーがマジシャンのように取り出してみせたのは、その二体のホミニンの化石だった！

一体は男児の骨格だった。彼の骨の骨端線はまだ閉じていなかった。これは、彼が死亡時に八歳くらいで、まだ成長途中だったことを示している。頭骨は完全な状態だった。親知らずはまだ顎骨に埋まっていた。マラパ・ホミニン１（ＭＨ１）と名づけられたこの骨格には、地元の小学生によってカラボ（「答え」という意味）というニックネームがつけられた。

もう一体のマラパ・ホミニン２（ＭＨ２）はメスで、親知らずが摩耗していることから大人だったことが分かる。二体とも、腕、肩、顎、頭骨に複数のひびが入っている。骨折は彼らがまだ生きていたときに起きている。これは死因を特定する手がかりになる。[4] 彼らは五十フィート（約十五メートル）以上の深さの縦穴に落ちて死亡し、死肉をあさって骨を噛み砕く動物に食べられることなく化石化したのだろう。

二体の骨格化石は、ウランを多く含む石灰岩の層に挟まれていた。放射性物質であるウランは一定の割合で崩壊して鉛とトリウムに変化するため、石灰岩層の年代は測定可能である。ケープタウン大学の地質学者ロビン・ピカリングは、MH1とMH2の年代を驚くほど精密に割り出した。彼女は、MH1とMH2が死んだのは百九十七万七千年（プラスマイナス二千年）前だったとしている[5]。

私がこの二体の化石を公開前に特別に見せてもらってから半年後、バーガーは六人の共著者とともに、アウストラロピテクスの新種の化石を発見したと発表した。彼らはそれをアウストラロピテクス・セディバと命名し[6]、これこそ研究者が長年探し求めてきた、ホモ属（現生人類もホモ属に属している）の直接の祖先に当たるアウストラロピテクスかもしれないと主張した。

発表の数日後、私はバーガーと足の専門家ベルンハルト・ツィプフェルから、この新種のホミニンの足骨と下肢骨を共同研究しないかと誘われた。「すごいものがあるんですが、見ませんか？」というバーガーの誘いをあのとき断っていたら、おそらく他の誰かがこのオファーを受けていたことだろう。

その二年前、私は化石類人猿と化石ホミニンの足骨と足関節をテーマに博士論文を書き上げていた。アウストラロピテクスの足骨と下肢骨についてはよく知っていたから、この新種の研究に参加させてもらえることに私はぞくぞくした。古人類学の博士号を取り立ての人間にとって、まさに願ってもない誘いだった。それに、あのとき黒いビロードの下から現れた化石に、私は好奇心を掻き立てられていた。

南アフリカから小包がボストン大学のオフィスに届いたとき、私はちょうど、渋滞を避けるため急いで帰宅しようとしていた。私は小包を脇に抱えて赤いトヨタ・マトリックスに飛び乗るとコモンウェルス・アベニューを飛ばしたが、マサチューセッツ・ターンパイク高速に入ったところで渋滞につかまってしまった。何千台もの車がつながって時速五マイル（約八キロメートル）で西へのろのろ進んでいる状態だったから、ハンドルから手を放しても大丈夫だった。私はウィットウォータースランド大学から届いた箱を開けてみた。

バーガーとツィプフェルが、アウストラロピテクス・セディバの足骨の精巧なプラスチック製レプリカを送ってくれたのだ。[7]妻が妊娠六ヶ月だったため、私は化石の実物を調べるためにもう一度ヨハネスブルグへ行くわけにいかなかった。来年まで無理だろう。だが、このレプリカがあれば、この二百万年前のホミニンの足をじっくりと調べられる。

私は箱の中を探り、エアクッションにくるまれた小さな包みを引っ張り出すとその一つを開封した。中には小さな距骨が入っていた。距骨とは、脛骨とともに足首の関節を形づくる、足骨の最上部に位置する骨だ。私は片目でそれを観察しながら、もう片方の目で先行車のブレーキランプをにらんでいた。一見したところ、その距骨はヒトのそれに似ていた。いくつかの点でルーシーの距骨に似ていたが、違う点もあった。それだけでは何とも言えない。距骨は個体差の大きい骨だ。このマサチューセッツ・ターンパイクで渋滞中のドライバーの距骨を比較したら、一人一人、ルーシーとセディバの距骨の違いと同じくらい違っているだろう。

ウェストン・インターチェンジ（東海岸で一番混雑する州間ハイウェイ九五号線との合流地点）の料金所は二つしか開いていなかった。料金所の通過に時間がかかることは分かっていたから、また一つ包みを開き、脛骨の下端部分を取り出して何度もひっくり返してみた。それはヒトとルーシーの両方に似ていたが、内くるぶしの丸く出っ張った骨の塊——内果と呼ばれる——だけは違っていた。その出っ張りはずいぶん大きかった。ヒトやルーシーのそれよりずっと大きかった。こんなに大きな内果を持っているのは類人猿だけだ。

何かおかしい。型取りの間違いかもしれないし、病気か怪我による変形かもしれない。後続車にクラクションを鳴らされ、私は車間距離を少し縮めた。

もう一つ包みを破って開けると、完全な状態の踵骨が出てきた。驚きのあまり私は目を見張った。踵骨は歩くとき最初に着地する骨で、ヒトの場合、踵骨は足骨の中で最大の骨であり、小さめのジャガイモくらいの大きさがある。ルーシー(アウストラロピテクス・アファレンシス)の踵骨もやはり大きく、二足歩行する際にかかる力を吸収するのに適したがっしりした形をしている。ラエトリの足跡も、足跡の主が大きな踵を持っていたことを示している。だが、今私が手にしているこの奇妙な小さい踵骨はチンパンジーのそれに似ていた。それは、二足歩行する生物の踵にはとても見えなかった。

バーガーとツィプフェルはチンパンジーの踵骨を送ってきたのだろうか。これはジョークなのか?　私にこの仕事が務まるかどうか、試しているとか?　私は踵骨を改めてじっと見ながら手の中でひっくり返してみた。すると、チンパンジーの踵のようなその骨が人間の踵の特徴を併せ持っていることに気づいた。

こんな踵骨は見たことがなかった。私は魅了され、夢中になった。後続車のドライバーが思いきりクラクションを鳴らしてきた。料金所を通過すると渋滞は解消したので、家に着くまで骨を見ることはできなかった。謎を解明するまでに、その日から三年かかった。その間、南アフリカにも何度も足を運んだ。

セディバの歩き方

最古のアウストラロピテクスの化石は、ケニアの湖岸の地層とエチオピアの森林地帯の土壌から見つかった四百二十万年前のものである。最も新しいものは、南アフリカの洞窟で発見されたおよそ百万年前の化石である。この三百万年の間に、アウストラロピテクスは多様化してさまざまな種に分かれた。実際、研究者らはこれまで一ダース以上もの種をアウストラロピテクス属に分類し、種名をつけてきた。

アウストラロピテクスの種名の元祖は、レイモンド・ダートが自身の発見した「タウング・チャイルド」につけたアウストラロピテクス・アフリカヌスである。ルーシーの属する種はアウストラロピテクス・アファレンシス。現在知られている中で最古のアウストラロピテクスはアウストラロピテクス・アナメンシスである。アウストラロピテクス・プラティオプス、アウストラロピテクス・ガルヒ、アウストラロピテクス・バーレルガザリといった、数個の化石が発見されているだけの、独立した種かどうかについて異論のある種もある。「頑丈型」と呼ばれる、歯が大きいアウストラロピテクスは、パラントロプスという独自の属名で呼ばれることもある。パラントロプスには、パラントロプス・エチオピクス、パラントロプス・ロブストス、パラントロプス・ボイセイの三種がある。

バーガーは、新種のアウストラロピテクスを発見したと発表し、これにアウストラロピテクス・セディバという名前をつけた。

アウストラロピテクスのさまざまな種の間にはさまざまな違いがあるが、二足歩行という、すべてに共通する特徴がある。だが、二足歩行と一口に言っても実態はもっとずっと複雑である。

ロバート・ブルーム（化石を掘るためにダイナマイトを使用した人物。34ページ参照）の弟子だったJ・T・ロビンソンは一九七〇年代初め、南アフリカの洞窟で発見された二種のアウストラロピテクス――大きな歯を持つロブストスと歯の小さいアフリカヌス――は歩き方が異なっていたという論文を発表した。ロビンソンは両者の骨盤および股関節の違いについて述べ、ロブストスが摺り足で歩いていたのに対してアフリカヌスはより人間に近い歩き方をしていたと主張した。[8] しかし、骨盤は薄いため、化石化の過程で損傷を受けて変形しやすい骨である。ロビンソンによって指摘された骨格の違いが、二種のホミニンの存命中に存在していたかどうか判断するのはむずかしかった。

三十年後、アメリカ自然史博物館の古人類学者ウィル・ハーコート＝スミスがアフリカヌスとアファレンシス（ルーシーの種）の足骨を比較し、ロビンソンと同様の見解を発表した。[9] 幾何学的形態測定法という方法を用いて、足骨の複雑な三次元形状を記録し数値化した上で、ハーコート＝スミスは、「アファレンシスは、足関節はヒトに似ているが、その他の部分はむしろ類人猿に似ている」と主張した。逆に、南アフリカのアウストラロピテクス・アフリカヌスは、足関節は類人猿のようだがその他の部分はヒトに似ている、と。

こうした意見に私は懐疑的だった。結局のところ、どの種も、発見されている化石はほんの一握りの断片に過ぎない。ハーコート＝スミスが見つけた差異は、現代人の足骨に見られる通常の個体差よりも著しい違いだったのだろうか。アウストラロピテクスは直立二足歩行していた。種による違いや発掘場所による違いは生物学的に見て意味のないノイズに過ぎない、と思っていた。

私は間違っていた。その間違いに気づかせてくれたのがセディバだった。ルーシーよりも百万年新しいにもかかわらず、アウストラロピテクス・セディバの足骨はアファレンシスのそれと比較するとほとんどの部分で人間らしさから遠ざかっていた。膝や骨盤や腰背部の構造から、アウストラロピテクス・セディバが二足歩行していたことは明らかなのだが、その歩き方はわれわれ現生人類とも他種のアウストラロピテクスとも違っていたのだ。

ツィプフェルと私はセディバの化石と格闘した末、二〇一一年に研究結果を発表した[10]。われわれはセディバの踵、足首、足底の解剖学的特徴を詳述し、それらが類人猿に酷似していることを明らかにした。だが、それがセディバの歩き方にどう影響していたかは解明できなかった。セディバの足は、骨の一つ一つが他種のアウストラロピテクスや現生人類とは違っている。だから、セディバは歩き方も違っていたはずなのだ。ただ、どんなふうに違っていたかは分からなかった。

多くの古人類学者が、骨格のある一部分に特化した研究をおこなっている。頭骨の専門家もいれば、歯、肘、肩、膝、腰の専門家もいる。私の専門分野は足、中でも特に足首だ。それは一つには、古人類学が断片の科学だからだ。六週間の発掘作業の結果、ホミニンの歯が二～三個見つかるかもしれない。運がよければ、肘や足の骨も発見できるかもしれない。その太古の骨の断片を理解するため、古人類学者は、ある部分の骨が動物の種類によってどう違うか、その違いが動物の生態にどのような影響を与えるか、その骨が類人猿と人類の進化史を通じてどのように進化してきたか、について徹底的に学ぶ。やっと見つけた貴重なホミニンの断片からできる限りの情報を絞り取るには、そうした知識が必要なのだ。

ほとんど完璧な骨格化石が見つかれば話は別だ。そして、セディバの場合には、それが二つあったのだ。

　われわれ古人類学者は断片的な化石を解釈することには慣れているから、骨格化石を提示された場合、それを大量のパーツの集まりとして扱うことは簡単だ。だが、骨格は関係のない骨の集まりではない。それは、かつては一つにまとまって動いていたのだ。セディバの奇妙な骨格化石を解釈するには、身体が一つのまとまりとしてどのように機能しているのか、一箇所の関節の変化が他の部分にどのような影響を与えるのかを日々研究している人物のアドバイスが必要だった。

　ツィプフェルと私は理学療法士の助言を仰ぐことにした。

「膝はどんな形をしていますか？」セディバの化石に関する私のプレゼンを聞いてから、ボストン大学の生化学者で理学療法士のケン・ホルトは尋ねた。大学教員を引退したあと理学療法クリニックを開業したホルトは、脳卒中の後遺症で歩行が困難になった人向けにアイアンマンのパワードスーツのような歩行補助具を開発し、改良を重ねている。

「膝ですか？　それが変なんです」私は言った。「ほとんどの点で人間の膝に似ていますが、大腿骨膝蓋面の外側隆起が見たこともないほど高いんです」。大腿骨膝蓋面外側の隆起は、膝蓋骨を正しい位置に保つ擁壁のような役割を果たしている。これは、二足歩行のホミニンだけに見られる特徴だ。類人猿の大腿骨膝蓋面にはこのような構造は見られない。だが、セディバの隆起の大きさは人間以上だ。セディバの足が類人猿のような特徴を持っていることを考えると、これは奇妙だった。

「変じゃありませんよ」ホルトが答えた。

「本当に？」と私。そうは思えなかった。

　このやりとりのあとで再び会ったとき、彼は理学療法士の見方を説明してくれた。アウストラロピテクス・セディバは過回内足だったように思われます、と彼は言った。

チンパンジーのような小さな踵を持ったセディバには、踵から着地する人間のような（あるいは、ルーシーの種であるアファレンシスのような）歩き方はできなかった。セディバの歩き方は類人猿に似ていた。扁平足で小刻みに歩き、足の外側から着地した。どんな作用にも、大きさが同じで向きが反対の反作用が起きる。だから、セディバが足の外側から着地すると、地面に押し返されることによって足は親指側に回転した。そのため脛骨は内側にねじれ、膝は内側に回転しただろう。

現代人にもこのような歩き方をする人がいる。この状態は過回内と呼ばれる。このような歩き方をしていると、靴底の外側、それも特に踵の近くのすり減り方が激しくなる。膝を内側にひねっているため、過回内足の人は膝を脱臼しやすい。毎年二万人のアメリカ人が膝を脱臼している。膝を脱臼しても歩くことはできるし、自分で正しい位置に戻せる場合もあるが、膝の脱臼は激痛を伴うし、完治には六週間かかることもある。

膝の脱臼を起こしやすい歩き方をするのは、どう考えてもアウストラロピテクス・セディバにとって得策ではなかったように思える。得策でないどころか、それではサーベルタイガーの胃袋へまっしぐらではないかとさえ思われる。だが、セディバは膝蓋骨を脱臼から守るために特大の擁壁を進化させた。つまり、セディバは過回内足の現代人が直面している問題を身体構造的に解決していたのだ。彼らはそのような歩き方に適応していたのだ。

ホルトと私は、南アフリカのツィプフェルと連絡を取り合いながら、数ヶ月かけてセディバの歩き方の解明に取り組んだ。ツィプフェルほど人間の足の仕組みをよく理解している人物はいない。その数ヶ月間、私はセディバのように過回内足でボストン大学のキャンパスを歩き回った。自分の身体を使って、二百万年前の親戚を理解しようとしたのだ。時々足が痛くなったし、ボストン大学の学生たちに「変な奴」と後ろ指を指されていたかもしれないが、そんなふうに歩いてみたおかげで、自分は二足歩行動物かもしれないがセディバではない、とはっきり分かった。

ホルトとツィプフェルと私とで仮説を検証した結果、セディバの骨格の至るところに仮説と一致する証拠が見つかった。[11] たとえば、われわれは、セディバの足の中央にある第四中足骨の根元がまるで類人猿のそれのように湾曲していることに気づいた。この湾曲のおかげで、セディバの足は人間のそれよりも柔軟だっただろう。現代人四十人の足のＭＲＩ画像を撮って調べてみたところ、同じ特徴を持つ人が少数いることが分かった。[12] 図らずも、彼らは過回内足だった。

アートとサイエンスの融合を目指しているダートマス大生エイミー・Ｙ・チャンは、アウストラロピテクス・セディバの骨格を３Ｄレーザースキャナーでコンピュータに取り込み、アニメーション・ソフトウェアを使って、セディバの歩く姿を再現した。[13] このアニメーションはツイッターに投稿され、次々にリツイートされた。進化生物学者サリー・ル・ページがこれに音楽をつけ、絶滅したホミニンの骨格がビージーズの「ステイン・アライブ」に合わせて歩くというシュールなアニメーションが出来上がった。

セディバはその特異な解剖学的特徴ゆえに他種のアウストラロピテクスとは異なる歩き方をしていた、というわれわれの見解はおおむね、古人類学者の同意を得ている。だが、私の言葉を信じてもらう必要はない。科学とは信じることではないからだ。セディバの３Ｄスキャン画像は無料のウェブサイト（www.morphosource.org）に投稿してある。だから、世界中の古人類学者はセディバのデータにアクセスし、われわれの仮説を自身で検証し直すことができる。

これが、アウストラロピテクス・セディバを発見したバーガーの、当初から一貫したアプローチだった。仮説が検証できてこそ科学は前進できる。そのためには、学界の誰にとっても化石がアクセス可能な状態でなければならない。

過回内仮説には賛同者もいる一方で、批判的な意見もあった。エチオピア・ハダールの発掘許可証を持っているアリゾナ州立大学の古人類学者ビル・キンベルは、「過回内足と極端に内転した下肢で二足歩行すれば、まるでモンティ・パイソンの〈バカ歩き省〉ばりの不格好な歩き方になるだろう(14)」と書いている。その後彼は、そんな歩き方に選択的利益があるとは考えにくいから、それは「病的な障害」によるものだったのではないかと指摘している。

だからこそ、発見されたセディバの骨格化石が一体分だけではないことが重要だったのだ。一体だけでは、「病的状態」で片づけられてしまう恐れがつきまとうからだ。だがわれわれの手元には二体分の骨格化石があったし、さらに、第三の個体の骨もいくつかあった。過回内仮説を構築する上でわれわれが土台としたのはおもにＭＨ２（大人のメス）だが、マラパで発見された他の個体からも手がかりを得ている。ＭＨ２の小さな踵が病的状態だという可能性はあるだろうか。おそらくそれはない。ＭＨ１（男児）の踵骨も発見されているが、それも同じように小さいからだ。ＭＨ２の足関節が病的状態だという可能性はあるだろうか。おそらくそれはない。第三の個体の足首が発見されているが、その足首もＭＨ２のそれと同じように奇妙な形をしているからだ。ＭＨ１の第四中足骨の特異な形状は、ＭＨ２の中足骨と同じだった。

つまり、彼らは全員そういう歩き方をしていたのだと私は考える。

キンベルの言うとおり、セディバの歩き方は少々不格好だ。セディバはなぜ過回内足だったのだろう。それはセディバが樹上生活に依存していたことによるところが大きい、と私は考えている。

マラパ洞窟の底から見つかったのはセディバだけではなかった。バーガーとそのチームは他の動物の化石や、さらには糞石（化石化した糞）まで発見した。糞石は白っぽい色をしており、中には骨の欠片が含まれていた。ウィットウォータースランド大学進化研究所所長で木材化石と太古の生態系の専門家マリオン・バムフォードがこの糞石を塩酸に溶かして分析したところ、植物の破片や顕微鏡レベルの花粉が検出された[15]。それらは、現在、比較的寒冷湿潤な高高度の森林に見られる樹木の破片や花粉だと判明した。二百万年前、セディバは森林を歩いていたのだ。

長い腕とすくめた肩を持つセディバは木登りが得意だったが[16]、それは身を守るためだけではなかった。カラボ（ＭＨ１）の頭骨は非常に保存状態がよく、歯の間に詰まった食物まで残っていた。ライデン大学（オランダ）のアマンダ・ヘンリーがＭＨ１の歯からプラークをこそげ落としたところ、その中から植物化石（カラボが最後に食べた果実や木の葉や樹皮中の、ケイ酸を含む微小な植物細胞が化石化したもの）が発見された。カラボは樹上で採食していたのだ。さらに、歯の小さな破片を同位体分析した結果、セディバは他種のアウストラロピテクスとは違い、草原を餌場としていなかったことが分かった。セディバは、それより数百万年古いアルディピテクスと同じように森林の食物に依存して生活していたのだ[17]。

セディバがルーシーよりも樹上生活に適応していたとすれば、餌場の森林から別の森林へと移動するときの歩き方が多少不格好だったとしても、あるいは、少なくともルーシーとは違う歩き方だったとしても不思議ではない。

一方、マラパでは二百万年前の化石の発見が続いている。謎の解明はこれからさらに進むことだろう。

ウィットウォータースランド大学では、角礫岩の大きな塊がごろごろとスチールラックに並び、クリーニング処理を待っている。中からホミニンの化石が覗いている岩が優先され、シマウマやレイヨウの化石入りの岩は後回しにされる。そんなわけで、レイヨウの脚の見事な化石が入った大きな岩が棚の上で順番待ちをしていたのだが、それをある日大学院生のジャスティン・ムカンクがひっくり返してみたところ、ホミニンの歯がキラリと光ったのが見えた。岩をCTスキャンした結果、カラボ（MH1）の欠けていた部分（下顎、脊柱、骨盤の一部、肋骨、下肢、足）が岩の中に封じ込められていることが分かった。母岩から取り出された暁には、これらはセディバの歩き方に関するわれわれの理解を一層深めてくれることだろう。

新たなホミニン

九歳のマシュー・バーガーがマラパで大きな岩に躓いてセディバを発見してから、二～三ヶ月後のことである。マックス・プランク進化人類学研究所（ドイツ・ライプツィヒ）のステノァニー・メリロは、エチオピアで新たに発見されたウォランソ・ミルという化石発掘現場で化石を探していた。三百八十万～三百二十万年前の化石が埋蔵されているこの発掘現場は、ルーシーが発見されたハダールの北西に位置している。メリロは、クリーブランド自然史博物館の自然人類学学芸員ヨハネス・ハイレ＝セラシエのチームの一員として発掘に参加していた。ウォランソ・ミルの発見者であるヨハネス・ハイレ＝セラシエは、すでにそれまでにそこでホミニンの化石を発見し、それらをアウストラロピテクス・アファレンシスのものと判断していた。

当時、ハイレ＝セラシエはかつての指導教授ティム・ホワイトと同様、三百八十万〜三百二十万年前にその地に生息していたホミニンはアウストラロピテクス・アファレンシスだけだと考えていた。これは都合のいい状況だった。ホミニンの化石なら、上腕でも足でも、頭骨の破片でもすべてアファレンシスのものに違いないのだから。

だが、二〇〇九年二月十五日、メリロの発見によって、そこにいたホミニンはルーシーの種だけではなかったという衝撃の事実が明らかになった。

化石は、昇ったばかりの太陽があたり一帯に影を投げかけている早朝の時間帯に見つかることが多い。目ざめのコーヒーのカフェインが血流に乗って体内を循環しているし、朝は目も冴えている。昼前には、ほぼ確実に中だるみが来る。発掘現場は日差しの照り返しで目もくらむばかりだし、腹も減ってくる。ブルテレ地区ウォランソ・ミルの岩石砂漠に散らばって作業していたメリロとチームの他のメンバーにとって、その日も例外ではなかった。

古人類学者にとって最高の発掘道具は、昨シーズンに降った雨だ。雨で地層が洗い流されると、埋もれていた骨が露出してくる。シルト質の地層と赤味を帯びた砂岩の層が雨の浸食によって露出した崖の下をゆっくりと歩いていたメリロは、ペーパークリップ・サイズの小さな骨の欠片に気づいた。

「何も見つけられずに散々歩いた末にはっと化石に気づいたときには、本当にスカッとしますね」。スカイプで話を聞いた際、メリロは私にそう言った。「あ、これは化石だと分かるときには、化石が目に飛び込んでくるような感じがします」

彼女は発見場所の目印としてオレンジ色の旗を立ててから、注意深く化石を拾い上げた。それが第四中足骨（足の中程に五本ある中足骨のうち、内側から数えて四本目の骨）の付け根部分だということは分かった。だが、あまりにも不完全な状態だったため、それが霊長類のものか肉食獣のものかは分からなかった。彼女はあらゆる角度からその骨を吟味しながら、ゆっくりとハイレ＝セラシエのほうへ歩いていった。彼女の歩き方を見て、彼には分かった。それは、ホミニンのものかどうか調べてもらいたい化石を持ってくるときの歩き方だった。

ハイレ＝セラシエには、化石を引き寄せる磁石のような力がある。大学院生だった一九九四年、彼は四百四十万年前のアルディピテクス・ラミダスの化石を最初に発見した。まるでアルディがハイレ＝セラシエに握手を求めるかのように、手の骨が二本、丘の斜面から突き出していたのだ。数年後、彼はアウストラロピテクスの新種、アウストラロピテクス・ガルヒの二百五十万年前の頭骨を発見し、そのわずか数週間後には、新種として自身でアルディピテクス・カダバと命名することになる五百五十万年前の化石を発見した。

ハイレ＝セラシエとそのチームは、ウォランソ・ミルで三百六十万年前のアウストラロピテクス・アファレンシス（ルーシーの種）の頭骨断片を発見し、「カダヌームー」（アファール語で「大男」の意）という愛称をつけた。その後、彼はアウストラロピテクスの新種アウストラロピテクス・デイレメダを発見し[18]、二〇一九年にはアウストラロピテクス属のものとしては最も古い頭骨（三百八十万年前の、アウストラロピテクス・アナメンシスの頭骨）を発見した。

「どこで化石を探したらいいか、どこまで掘り続けるべきか、彼には直観的に分かるんです」とメリロは言った。

アウストラロピテクスの下顎骨の半分が地表で発見されたあと、ハイレ＝セラシエのチームは丸一週間、そのエリアの土を掻き集め、ふるいにかけた。これは時間のかかる、退屈で大変な作業だ。小石や土の塊を一つ一つ、綿密に吟味しなければならない。

「私はヨハネスに、下顎骨のもう半分なんて見つかりっこありませんよ、賭けますか、と言いました」とメリロは言う。「私の負けでした」

ある日、ハイレ＝セラシエは発掘現場で長骨の骨幹部を見つけた。長骨の骨幹部はよく見つかるが、どんな動物の骨か特定することは難しい場合が多い。ホミニンからレイヨウまで、何十種類ものさまざまな動物の腕または脚の骨の可能性があるからだ。

「これはすごい」とハイレ＝セラシエは興奮気味に言ったが、メリロには何の変哲もない骨に思えた。数週間後、彼はアディスアベバの国立博物館のホミニン保管室を訪れ、十年前に発見されたホミニンの上腕骨の欠損箇所にその長骨骨幹部の断片をそっと置いた。地面からその化石を拾い上げたとき、ハイレ＝セラシエにはなぜか、もう十年も見ていない上腕骨の欠損部分にその断片がぴったり合うことが分かったのだ。

ウォランソ・ミルでメリロから第四中足骨を手渡されたとき、ハイレ＝セラシエが最初に気づいたのは、その骨の断面がきれいだということだった。これは、その化石が破損したのは最近だということ、残りの半分が近くにあるはずだということを意味していた。「もう半分はどこにありますか？」とハイレ＝セラシエは彼女に尋ねた。

それはまもなく、チームメンバーのカンピロ・カイラントによって発見された。新しく見つかったその部分には、肉食獣の足骨に見られる独特の突起部がなかった。それはホミニンの化石だった。完全な形の第四中足骨は、それまでに二つしか発見されていなかった。それがもう一つ見つかったのだ。

　それは、これから徹底的な大捜索が始まることを意味していた。

総勢十五名ほどのチームは、中足骨が見つかった崖の下に集合した。彼らはぴったり並んで膝をつき、固い地面を這い回って、見つけたものはどんなに小さな破片でも拾い上げた。まず、ホミニンの足指の骨が二～三個見つかった。捜索が赤味を帯びた砂岩層にまで及んだとき、足の親指と第二指が古い地層から突き出しているのが見つかった。

　それらは別々の骨ではなかった。つなぎ合わせると、部分的ながら足骨格になった。砂岩層の上下の火山灰層を年代測定した結果、その化石はおよそ三百四十万年前のものと判明した。三百四十万年前、この地域にルーシーの種（アウストラロピテクス・アファレンシス）が生息していたことは数十年前から知られていた。だが、今回発見されたそれはアファレンシスの足ではなかった。

　足の親指と第二指が人間の手の親指と人差し指のように向かい合っているその足は、むしろアルディピテクスのそれに似ていた。「ブルテレの足」は、ルーシーよりも頻繁に木に上り、ルーシーとは違う歩き方で二足歩行していた、類人猿により近いホミニンの足だった。

　クリーブランド自然史博物館の研究室に戻ったハイレ＝セラシエは、足の専門家ブルース・ラティマーにその骨を見せた。ラティマーは、一九八〇年代前半にルーシーを、二〇〇〇年代にアルディを記述したチームの一員だった。

「アルディがもう一体見つかったんですね！」その化石を最初に見たとき、四百四十万年前のホミニンのものだと確信したラティマーはそう言った。[19]「すごい！」

「それが違うんです」とハイレ＝セラシエは言った。この骨は、それより百万年も新しい地層から見つかったんです。

「そんなはずは」ラティマーは驚いて言った。

ブルテレの足は、二足歩行動物の重要な特徴のいくつか――つま先を反らすことができることや足の外側が硬いことなど――が見られるものの、ラエトリG遺跡に足跡をつけた足とは明らかに違っていた。その足の、横に突き出た、ものをつかむのに適した短い親指は、木登りが得意な類人猿のそれに似ていた。あるいはアルディピテクスのそれに似ていた。この先史時代版シンデレラストーリーの中で、ラエトリのガラスの靴がぴったり合うのはブルテレの足ではない。

足に続いて下顎や歯も発見された結果、新種の存在が裏付けられ、チームはこれをアウストラロピテクス・デイレメダと命名した。ルーシーの種とは違う歩き方をするホミニンが彼らと共存していたのである。[20]

これまで、人類の進化を通じて歩き方は一つしかなかったと考えられてきた。だが、そうではなかったと今では分かっている。数百万年前、アウストラロピテクスの複数の近縁種が異なる環境下で生活し、それぞれ少し違った歩き方で歩いていたのだ。彼らは、アフリカ北中部の草原から東部の大地溝帯に沿って、つまりエチオピアから南アフリカまでの四千マイル（約六千四百キロメートル）近い範囲にわたって広く分布していた。

およそ二百万年前、われわれ現生人類が属しているホモ属が進化を始めた。この新種のホミニンはアウストラロピテクス属よりも少し歯が小さく、少し脳が大きく、石器を使用する傾向が強かった。多数あったアウストラロピテクスの種のうちのどれがホモ属に進化したのかは、いまだ謎に包まれている。それがまだ化石の見つかっていない種だという可能性もある。

二百万年前には、二足歩行の進化実験はすでに長い歴史を経ていた。人類は、まさに世界へと歩き出そうとしていた。

第八章　広がるホミニン

Hominins on the Move

200万年以上前、ホモ属は長い脚で急速に世界に広がる。
その間に脳が拡大し、言語を獲得した。
サピエンス登場の舞台はととのった

目的地はない　どこでもいい
だから星空の下、ひたすら進み続ける[1]

――ジャック・ケルアック
『オン・ザ・ロード』（一九五七年）

一九八三年、ジョージア（当時はソ連の一部だった）のドマニシにある中世の遺跡で発掘作業がおこなわれていた。コインなどの中世の遺物とともに、一本の歯が発見された。「シルクロードを行き交う商人がドマニシに立ち寄った際に食べた動物の歯だろう」と考えた発掘チームは、これを古生物学者アベサロム・ヴェクアに見せた。「これはウシやブタの歯ではない」とヴェクアは判断した。それはサイの歯だった。

南西アジアの山岳地帯の穀物売り場でサイが何をしていたというのだろう。[2]ヴェクアは古生物学者レオ・ガブニアとともに、この場違いなサイの出所の調査に乗り出した。

一つの手がかりは、それが現生種のサイの歯ではないということだった。それは、更新世に絶滅したサイ、ディセロリヌス・エトルスクスの歯だった。ヴェクアとガブニアが翌年ドマニシで発掘調査をおこなった結果、リーキー夫妻がタンザニアのオルドバイ渓谷で発見したオルドワン石器に似た単純な石器が見つかった。サイの歯の謎が解け始めた。ドマニシの城壁は更新世の地層の上に建設されていた。中世の遺物を求めて土を掘っていた考古学者たちは、それよりずっと古い、ディセロリヌスがそこを闊歩していた太古の地層にまで突き抜けてしまったのだ。

それは、ホミニンの生息地がまだアフリカの外には広がっていなかったはずの時代でもあった。だが、彼らがそこにいたことを石器が物語っていた。

ヴェクアとガブニアはその後も発掘を続け、一九九一年にホミニンの下顎骨を発見した[3]。その十年後、彼らは百八十万年前の溶岩層の上の地層から頭骨を二つ発見した。その頭骨は、顔面は大きかったが、脳容量は現代人の半分ほどしかなかった。それらはホモ・エレクトス（十九世紀末にユージン・デュボアによって発見された種）の初期亜種の頭骨と特定された。この驚くべき発掘現場からは、以後二十年の間にさらに三つの頭骨と二体分の部分骨格が発見されている。「ドマニシ原人」は、アフリカ大陸以外でこれまでに発見されたものとしては最古のホミニンである。

だが、シルクロードのもう一つの端――中国中部の上陳――で見つかった証拠は、ホミニンが移動を開始したのがさらに早かったことを示している。

二〇一八年、中国科学院広州地球化学研究所の朱照宇は、二百十万年前に作られた単純な石器を発見したと発表した[4]。アウストラロピテクス・セディバが過回内足で南アフリカを歩いていたのと同じ頃、人類系統樹の別の枝に属するホミニンがそこから九千マイル（約一万四千五百キロメートル）近くも東へ進出していたのだ。骨がまだ発見されていないため、その石器を誰が作ったのかは分かっていないが、ほとんどの古人類学者が、それは初期のホモ・エレクトスか、あるいはホモ・エレクトスよりもさらに古いホモ属だっただろうと考えている。

一見したところ、人類は唐突に世界中に広がったように思われる。ホミニンは数百万年もの間アフリカ東部および南部で暮らしていた。それが一瞬にして、中国まで来ていたのだ。だが、そのスピードは実は思ったほど速いわけではない。初期のホモ属がおよそ二百二十万年前にアフリカを出発し、十年に一マイル（約一・六キロメートル）の速度で東へ進んだとすれば、二百十万年前には中国に到達できたことになる。上陳に石器を残すことは時間的に楽勝だったはずだ。

ドマニシと上陳での発見によって、ホモ属はおよそ二百五十万年前にアフリカ大陸で誕生してまもなくその生息域を広げ、北進および東進してユーラシア大陸へと進出していったことが分かった。「アジアへようこそ」という看板は立っていなかった。二百万年後の子孫に驚かれるような大移動をしているという自覚は彼らにはなかった。だが、彼らの大移動からはいくつかの疑問が浮かんでくる。

なぜホミニンはこの時代に探検者になったのだろう。それにどうして、祖先のアウストラロピテクスが住んだことのない領域にまで移動できるようになったのだろう。

その手がかりを、一人の少年の骨格に見ることができる。

ナリオコトメ・ボーイとの対面

私は二〇〇七年にケニアの首都ナイロビを訪れた。標高六千フィート（約千八百メートル）の高原に位置する人口密集都市だ。八月に二週間滞在したのだが、天気は曇りがちで驚くほど涼しかった。雨は降らなかったが、空気は重くどんよりしていた。沿道に果物やナッツの売り子がびっしり並んでいる。ヤギが道ばたのゴミをあさっている。あちこちでゴミの山が燃やされ、その臭いが排まされた。

気ガスの悪臭に追い打ちをかける。ナイロビに着いた日に私は鼻風邪を引き、鼻詰まりに一週間悩まされた。

ナイロビの人口は当時三百万人ほどだったが、近隣の人口も入れるとその数は六百万超に増加する。その中には、平均収入が一日一ドルを下回る、アフリカ最大のスラム街キベラで暮らすおよそ百万人も含まれている。キベラから北へ数マイル進むと、ウェストランズ地区のミュージアム・ヒルの頂上にナイロビ国立博物館がある。ここの、小さなコーヒーショップくらいの大きさの保管庫に、これまでに発掘された中で最も貴重な化石が収蔵されている。

博物館の外に、ルイス・リーキーとオレンジ色の大きな恐竜の像が立っていた。私は一般展示室を迂回し、中庭を通って研究用コレクションが収蔵されている部屋へ向かった。ケニアの古人類学者フレドリック・マンティ（通称はミドルネームのキャロ）が私を出迎えてくれた。

マンティの父親は一九七〇年代にメアリー・リーキーの発掘作業に協力していた。その影響で、キャロは幼い頃にホミニン熱に取りつかれた。ケープタウン大学で博士号を取得したのちケニアに戻り、現在は国立博物館の古生物学・古人類学部門の責任者としてケニアの先史時代研究全般を監督している。私が会ってから三年後、彼はトゥルカナ湖東岸のイレレト村で百五十万年前のホモ・エレクトスの見事な頭骨を発見している。[5]

私はマンティに、二千万年前の類人猿プロコンスルの足骨から初期ホモ・サピエンスの大腿骨までの、見たい化石のリストを渡した。私は、彼がまずは足の化石の断片（つまり、世界中でほんの一握りの人間しか興味を示さないような種類の骨）を載せたトレーを持ってくるだろうと思っていた。結局のところ、私はまだ学生だった。それに、そのとき私は風邪薬の影響で頭がぼーっとしていた。

ところが、いったん保管室の分厚い鋼鉄の扉の奥に消えたマンティは、ナリオコトメのホモ・エレクトスの骨格化石を載せた木製トレーを持って戻ってきた。まるで、「見たいルネサンス絵画のリストをルーブルの学芸員に渡したら、いきなりモナリザが出てきた」みたいな感じだった。腕の力が抜け、手が震えた。マンティは、骨格化石を見つめる私の口がぽかんと開いているのに気づいたのかもしれない。トレーを私に手渡さず、そのまま歩いて作業台まで運ぶと、その貴重な化石をカウンターにそっと置いた。

私は化石を愛している。化石を見るために遠くまで出向き、過去の生物の脆い断片を計測し、写真に撮り、3Dスキャンすることに余念がない。だが、新たな化石に出会ったときにはいつも、しばらくはカリパスもカメラもスキャナーも取り出す気にはなれない。私は祖先の遺骨とただただ対面し、化石の一片一片の色、質感、カーブを鑑賞する。その種について考えるだけでなく、化石となった個体についても思いを巡らせる。その個体が死に、化石となって残ったことによって、われわれは生命の物語における自分自身の位置を理解することができるのだ。化石を前にして私は思いきり感動し、思いきり感情的になる。この儀式を初めておこなったのが、二〇〇七年八月、ナイロビ国立博物館で一人、ナリオコトメの骨格化石と向き合ったときのことだった。

儀式が済むと、私は仕事に取りかかった。

ナリオコトメの化石は一九八四年にカモヤ・キメウによって発見された。彼はほぼ間違いなく、史上最も多くのホミニンの化石を発見した人物である。彼は、リーキー・ファミリーの有名な「ホミニン・ギャング」の一員だった。一九六〇～一九七〇年代に彼らが東アフリカで成し遂げた数々の発見は、タンザニアやケニア、エチオピアにおける古人類学研究に道を開いた。中新世の類人猿カモヤピテクスと更新世初期のサル、セルコピテコイデス・キメウイは、キメウの名に因んで命名されている。

古人類学者アラン・ウォーカーとパット・シップマンは、『人類進化の空白を探る』の中で、キメウの化石探しに対するアプローチを「徹底的に歩きに歩き、歩きながら見ること」と書いている。[6]

一九八四年八月二十二日、キメウはトゥルカナ湖西岸を歩きながら化石を探していた。彼は干上がったナリオコトメ川の土手に、周囲の地層と同じ黒っぽい色でカムフラージュされた頭骨の小さな欠片が露出しているのを見つけた。

「彼がそれをどうやって見分けたかは神のみぞ知る」とウォーカーとシップマンは書いている。[7]

ナイロビにいたプロジェクト・リーダーのリチャード・リーキーとアラン・ウォーカーはキメウから電話連絡を受け、翌日、現場に到着した。その後五年をかけて、チームは千五百立方メートルの土を掘った。その中から現れたのは、百四十九万年前に死んだホモ・エレクトスの少年のほぼ完全な骨格だった。

「ナリオコトメ・ボーイ」の愛称で知られるこの化石は、これまで発見された中で最も完全かつ重要な骨格化石である。この化石は、初期のホモ属が生息域をアフリカ大陸の外へと広げていくためにどんな身体構造が必要だったかを明らかにしてくれる。

ナリオコトメ・ボーイの脳はすでに大人と同じサイズに達していたが、現生人類の三分の二の大きさしかなかった。親知らずがまだ生えていなかったことと腕と脚の骨端線がまだ閉じていなかったことから、彼が若くして死んだことが分かった（歯の詳細な分析結果によれば、まだ九歳だった）。だが、彼の下肢骨は、身長がすでに五フィート（約百五十二センチメートル）以上、体重は百ポンド（約四十五キログラム）あまりあったことを示していた。ずいぶんと大きな子どもだ。私の息子が九歳のときには、身長は一フィート（約三十センチメートル）近く低かったし、体重は四十ポンド（十八キログラム）軽かった。

ナリオコトメ・ボーイが大人になるまで生きていたら、身長六フィート（約百八十三センチメートル）近くにまで成長しただろうと推測されている。[8] その幼さでそこまで身体が大きく成長していたという事実は、現生人類とは異なり、彼の種には思春期の成長スパート（訳注：思春期に身長が急激に伸びること）がなかったことをも示している。それはなぜだったのだろう。ノースウェスタン大学の人類学者クリス・クザワは、子どもの脳と身体がエネルギー配分に関してトレードオフの関係にあることを発見した。[9] プレティーンの子どもの脳は大量のエネルギーを消費するため、身体の成長は後回しになる。思春期に入ると身体が遅れを取り戻し、急激に身長が伸びる。これが成長スパートである。ホモ・エレクトスの脳の大きさはわれわれの三分の二しかなかったため、エネルギーを身体の成長と脳の両方に振り分けることができたのだろう。

百六十万年前の成人の部分骨格（標本番号：KNM-ER 1808）からも、ホモ・エレクトスに関する情報を収集することができる。この化石は、一九七三年に（もちろん）カモヤ・キメウによって発見された。その右大腿骨は、身長六フィート足らずの現代人の大腿骨と同じサイズである。[10] 人間が現在の大きさになったのは最近のことだと思われがちだが、そうではない。ホモ・エレクトスは現代人のサイズ幅に充分納まっている。

私はナリオコトメ・ボーイのトレーに戻り、水色の保護材のベッドから左大腿骨を取り出した。

大腿骨はダークグレーで、ところどころ黒や茶色のしみがついている。大きな骨だ、と私は感じ入った。上腕骨も大きい。ルーシーのそれより、三十四パーセント長い。ナリオコトメ・ボーイのほうがルーシーよりも大きいのだからそれは当然だが、それなら大腿骨もルーシーより二十四パーセント長いのかと言えばそうではない。大腿骨は五十四パーセント長いのだ。

ホモ・エレクトスは大型化したアウストラロピテクスではなかった。脚が長くなったのだ。「アリからゾウに至るまで、ある動物が一定の距離を移動するのに必要なエネルギー量を解明する変数は脚の長さです」とデューク大学人類学准教授ハーマン・ポンツァーは私に言った。彼の広範囲にわたる研究結果が明らかにしたように、一般的に、脚が長くなるにつれて移動は容易になる。

脚が長くなったことによって、ホモ・エレクトスはアウストラロピテクスよりも長距離を歩き回ることができるようになった。だが、それだけではなかった。ホモ・エレクトスの足には、現生人類とまったく同じアーチがあったのだ。

二〇〇九年、ナイロビ国立博物館とジョージ・ワシントン大学の混成チームがイレレト村の近くで百個近い足跡化石を発見した[11]。百五十万年前、湖のぬかるんだ岸辺を歩いていた二十個体のホモ・エレクトスが残した足跡である。大きさは現代人のそれと同じくらいで、バネのように働いて（特に、走る際に[12]）推進力を生み出す高いアーチが特徴的だった。

アウストラロピテクスの足にもアーチはあったが、現代人の基準に照らすとそれは低かった。ホモ・エレクトスが現代人と完全に同じアーチと長い脚を得たことで、われわれの祖先はついに、より長距離を移動し、より多くの食物を手に入れることを可能にする解剖学的特徴を有するようになったのだ。

世界中どこでも、肉食動物の行動圏は平均して草食動物のそれよりも大きい[13]。植物は群生していることが多いため、草食動物は餌を探して毎日遠くまで移動する必要はない。だが、肉食動物が食事にありつくためにはあちこち探さなければならない。ホモ・エレクトスの化石の発掘現場からは彼らが食べた動物（自ら狩りをして捕まえたものと、肉食獣の食べ残しを調達してきたものの両方がある）の骨が多数発見されているが、これは偶然の一致ではない。

発見された中で最古の石器は三百三十万年前のものだし、石器で傷つけられた跡のある三百四十万年前のレイヨウの骨も発見されている。いずれも、ホモ・エレクトスの年代よりも古い。だから、アウストラロピテクスや初期のホモ属も、機会があれば肉食獣の食べ残しをあさるなどして肉を口にしていたものと思われる。だが、彼らはハンターではなかった。ホモ・エレクトスに至って、死肉をあさる行為はより頻繁になり、さらには、意図的・組織的な狩りをしていた証拠も見つかっている。その後も彼らは植物食をも続け、われわれと同様の雑食動物になった。現代人の中には肉食をしない人もいるが、われわれの祖先が更新世を生き延びる上で肉と骨髄が重要な資源だったことは明らかである。

長い脚と高いアーチのある足で行動圏を広げたホモ・エレクトスは、アフリカ大陸を出て、ユーラシア大陸へと進出していった。

二足歩行と脳と言語

ジョージアのドマニシで発見されたホモ・エレクトスの骨格化石は、ナリオコトメ・ボーイほど身長は高くない。五フィート（約百五十二センチメートル）をかろうじて上回る程度である。しかし、彼らも脚が長く、身体の各部分の比率は現生人類と同じだった。非常に効率よく歩くことができたドマニシ原人は獲物を追って中東と現在のトルコを通過し、コーカサス地方にまでやってきた。さらに古い時代にははるばる中国にまで到達したホモ・エレクトスの集団もあった。彼らがアジアの高原地帯を横断したのか、それとも海岸沿いにインドと東南アジアを経由するコースを辿ったのかはまだ分かっていない。いずれにせよ、彼らは二百十万年前に地球最大の大陸を横断してのけたのだ。[14]

人類の移動は、極端に単純化された、単一方向のルートで説明されることが多い。だが、こうした生息領域の拡張が一度きり、しかも一方向にしか起きなかった確率は限りなくゼロに近い。ホモ・エレクトスは、アフリカ大陸への出入りを頻繁に繰り返しながら、次第に行動圏を広げ、直立二足歩行するホミニンが生息したことのない土地へと進出していったものと考えられる。少なくとも百五十万年前までには、ホモ・エレクトスは歩いて行ける限りの南東の果てに到達していた。

氷期には（氷期は過去百万年間に少なくとも八回、周期的に起きている）[15]極地方と氷河に水が封じ込められて海水面が下がり、東南アジアからインドネシアのジャワ島に歩いて渡ることができた。だが、そこから先へは行けなかった。ホモ・エレクトスはそこで、幅二十マイル（約三十二・二キロメートル）、深さ五マイル（約八千メートル）の海溝に行く手を阻まれたことだろう。ここは現在、チャールズ・ダーウィンとともに自然選択説を発見した十九世紀の博物学者アルフレッド・ラッセル・ウォレスに因んでウォレス線と呼ばれる、生物の分布境界線を成している。ウォレス線の西側には、アジアに見られる動植物が分布している。東側には、それとは驚くほど異なるオーストラリアの動植物が分布している。船を使わなければ、この生態学的境界を越えることはほぼ不可能である。

ホモ・エレクトスがジャワに到達した頃、ホミニンはユーラシア大陸西部にも広がっていた。二〇一三年、スペインの古人類学者のチームがスペイン南東部オルチェの洞窟からホミニンの歯一個と石器数点を発見したと発表した。それらは百四十万年前の地層に埋まっていた。その数年前には、百二十万年前の下顎骨がシマ・デル・エレファンテ(「ゾウの穴」の意)という洞窟でエウダルド・カルボネルによって発見されている。この化石はホモ・アンテセッソール(「パイオニア」の意)と呼ばれている。[16]

ホモ・エレクトスとその近縁種は、南アフリカ南端から西はスペイン、東はインドネシアにまで広がり、世界的に分布するホミニンになった。荷車も飛行機も鉄道も自動車もなかった。馬もまだ家畜化されてはいなかった。彼らは自分の足で歩いたのだ。

その間に、奇妙で素晴らしいことが起きていた。脳が格段に大きくなったのだ。脳が大きくなった理由について、相互排他的でない仮説が二つ提唱されている。どちらも、食物に関係がある。

第一の仮説は、一九九五年に人類学者レスリー・アイエロとピーター・ウィーラーが唱えた「不経済組織仮説」である。[17]アイエロとウィーラーは霊長類の臓器の重量を比較し、ヒトは脳は並外れて大きい(これは誰でも知っている)が腸は極端に短い(これは誰もが知っているとは限らない)という点で特異な存在だと述べている。腸は、常に古い組織がはがれ落ちて新しい組織が再生しているため、維持するのに多くのエネルギーを必要とする、不経済な臓器である。腸を短くすることで節約したエネルギーを、ホモ属は脳の成長に振り向けることができた。ホモ属が純粋な草食動物だったら、これはうまくいかなかっただろう。植物の固いセルロースを消化するため、草食動物は長い腸を必要とする。対照的に、肉と骨髄から栄養分を吸収する肉食動物は腸が短い。アイエロとウィーラーは、動物性の食物の摂取が増えるにつれて、短い腸と大きな脳を有する個体がより多くの子孫を残し繁栄していったのだという仮説を提唱した。二百万年前から百万年前までの百万年間に、ホミニンの平均的な脳容量はおよそ二倍になった。

最近、ハーバード大学の人類進化生物学者リチャード・ランガムが、この方程式にもう一つの変数を導入した。それは、火である。[18]

ケニアのトゥルカナ湖東岸と南アフリカのスワートクランズ洞窟で発見された興味深い証拠は、ホモ・エレクトスが百五十万年前までに火を制御する方法を習得していたことを示している。南アフリカ・ワンダーワーク洞窟の百万年前の地層からは、火の使用を示す決定的な証拠が発見されている。火の使用によって、祖先達は食物を調理することができるようになり、食物は消化されやすくなった。これによって人類は脳の巨大化に必要なエネルギーを得たのだ、とランガムは述べている。火の使用によって、それまで住めなかった寒冷地への進出も可能になったことだろう。さらに、肉食獣を火で撃退できるようになれば、身を守るために木の上で眠る必要もなくなっただろう。[19] 脚が長くなったことで、ホモ・エレクトスはより効率的に歩けるようになったが、木登りは不得意になった。木登りは不得意でも、彼らは火の使用によって生き延び、子孫を残すことができた。

そして、歩行能力が向上するにつれて、言語能力が芽生え始めた。よく「有言実行」などと言うが、「言語」と「歩行」は本当にリンクしているのである。

四足歩行する動物の場合、前肢が地面を蹴るときの衝撃を肩、胸、腹部の筋肉が吸収している。これは、呼吸と歩行を一歩につき一呼吸に調整しなければならないことを意味する。動物がギャロップしながら同時に喘ぐことができないのはそのためである。一歩ごとに消化器官が横隔膜にぶつかるため、そんなに浅く速く呼吸することは不可能なのである。走りながら同時に喘ぐことができないため、ほとんどの動物は走りながらクールダウンすることができない。彼らは、短時間全力疾走したあと立ち止まって日陰で休まなければならない。しかし、ヒトは歩きながら速く呼吸することができる。多くの四足歩行動物とは違って、ヒトは汗をかくこともできる。そのため、走りながら身体を冷やすことができる。ヒトは、足は遅いが長距離を歩き続けることができるのである。

だが、それが言語と何の関係があるのだろう。

重いものを抱えて歩くことで、四足歩行動物の胸と腕の筋肉の役割を真似ることができる。重いものを抱えて歩くと胸の筋肉が緊張し、一歩ごとに息を継ぐようになる。すると、時々うめき声を上げるのを別にすれば、声を出すことがむずかしくなる。これが、四足歩行動物のいつもの状態である。二本足で歩く動物は呼吸を細かく制御することができるため、さまざまな音声を自在に出すことができる。[20]

エチオピアの高原に生息するゲラダヒヒは、地面に背筋を伸ばして座り、種子などを採食する。彼らは座っているとき、複雑な鳴き声の連なりによってコミュニケーションを取っている。[21] 二足歩行動物であるヒトは、呼吸筋を細かく制御することによって生み出される音声を自由自在に組み合わせることで言語を発達させてきた。子どもの成長においても、歩行の開始と発語は密接に関連している。[22]

人間の言語の起源についてはまだよく分かっていないし、さまざまな説がある。呼吸の柔軟さの他にも、多くの要素がヒトの発声を容易にしている。ヒトの頭蓋底部と喉の奥にある発声器官は、類人猿にはない共鳴腔を形成している。ヒトの舌骨（舌骨の化石は滅多に発見されない）には、話す際に使われる筋肉と靭帯をしっかり固定できるだけの太さがある。ブローカ野やウェルニッケ野といった脳領域は、言語生産や言語理解に非常に重要な役割を果たしている。ヒトの内耳骨は、ヒトの声の周波数に合うように微調整されている。

言語の発達において、最初は身ぶり手ぶりが言葉と同じくらい重要だったかもしれない。音と意味の関係は、「チュンチュン」「ブンブン」「パチパチ」といった擬音語から始まったのかもしれない。だが、擬音語で何でも表せるわけではない。「狩り」とか「日の出」などはどんな音がするというのだろう。だから、象徴的に意味を表す音が必要だった。人類は、象徴的な表現のできる類人猿になる必要があった。最終的には歌や音楽も、考えを広めたり記憶を保存したりする役割を果たすことになった。これらの要素は一度に揃って出現したわけではないが、化石記録を丹念に調べることによって、人類最初の言語がいつ発達したのかを推測しようとすることはできる。

アウストラロピテクスは二足歩行によって、チンパンジーよりも広い音域の音を発するのに必要な、呼吸の微調整能力を得たものと思われる。さらに、二足歩行によって手が自由に使えるようになり、身ぶり手ぶりでコミュニケーションを取れるようになったはずだ。しかし、彼らが実際に言語を話していた証拠はほとんどない。

三百四十万年前の「ディキカ・チャイルド」の舌骨は類人猿のそれのように見える。頭蓋骨内部のCTスキャンや頭蓋内鋳型（エンドキャスト）によって、最初期のアウストラロピテクスの脳溝や脳の皺は類人猿にかなり近かったことが分かっている。しかし、アウストラロピテクスの脳化石の中には、ブローカ野に非対称性があるように見えるものもある。[23] これは、その脳が言語を生産したり理解したりする直前の状態だったことを示唆している。初期のホモ属の脳は、二百万年前までには確実にそのような状態になっていた。

スペインで発見された五十万年前の化石から、当時すでに、人間の声の周波数帯の音を検知し処理するために微調整された内耳と現生人類に似た舌骨を持ったホミニンが存在したことが分かっている。[24] さらに、遺伝学的証拠は、言語がその頃すでに存在していたかもしれないことを示している。ヨーロッパとアジアで発見されたホミニンの化石から抽出されたDNAが、言語能力に影響を与える（そのメカニズムはまだはっきりとは分かっていないが）遺伝子が少なくとも百万年前までに現在の形になったことを示しているのである。

言語能力の重要要素は五十万年前までにすべて出揃ったように思われるが、この一連の進化の第一歩は、多様な音を出すのに必要な、呼吸の微調整を可能にした直立二足歩行だった。ホモ・エレクトスは歩き、世界中に広がった。そして、それにつれて言語能力をも獲得した。

サピエンス登場の舞台

更新世を通じて氷期と間氷期が繰り返され、ホミニンは、氷期にはそれまで到達不可能だった場所にまで進出したが、その後、間氷期が来るとそこに封じ込められて孤立した。たとえば、現在のジャワ島で暮らしていたホモ・エレクトスの集団は氷期極大期には東南アジア全体を歩き回ることができたが、その後、気候が温暖化して海面が上昇すると数万年もの間その島に閉じ込められることになった。西ヨーロッパでは、ホミニンは氷期にはイギリスにまで渡ることができた。それが分かっているのは、彼らの残した足跡化石のおかげである。

およそ八十万年前、ホモ・ハイデルベルゲンシスという種名で呼ばれることもあるホミニンの一団が現在のイギリス・ヘイズバラ村付近のぬかるんだ海岸を歩き、現生人類のものとほぼ同じ足跡を残した[25]。しかし、海岸線は浸食の進行が速い。研究者による写真撮影と計測がおこなわれてからまもなく、足跡は波に洗い流されてしまった。この足跡をつけた更新世の住人も、はかなく消えてしまった。氷河が北から進出してくるにつれて、彼らは最終的に南へ追いやられ、地中海沿いの諸地域で孤立した。

こうした気候変動によって、更新世のホモ属の集団には断続的に遺伝的隔離が起きた。そのうちの、最初、ヨーロッパおよび西アジア諸地域に隔離されていたホモ属の一団がネアンデルタール人に進化した。彼らの骨は多数発見されており、十九世紀半ばから科学的研究対象となってきた。氷河が後退すると、彼らの生息域は西はポルトガルから東はウクライナにまで拡大した。これまでに、完全な頭骨が二十個以上発掘されている。

二〇一九年、フランス国立自然史博物館の研究者がノルマンディーの砂丘に残されていた八万年前のネアンデルタール人の足跡二百五十七個を発見したと発表した[26]。それは、一人ないし二人の大人と一緒に歩いていた十数人の子どもたちが湿った砂の上に残した、驚くべき足跡群だった。そこには、更新世の託児所の一日が永久に保存されている。遊びに興じ、笑い声を上げるネアンデルタール人の子どもたち、水平線を見渡して警戒を怠らない大人たちの姿が目に浮かぶようだ。

同じ頃、アジアの諸地域にはデニソワ人が生息していた。このデニソワ人は、発見されたわずかな断片的な化石の解剖学的特徴だけでなく、シベリアや中国中部の洞窟で発見された骨の小片から抽出されたＤＮＡからも、独立した種として認められている[27]。

長い脚と大きな脳、火を制御する能力を持ったホモ・エレクトスとその近縁種はアフリカ、アジア、ヨーロッパにあまねく広がった。こうして、われわれの旅の最終段階であるホモ・サピエンスの舞台がととのったのだ。

だが、最近の発見によってこのストーリーは崩壊し始めた。人類の進化とホミニンの大移動の物語は、われわれの想像よりもずっと複雑でずっと面白いらしいのだ。

こんなストーリーを思いつけるのは、『指輪物語』の作者J・R・R・トールキンだけかもしれない。

第九章 中つ国への移住

Migration to Middle Earth

『指輪物語』に登場しそうなホビット、
私も研究に加わったホモ・ナレディ。
つい最近まで、多様な歩き方の色々なホミニンがいたのださまよい歩く人すべてが道に迷うわけではない。[1]

——J・R・R・トールキン
『指輪物語　旅の仲間』（一九五四年）

毎年秋になると、サトウカエデやカバノキやブナの紅葉を見ようと観光客がニューイングランド北部に押し寄せる。日が短くなり、空気がすがすがしさを増す頃、丘の斜面は鮮やかな赤やオレンジ色や黄色に染まる。

ニューハンプシャー州ジェファーソンのアップルブルック・ホテルからの素晴らしい眺望は、自然のパレットそのものだ。ジェファーソンは、ホワイト山地を通過する山道（北側にウォームベク山とカボット山が、南側にアダムス山、ジェファーソン山、ワシントン山が並んでいる）の入り口に位置している。

「北ニューイングランドを西から東へ移動するのはむずかしいんです」。国道二号線をバーモント州からジェファーソンに向かって、つまり西から東に向かって走る車の中で、ダートマス大学の考古学者ナサニエル・キッチェルは私に語りかけた。バーモント州とニューハンプシャー州の間には、山脈が壁のように南北に連なっている。壁の西側と東側をつなぐ道路は冬から春にかけて数ヶ月間、雪のためにしょっちゅう通行止めになる。

この地域を東西に走る数少ない道路は、かつて人々が徒歩や馬で行き交っていた泥道を舗装したものだ。もっと古い時代には、そこは獣道だった。そこを最初に歩いたのは、更新世のマンモスやマストドンだった。

「この地域に最初に移り住んだ人も、同じルートを辿ったことでしょう」とキッチェルは言った。

考古学者はそのルートを「旧国道二号線」と呼ぶ。一万二千八百年前、人類はここを通って無人の地に移住し始めたのだ。

かつては標高六千二百八十八フィート（千九百十七メートル）のワシントン山を覆い隠すほどの厚さがあったローレンタイド氷床は[2]、そのころにはすでに後退していた。そのあとには、氷河によって削られた谷と、氷河によって運ばれた巨礫が残された。氷が溶けて、何千もの湖ができた。ジェファーソンにも幅〇・五マイル（約八百メートル）の湖ができた。現在、流れの緩やかなイスラエル川にその湖の名残が見られる。当時そのあたりには、巨大なカリブーの群れが、毛に覆われたマンモスや、セントバーナード・サイズの巨大ビーバーと共存していた。カエデやカバノキやブナはまだそこまで北上していなかったので、花崗岩の山肌はむき出しだった。

木のないニューイングランドというのは想像もつかない光景だ。だが、当時でさえ、アップルブルック・ホテルが現在建っている場所はジェファーソンで一番の絶景ポイントだった。

私がキッチェルとそこを訪れたのは寒い十二月の一日だった。真っ青な空に、刷毛ではいたような巻雲がかかっていた。正午でも太陽が低いので、実際よりもっと遅い時間のように感じる。山々の頂は雪と氷に白く覆われている。人類が初めてここを通り抜けた更新世末期（新ドリアス期）の、寒々とした、木のない風景を思い浮かべるにはいい季節だ。山々は荒涼としている。目を細めたら、木が一本もないところを想像できそうだ。前景のゴルフコースもその想像を助けてくれる。

一九九五年、アップルブルック・ホテルの裏の木が嵐で吹き倒された。地元のアマチュア考古学者ポール・ボックが倒れた木の根元を調べてみると（「嵐で木が倒れることなんて珍しくも何ともないんですが、考古学者というのはいつも地面を調べているのでね」とキッチェルは言った）、石器が見つかった。それは周囲を細かく打ち欠いて作った尖頭器で、アメリカ大陸に最初にやってきた人々によって作られたものだった。ニューハンプシャー州の州考古学者（訳注：州から指名を受け、州の考古学的遺跡の保全に携わる考古学者）ディック・ボイスバートは、学生のチームを率いてその地域で二十年間発掘調査をおこない、人類がおよそ一万三千年前からそこで日常的に野営していた証拠を発見した。

この地域に初めて移り住んだ人々は、この見晴らしのいいジェファーソンから、視界を木に遮られることもなく谷を見渡し、カリブーの群れやうろついている大狼や隣人の焚き火の煙を見つけることができた。ときにはよそ者の集団が通過していくこともあっただろうが、彼らは脅威ではなかった。カリブーやガマ、塊茎など、食物は豊富にあったから、争う必要はなかった（争いがあったという考古学的証拠も見つかっていない）。気候は寒冷だったが、彼らは、数千年前にシベリアからアメリカ大陸に移り住んだ人々の子孫だった。彼らは寒冷地で生き抜く術を知っていた。狩りの獲物の皮を骨製の針で縫い合わせ、暖かい衣服や水を通さない靴を作る方法を知っていた。

ニューイングランドと言えばすぐに思い浮かぶのが、メープルシロップと、ｒが抜け落ちる独特の方言と、スーパーボウルだ。考古学はどうもピンとこない。だが、バーモント州北部で育ったキッチェルは、そんなことはものともしない。

「いろいろな意味で」と彼は言う。「ニューイングランドに最初に足を踏み入れた人たちは、無人の地に徒歩で移住した人々の最後の波、つまり、その数万年前にアフリカから始まったプロセスの頂点を意味しています」

彼の言うとおりだ。だが、人類がどのようにしてついにはるばるジェファーソンにまで広がったかを理解するためには、三十万年前のアフリカに戻らなければならない。

人類は移動しつづけてきた

人類誕生の時と場所を明確に特定するシンプルなストーリーは、魅力的ではあるが間違っている。たとえば、ある有名学術誌に発表された論文は、「すべての現生人類のルーツはアフリカ南部のボツワナにある」と大胆に主張している[3]。このような主張は明白な事実を無視している。それは、人類は移動するし、われわれはずっと移動してきた、という事実である。

ホモ・サピエンスの最古の化石記録がこの事実を証明している。ホモ・サピエンスの最古の頭骨化石が、モロッコ、南アフリカ、エチオピアからそれぞれ一つずつ見つかっている。これらは、アフリカ大陸という巨大な三角形の三つの頂点に当たる場所である。ホモ・サピエンスは一つの特定の場所で一度に誕生したわけではない。ホミニンの集団がアフリカ全土を移動しながら遺伝子を交換する間に（その中には、生き残るために有利な遺伝子もあった）、ゆっくりと進化したのだ。

過去と現在の人類の全ゲノムを調べた最近の研究によれば、ホモ・サピエンスのこの汎アフリカ的進化は三十五万〜二十六万年前に起きたという。[4] これは、その期間内のある特定の瞬間にホモ・サピエンスが誕生したという意味ではない。ホモ・サピエンスは、その期間全体を通じてアフリカ大陸中を移動しながら徐々に進化したのである。

ケニアのオロルゲサイリエ遺跡がそれを分かりやすく教えてくれる。このオロルゲサイリエ遺跡は、私が二〇〇五年に古人類学の学生として初めて発掘作業に参加した場所だ。オロルゲサイリエ山の麓に広がる荒れ地は、湖岸堆積物、古土壌、火山灰層が交互に重なり合ってできている。太古のゾウやサイ、小さめのゴリラほどの大きさの絶滅したヒヒの化石がむき出しの丘の中腹から露出している。至るところから石器が見つかる。人類の祖先がここにいたことは明白なのだが、奇妙なことに、オロルゲサイリエで収集された七万点以上もの化石のうち、ホミニンのものは二点——頭骨断片一つと下顎が一つ——しかない。ホミニンはたしかにオロルゲサイリエで暮らしていた。だが、彼らはそこでは死ななかったのだ。

数十年にわたってオロルゲサイリエ遺跡を調査してきたスミソニアン研究所のアリソン・ブルックスとリック・ポッツは二〇一八年に、三十万年前の地層から黒曜石の石器を発見したと発表した。[5] その黒曜石は近隣で産出したものではなく、そこから六十マイル（約九十六・六キロメートル）離れた採石場の石と成分が一致することが分かった。ブルックスとポッツは、すりつぶして粉末状にしたものを脂肪と混ぜてボディーペイントに使ったと思われる、黒いマンガンと鉄分を多く含む赤い岩も発見した。

ホモ・サピエンスの黎明期、オロルゲサイリエで暮らしていたわれわれの祖先は象徴的に考えたり、遠く離れた場所の人々ともものやアイディアを交換したりしていたのだ。われわれは探検者だ。

われわれは旅人だ。われわれは歩く。そして、われわれ人類は、歩くことによって新たな土地へと移動していったのだ。

二〇一九年、テュービンゲン大学のカタリナ・ハルバティがギリシャの洞窟で二つの化石を発見したと発表した。[6]一つは十七万年前のネアンデルタール人の頭骨で、これは予想どおりだった。もう一つの化石は予想外だった。二十一万年前のその頭骨は、後頭部の形がホモ・サピエンスにそっくりだったのだ。その前年には、イスラエルのカルメル山付近の洞窟で、初めて発掘作業に参加した学生たちによって十九万年前のホモ・サピエンスの上顎骨が発見されたことが報告されている。

そうなると、ホモ・サピエンスは従来考えられていたよりも早く中東およびユーラシアに進出したが、おそらくは先住者であるネアンデルタール人によって押し戻されたのだろうと思えてくる。人類の移動を矢印で表した地図には載っていないことだが、おそらく、こうした進出と撤退がしばらく繰り返されたのだろう。だが、およそ七万年前までにダムは決壊し、ホモ・サピエンスはどっとヨーロッパとアジアに流れ込んだ。

化石の中に奇跡的に残っていたDNAをマックス・プランク進化人類学研究所のスヴァンテ・ペーボが細心の注意を払って分析した結果、ホモ・サピエンスがネアンデルタール人やデニソワ人と交配し、彼らの遺伝子プールを自身のそれの中に吸収していたことが明らかになった。[7]われわれ現代人のDNAの中にも、これら絶滅した人類の痕跡が残っているのである。

ホモ・サピエンスは、徒歩で移動できる南東端、つまりインドネシアの列島の端までやってきた。彼らは立ち止まり、以前ホモ・エレクトスがしたように、眼前に何マイルにもわたって広がる海を見渡したことだろう。もしかしたら、水平線の彼方に、遠くで燃えている山火事の煙がかすかに見えたかもしれない。もしかしたら、彼らは海の向こうにも自分と同じ人類がいるだろうかと考えたかもしれない。中には、諦めて引き返すのではなく船を造り、未知の世界へと漕ぎ出した者もいた。

六万五千年前には、ホモ・サピエンスはすでにオーストラリア大陸に渡っていた。[8] 二万年前までには、オーストラリア大陸を横断して南東部に達し、ウィランドラ湖群地域の泥質堆積物に百個以上の足跡を残した。[9]

北進した人々もいた。温かく、水を通さない衣服を身に纏い、火を使いこなしていた人々は雪と氷を踏み越えて北極圏のツンドラ地帯を通過し、当時は北米と地続きだった広大な地域に住み着いた。彼らは繁栄し、東進を続けてついにはアメリカ大陸にまで進出した。

こうした寒冷不毛の地を踏破するためには、ある重要な技術革新が必要だっただろう。それは、靴である。

最初の靴

合衆国西海岸の北部には、レーニア山、セントヘレンズ山、フッド山など標高八千三百～一万四千フィート（約二千五百～四千二百メートル）の活火山が連なっている。その中の一つ、オレゴン州南部のマザマ山はかつては標高一万二千フィート（約三千六百メートル）という圧倒的な高さを誇っていたが、七千七百年前、大噴火を起こして崩壊し、深さ四千フィート（約千二百メートル）、幅六マイル（九・七キロメートル）のカルデラが形成された。カルデラは次第に雨水や、氷河が融けた水で満たされていった。現在、そこは合衆国で最も深く、透明度の高い湖である。地元のクラマス族はこれをギイワスと呼び、アメリカ国立公園局はクレーターレイクと呼んでいる。

そこから北東に五十マイル（約八十キロメートル）行ったところにフォートロックという、アメリカ先住民が居住していた洞窟がある。一九三八年、人類学者ルーサー・クレスマン（一時、マーガレット・ミードと結婚していたことがある）はフォートロック洞窟の発掘をおこなった。マザマ山の噴火によって降り積もった火山灰の厚い層の下から、驚くべきものが発見された。ヤマヨモギの樹皮をより合わせて平らな籐の籠のような形に編んで作ったサンダル七十五個である。サンダル前部に足先を入れ、ついているひもを後ろで結んで足に固定したのだろう。

五万年前よりも新しい有機物に用いられる放射性炭素年代測定法により、これらのサンダルはおよそ九千年前に作られたものと判明した。

フォートロック洞窟のサンダルはこれまで発見された中で最古の履き物だが[10]、ヤマヨモギの樹皮といった腐りやすい素材が発掘されることは滅多にない。マザマ山が噴火するずっと以前から、人類は靴を履いていた。人類が初めて靴を履いたのがいつだったかを探るためには、別系統の証拠を当たってみる必要がある。

セントルイス・ワシントン大学のエリック・トリンカウスは、更新世後期の人類進化（つまり、人類系統史の最後の二十五万年間）のエキスパートである。彼は、人類の足指の骨が昔はもっと太かったことを二〇〇五年に発見した[11]。足指の骨が細く弱々しくなった理由を、彼は、靴を履き始めたからだと説明している。足を保護するために靴を履いたとき、人類の足指の骨はそれ以前ほど太く成長しなくなったのだ、と。

足指が細くなったことが確認できる最古の例は、北京近郊の田園洞遺跡から発見された四万年前の骨格化石である。

日常的に靴を履いている足の特徴と一致する足骨は、モスクワの百マイル東に位置する三万四千年前のスンギール遺跡からも発見されている。この遺跡からは、埋葬された数体の骨格が発掘されている。それらはマンモスの象牙で作ったおびただしい数のビーズで飾られていた。北緯五十六度に位置するスンギール遺跡は、スウェーデン、アラスカ、ハドソン湾、カナダとほぼ同緯度である。いずれも、凍傷を防ぐために靴が欠かせない酷寒の地である。

陸橋を渡ってアジアからアメリカにやってきた人々の子孫は一万三千年前、カナダ・ブリティッシュコロンビア州カルバート島の浜辺を歩き、二十九個の足跡を残した[12]。アメリカ先住民はその後も南下を続け、一万二千年前までにははるばるチリにまで到達した。同じ頃、モカシンを履いた足で東へ進んだ人々は現在のニューイングランドまでやってきた。そして、そのとき誰かが、ニューハンプシャー州ジェファーソンの美しい谷を見晴らす尾根で尖頭器をなくした（もしくは捨てた）のだ。

七万年前からおよそ一万年前までの間、ホモ・サピエンスは歩き続け、ついには世界中に広がった。しかし、彼らはその道中、自分たちは唯一の存在ではないと知ることになった。

ホビット、そして新たな種

二〇〇三年、インドネシア東部のフローレス島のリアンブア洞窟で、オーストラリアとインドネシアの合同チームが発掘をおこなっていた。長年の発掘調査によって石器が発見されていたが、研究者達たちはそれをホモ・サピエンスが作ったものと考えていた。何と言っても、そこはウォレス線よりも東に位置していたし（２０３ページ参照）、彼らが掘っていたのはたかだか五万年前の地層だったからだ。

九月二日の朝、三十年前に父親が始めた発掘を引き継いだベンヤミン・タルスは、深さ二十フィート（約六メートル）近い穴の中に入り、作業を再開した[13]。粘土層を掘り進むうち、頭蓋骨の上部が露出してきた。インドネシアの考古学者ワーユー・サプトモとロクス・ドゥエ・アウェはそれを人間の頭蓋骨と判断したが、二人とも、その小ささから考えて子どもの頭蓋骨に違いないという意見だった。

歯を覆っていた粘土と泥が取り除かれたとき、研究者たちは仰天した。親知らずがすでに生え、しかもすり減っていたからだ。それは成人の頭蓋骨だった。脳の大きさは、チンパンジーのそれをかろうじて上回る程度だった。

研究者たちは掘り続けた。堆積物を一層一層剝がしていった結果、現れたのは、身長が三フィート六インチ（約百六センチメートル）しかない個体の部分骨格だった。腕や脚の骨のサイズはルーシーとほぼ同じだったが、ルーシーの種（アウストラロピテクス・アファレンシス）が生息していたのはアフリカで、しかもそれは三百万年以上前のことなのだ。

まもなく、さらに推定十一個体の骨が見つかった。彼らがこの洞窟で死んだのは、たった五万年前のことだった。研究者たちは新種を発見したとして、これをホモ・フローレシエンシスと命名した[14]。メディアはこれを「ホビット」と呼んだ。

古人類学界は騒然となった。発見された骨は疾病もしくは先天性異常による奇形だとして、ホモ・フローレシエンシスを全否定する研究者もいた。ホモ・フローレシエンシスはホモ・エレクトスが矮小化したものではないかと言う研究者もいた。

島という環境では奇妙なことが起きる。大体において、大きなものは矮小化し、小さなものは巨大化する。フローレス島にはその昔、体長が二フィート（約六十センチメートル）もあるラットや体高が六フィート（約百八十三センチメートル）もあるコウノトリ、ポニー・サイズのゾウが生息していた。現在も、フローレス島は世界最大のトカゲ、コモドドラゴンの生息地だ。だから、フローレス島自身がこれらのいわゆるホビットを生み出したのかもしれない。資源の限られた島の中では、自然選択は身体の小さな個体の生き残りに有利に働いたのかもしれない。遺伝的隔離による近親交配が一つの要因となって、ホモ・エレクトスを祖先とする残存種が非常に新しい時代まで生き残っていたのかもしれない。

だが、これらの化石は従来の定説からさらにかけ離れたストーリーを示唆していると考える研究者もいる。

ホモ・フローレシエンシスの脳はホモ・エレクトスのそれよりも小さかった。それどころか、それはアウストラロピテクスの脳のサイズ・レンジに充分収まるほど小さい。さらに、身長や手足の比率もアウストラロピテクスに近い。骨盤の形もアウストラロピテクスに似ているし、足と手の解剖学的特徴にもアウストラロピテクスとの共通点が見られる。[15] もしかしたら、アフリカを出て世界に広がった最初のホミニンはホモ属ではなく、アウストラロピテクス属なのかもしれない。

二百十万年前の石器が発見された上陳（195ページ参照）で骨が見つかるとしたら、それも、リアンブア洞窟で発掘されたような、小さな脳、短い脚、大きな足を持ったホミニンのものかもしれない。「出アフリカの旅を実行するには、ホモ属の長い脚が必要だった」と断定するのは早計だったかもしれない。何と言っても、脚の短いアウストラロピテクスの生息域は、東西二千マイル

(約三千二百キロメートル。チャドからエチオピアまで) 以上、南北四千マイル (約六千四百キロメートル。エチオピアから南アフリカまで) 近くという広大な範囲に及んでいるのである。

エチオピアから南アフリカの「人類のゆりかご」洞窟までの歩行距離と、エチオピアからアジアのコーカサス地方までの歩行距離はほぼ同じである。長い脚を進化させたことがホモ・エレクトスにとって世界中に拡散する上で大きな利点となったことは間違いないが、ホモ・フローレシエンシスは、その旅を最初に成し遂げたのは脚の短いアウストラロピテクスだったのだとわれわれに語りかけているのかもしれない。

そうだとしたら、最初の移住者の末裔はホビットだけではなかったかもしれない。

二〇一九年、フィリピンのルソン島の洞窟でも、比較的最近まで生き残っていた小柄なホミニンが発見された。これまでに見つかった化石は、歯が数個、大腿骨一本、手と足の骨数個の十三点に過ぎないが、その形は、(フローレス島のホビットをも含めて) これまでに発見されたどんなホミニンのものとも異なっている。

この新種はホモ・ルゾネンシスと命名された[16]。これも、わずか五万年前の化石である。しかし、フローレス島にもルソン島にも百万年近く前からホミニンが住んでいたことが石器から分かっている。フィリピンやインドネシアに初めてやってきたホモ・サピエンスは、小さな脳を持つ小柄な二本足のホミニンを見てどう思っただろうか。

ホモ・サピエンスがアフリカで進化していた頃、ネアンデルタール人はヨーロッパで獲物を追い、デニソワ人はアジアで道具を作っていた。そして、東南アジアの島々には、少なくとも二種の小柄なホミニンが住んでいた。世界はまさに、トールキンの「中つ国」さながらの様相を呈していたのである。

だが、人類進化の物語はさらにもう一つ、衝撃の展開を見せようとしていた。

ホモ・ナレディの発見

「どうでした?」二〇一四年一月、ウィットウォータースランド大学の地下室から出てきた私に、リー・バーガーは尋ねた。

私は終日そこにこもっていた。そこには、一生の間に見たいと思っていたのを上回る数のホミニンの化石があった。窓のないその地下室で、私は時間の感覚を失っていた。食事さえ忘れていた。何時間も化石を見つめ続けていたため、目が疲れてぼうっとなっていた。それでも、バーガーの顔一杯ににんまりと笑みが浮かぶのは見えた。

「ホモ・ハビリスよりもいいホモ・ハビリスですね」と私は言った。

リーは笑った。「すごくないですか?」

「素晴らしい」

「素晴らしい」という言葉しか思いつかなかったが、「素晴らしい」だけでは不十分だった。

その五ヶ月前、ボストン大学のオフィスで机に向かっていたとき、新着メールを知らせるチャイムが鳴った。件名は、「ご確認ください」。ファイルが添付されている。「ご確認ください」とだけ書かれた、写真付きのメールは削除する、というマイルールを破るべきかどうか思案していると、電話が鳴った。

「ジェレミー、見ました?」とバーガーが言った。「どう思います?」

「えーと……ちょっとお待ちください」

私はマウスに手を伸ばし、頭骨断片の画像をクリックした。すると、グラグラした歯が数本ついている下顎、頭骨側面、大腿骨、肩の骨、腕と脚の骨幹部数本の写真が現れた。それらの骨は岩や土の中に埋まってはいなかった。それらは洞窟の地面に散らばっていた。ハリウッド映画では化石が発見される場面はこんなふうに描かれることが多いが、化石の発掘現場はふつうはこんなものではない。

「どう思います？」バーガーは重ねて聞いた。

「ちょっとお待ちください」

時間稼ぎをしようとして私は言った。まず頭に浮かんだのは、これは洞窟探検家の死体かもしれないという考えだった。警察を呼んだほうがいいんじゃないのか？　いや、違う。歯を見てみろ！こんな大きな親知らずが生えている人間はいない。こんなに歯が大きいのは初期ホミニンだけだ。

「リー、これはすごい」

「でしょ？」彼は笑った。リー・バーガーらしい豪快な笑い声だった。

彼は他の研究者にもこのニュースを知らせようとしていたので、すぐに電話を切った。コンピュータ画面を見つめているうちに、実感がわいてきた。七千八百五十三マイル（約一万二千六百三十八キロメートル）彼方の洞窟に、ホミニンの部分骨格がむき出しのまま散らばっているのだ。

二〇一三年九月十三日、アマチュア洞窟探検家のリック・ハンターとスティーブ・タッカーはライジングスター洞窟を探検していた。ライジングスター洞窟は、ホミニンの化石が発見されたことで有名な「人類のゆりかご」のスワートクランズ洞窟やスタークフォンテーン洞窟から一マイル

（約一・六キロメートル）以内の場所にあるが、そこでホミニンの化石が発見されたことはそれまでなかった。ハンターとタッカーは狭い裂け目に身体を押し込み、垂直な縦穴を下り、部屋のような大きな空間に入り込んだ。

あたり一面、骨が散乱しているのが見えた。

その話がバーガーの耳に届くと、彼は化石回収ツアーを計画し始めた[17]。今回は、化石発掘者に求められる能力に加えて、ある特殊な要件をも満たす人材を集める必要があった。発掘経験、洞窟探検のノウハウ、比較解剖学の知識が求められるのは当然だが、それと同時に、ライジングスター洞窟の狭い通路（幅が七インチ〈約十八センチメートル〉あまりしかないところもある）をすり抜けられるスリムな体型の持ち主であることも必要だ。私では無理だ。

バーガーの採った解決策は、フェイスブックの科学コミュニティに次のようなメッセージを送ることだった。

短期プロジェクトのための、優れた考古学的・古生物学的知識と発掘のスキルを持った人を三～四名募集しています。プロジェクトは早ければ二〇一三年十一月一日に始まり、計画どおりに進めば一ヶ月間継続します。肝心なのは、かなり痩せた、できれば小柄な人でなければならないという点です。閉所恐怖症でないこと、健脚であること、洞窟探検の経験があることが求められます。登山経験もあればさらに歓迎です。

メッセージは急速に拡散し、バーガーはすぐにチームを結成することができた。女性六名（マリナ・エリオット、エレン・フォイアーリーゲル、アリア・グルトフ、リンゼー・ハンター、ハナ・モリス、ベッカ・ペイショト）が選抜された。「地下宇宙飛行士」という愛称がつけられたこのチームの任務は、洞窟からホミニン一体分の部分骨格を回収してくることだった。ところが、彼女らは当初の期待を大幅に上回る数の化石を発見した。

女性だけで結成されたこのチームは、十数体分のホミニンの化石千五百点以上を回収した。これは、これまでアフリカのどの発掘現場で発見されたホミニンの化石の数よりも多い。二ヶ月後、私はヨハネスブルグへ飛び、地下洞窟から回収された化石の分析を手伝った。

頭骨は小さく、脳のサイズはホモ・ハビリスと同等だった。歯は比較的小さかったが、アウストラロピテクスや初期のホモ属同様、親知らずが大臼歯の中で最も大きかった。肩はルーシーと同じく、すくめたような形状だったが、腕はルーシーよりも短かった。手の骨は、指が湾曲していることを除けばかなりヒトに近い。骨盤と腰はルーシーに似ている。脚はホモ属と同じように長いが、関節が比較的小さい。足は、現代人の標準から言うと扁平足で足指が湾曲していることを除けば、かなりヒトに近い。

全体的に見ると、アウストラロピテクスよりはヒトに近いが、ホモ・エレクトスほどヒトに近くない、ということになる。

こうしたことから、これは初期のホモ属――アウストラロピテクスとホモ・エレクトスをつなぐ環――なのではと思われた。だが、本当にそうだろうか。アウストラロピテクスとホモ・エレクトスをつなぐ環と言えば、ホモ・ハビリスがその権利をすでに主張している。アウストラロピテクス属とホモ属の特徴を併せ持つことから、私は、今回見つかった化石はおよそ二百万年前のものだろうと予測した。

だが、この骨には気になる点があった。化石は石と同じくらい重い場合もあるのだが、この骨は軽かったのだ。南アフリカの洞窟から見つかった他の化石にも、持った感じが軽いものがある。酸性の地下水によって自然にカルシウムが溶け出したためだ。ライジングスター洞窟でも同じことが起きたのだろう、と私は推測した。

一年間の分析を経て、二〇一五年九月、私を含む四十七名から成る国際チームは、この化石はホモ属の新種だと発表した。われわれはそれをホモ・ナレディと命名した。[18]

その翌年、チームの地質学者がホモ・ナレディの年代を割り出した。年代測定には二種類のアプローチが用いられた。まず、化石周辺の石灰岩の放射性崩壊率を調べることで、骨が地下洞窟の中に落ちた年代を算出した。次に、ホモ・ナレディの歯から少量のエナメル質を採取し、電子スピン共鳴法を用いてその年代を明らかにした。電子スピン共鳴法とは、放射性粒子に衝突されて結晶構造の中に閉じ込められた電子の数によって年代を測定する方法である。年代が古いものほど、閉じ込められた電子の数は多い。

二種類の測定結果は一致していた。そして、それは驚くべきものだった。

その骨はたった二十六万年前のものだったのだ。[19] つまり、ホモ・ナレディは最初期のホモ・サピエンスと同時代に生きていたということだ。この化石が軽い感じがしたのはそのためだったのだ。この骨は、化石化するほど古くなかったのだ。

二十六万年など、地質年代ではほんの一瞬のことだ。そんなに最近まで、初期のホモ・サピエンスはホモ・ナレディやネアンデルタール人やデニソワ人や島のホビットと共存していたのだ。そして、彼らが顔を合わせていたこと、場合によっては交雑していたことに疑問の余地はない。

もちろん彼らはみんな二足歩行していたが、その歩き方はそれぞれ少しずつ違っていた。

短い脚と大きな足を持つホモ・フローレシエンシスはかんじきを履いた人のように、高く膝を上げ、短い歩幅で歩いていた。自分の足に躓かないようにするために、膝を高く上げて歩かなければならなかったのだ。走るのは難しかったかもしれない。

ホモ・ルゾネンシスについて分かっていることはあまり多くないが、一つだけ発見された足骨は、彼らの中足骨がホモ・サピエンスのそれよりも可動性が高かったことを示している。そのために地面を蹴り出す力が阻害され、彼らは柔らかい上履きを履いたときのような歩き方をしていただろう。だが、採食や身を守るために木に上るときには、その足の構造が役に立ったことだろう。

デニソワ人の歩き方については何も分からないに等しい。それが分かるほど骨が見つかっていないのだ。だが、ネアンデルタール人となると話は別だ。彼らの足と脚はホモ・サピエンスとほぼ同じだったが、ホモ・サピエンスとの微妙な違いから、彼らが短距離全力疾走や起伏の多い場所での左右の動きが得意だったことが分かっている。

それではホモ・ナレディはどうだったのだろう。彼らの骨は、彼らがホモ・サピエンスに近い歩き方をしていたことを示しているが、衝撃力を分散する大きな関節がなく扁平足だったことから、ホモ・サピエンスのような持久力はなかっただろう。その結果、彼らの行動圏は狭かっただろう。

つい五万年前まで、さまざまな種類のホミニンが少しずつ違う歩き方で地球上を歩いていた。だが、中つ国の時代はやがて終わりを告げた。

まもなく、われわれホモ・サピエンスだけが生き残った。

二足歩行するホミニンが現在なぜホモ・サピエンスだけなのかは分かっていない[20]。われわれがネアンデルタール人とデニソワ人を絶滅させたわけではないことは分かっている。われわれは彼らとの間に子どもを作り、彼らを自分の遺伝子プールに吸収した。だが、ホモ・ナレディと島のホビットの運命は今も謎に包まれたままである。

第三部 人生の歩み

WALK OF LIFE

最初の一歩から最後の一歩まで、
二足歩行は人生をどのように形成してきたか

心も軽く、おれはオープンロードを歩いていく
元気に、自由に。世界がおれの前に広がっている
この長い茶色の道を進めば、どこにでも好きなところへ行ける(1)

——ウォルト・ホイットマン
「オープンロードの歌」(一八五六年)

第十章 最初の一歩

Baby Steps

人間の新生児は生後すぐ歩こうとするが、
歩行の習得には多くの練習が必要だ。
そして歩行を支える骨にも生まれと育ち両方が必要だ

千里の道も一歩から

――老子
『道徳経』（紀元前六世紀）

十九世紀半ば、フランスの画家ジャン＝フランソワ・ミレーは、歩き始めた赤ん坊を描いたパステル画を数点制作した。タイトルはLes Premiers Pas。「最初の数歩（ファースト・ステップス）」という意味だ（訳注：絵のタイトルとしては「歩き始め」と訳されることが多い）。その後の一八八九年、（当時、フランス・サンレミの精神科病院に自ら入院していた）オランダの画家ヴィンセント・ファン・ゴッホがその中の一点の写真に模写用の格子線を入念に書き入れた上で、真っ白なカンバスにゴッホ版「歩き始め」を描き始めた。

波打つような草と、くねくねとした葉を茂らせた木が、その絵をいかにもゴッホらしいものにしている。農夫は上下とも青い服をきている。帽子と靴は茶色。彼の右側に、鋤が無造作に放り投げられている。左側には、干し草を積んだ手押し車。農夫の目は描かれていないが、彼は明らかに幼い娘を見ている。腕をいっぱいに伸ばし、手を差し伸べている。「パパのところにおいで」という声が聞こえてくるようだ。農夫の妻も青い服を着ている。貴重な最初の一歩を踏み出そうとして身

ゴッホの「歩き始め（ミレーを模して）」。メトロポリタン美術館蔵

を乗り出した娘の身体を、腰を屈めて支えている。女の子はいたずらっぽい笑みを浮かべ、目を輝かせている。足を踏み出すときの、キャッキャッという笑い声が聞こえてきそうだ。

ゴッホは一八九〇年一月にその絵を完成させると、弟のテオに送った。そのとき、テオの妻ヨハンナは初めての子どもを妊娠中だった。それは、その半年後に自ら命を絶つことになった天才画家の、心づくしの贈り物だった。

現在、ニューヨークのメトロポリタン美術館に収蔵されているこの絵がわれわれの心に響くのは、世界中のあらゆる文化圏で毎日繰り広げられている、そして何千年、何万年と繰り広げられてきた光景を捉えているからである。どこにでもある光景だが、だからといってその喜びはいささかも減るものではない。親にとって、その出来事はどれほど重大であることか。

だが、子どもはどのようにして歩けるようになるのだろう。それに、人間の子どもは歩けるようになるまでにどうしてこんなに時間がかかるのだろう。

赤ん坊はどうやって歩き始めるか

長い妊娠期間ののち、ようやく赤ん坊は生まれてくる。出産の際には同性の血縁者が取り囲んで手助けをするが、産みの苦しみはときには数日に及ぶこともある。重力を利用して娩出を促進するため、出産はしゃがんだり膝をついた姿勢でおこなわれる。と、ここまでは人間の出産とそれほど違わないが、問題はその先である。生後一時間以内に、赤ん坊は脚を真っ直ぐ伸ばし、よろよろしながらも最初の一歩を踏み出す。生後丸一日で、赤ん坊は母親や群れの仲間と歩調を合わせて走れるようになる。赤ん坊は母親の腹の下にもぐりこみ、乳を飲む。こうして、一頭増えたゾウの群れは移動を続ける。

ゾウを含めて多くのほ乳類は、生まれたそのほとんど直後に歩き始める。アザラシやイルカの赤ん坊は、母親の胎内から生まれ出た瞬間すでに泳いでいる。赤ちゃんキリンやレイヨウは、生後二十四時間以内に立ち、歩き、走れるようになる。多くの捕食動物が狙っている場所で生き残るために、これは必要な能力なのだ。

しかし、何もできない状態で生まれてくる動物もいる。クロクマの子どもは親指ほどの大きさで生まれてくる。ほとんど毛も生えていない、目も開いていない状態で生まれた赤ん坊は母親の乳首を求めてゆっくりと這っていき、春まで巣穴から出ることなく母乳を飲んで成長する。多くの鳥の雛も何もできない状態で生まれ、巣立ちまでには数週間かかる。

霊長類のほとんど、特に類人猿はゾウとクマの中間である。生まれたときにはすでに毛が生え、目も開いているし、若干の運動能力もある。生後すぐに母親にしがみつけるようになり、母親からはぐれることは滅多にない。

だが、人間は違う。[1]

生後数週間、人間の赤ん坊は重い荷物のようだ。赤ちゃんゾウのように歩くこともできないし、赤ちゃんチンパンジーのように母親にしがみつくこともできない。だが、彼らはクマや鳥のように未熟な状態で生まれてくるわけでもない。新生児はすぐに目を開け、周囲を感知するようになる。聞き慣れた音には関心を示すし、顔の表情を真似たりもできるし、[2] 周囲の人間を自分の思いどおりに動かすこともできる。だが、生まれてから自分で歩けるようになるまでの期間が長いため、生後数年間は脅威から守ってくれる存在が必要になる。人類の祖先の時代にもそれは必要だっただろう。

新生児は自分で歩くことはできないが、生後すぐに、歩く練習をする。

二〇一七年五月、ブラジルのサンタクルス病院で撮影された新生児の動画がバズった。[3] それは、生まれたばかりの女の赤ちゃんが歩いているように見える動画だった。看護師が赤ちゃんの上半身を片腕で抱え上げている。赤ちゃんは脚を下へ伸ばし、足がテーブルの天板に触れる。赤ちゃんは左足を上げ、一歩踏み出す。それから、今度は右足を上げて同じ動作を繰り返す。足を上げ、踏み出す、という二つの動作。まず左足、それから右足。たしかに、赤ちゃんは看護師に支えられてはいる。だが、ほんの数分前に生まれたばかりなのに、彼女はちゃんと歩いているのだ。

「何てこと、洗ってあげようとしたら、この子ったらずっと立って歩こうとしているのよ！」とポルトガル語で話す看護師の声が録音されている。「あらまあ、人に話しても、これを自分の目で見るまではきっと誰も信じないわね」

投稿されてから四十八時間以内に八千万回視聴されたこの動画はたしかに可愛らしいが、大騒ぎするようなものではない。新生児が歩くような動作を見せることは珍しくないのだ。ドイツの小児科医アルブレヒト・パイパーは、生後六週間以内の赤ん坊が足を交互に出す様子を映像に収めた。[4]彼はこの動作を「原始歩行」と呼んでいる。「直立蹴り」「仰向け歩行」「歩行反射」などと呼ぶ研究者もいる。実際、これはほ乳類の形態的特徴（ボディプラン）に深く根付いた反射だと思われる。

受胎から七〜八週間経つと、胎児は子宮内で蹴り始める。超音波を使って胎児の発達を研究しているミラノ大学のアレッサンドラ・ピオンテッリはこれを「子宮内歩行」と呼んでいる。[5]このような蹴り方は胎児にとって、丈夫な子宮壁を両足で同時に蹴るよりもエネルギー効率がいいのだと言う研究者もいる。だが、こうした動作は歩行と何か関係があるのだろうか。

アムステルダム自由大学の神経科学者ナディア・ドミニチは最初、「これは歩行とは無関係だ」と考えていた。[6]胎内と誕生直後に見られるこのような動作は結局のところ、幼児が歩き始めるときには、新しい、より高度なプランによって上書きされてしまうだろう、と彼女は予想していた。ところが、神経筋回路の発達を研究した結果、彼女は、こうした子宮内・誕生直後の動作が歩行の基礎になっているのだという結論に達した。それは歩行の原形であり、数ヶ月後に幼児が歩く練習をするうちに原形は洗練され、ついに完成に至るのだ、と。

歩行反射を、「足を伸ばし、左右交互に前に出す」という二つのコマンドをプログラミングすることだと考えてみよう。ドミニチによれば、このようなコマンドは人間の神経回路だけでなくラットなど他のほ乳類にも見られるという。どうやら、左右交互に足を出すという動作は、われわれがほ乳類全体と共有している古い特徴のようだ。

新生児のこの歩行反射が幼児の歩行の基礎になっているのだとすれば、歩行反射を強化することで幼児の歩行に何らかの影響が現れるのだろうか。それを確かめる実験が、およそ五十年前、マギル大学の心理学者フィリップ・ロマン・ゼラーゾを中心とするチームによって二十四人の新生児を被験者としておこなわれている。(7)

二十四人の中から六人を選び、親に、そのむっちりとした足が平らな床に触れる高さに赤ん坊を抱えてもらい(8)、生後八週間、歩行反射を毎日練習させた。その他の十八人には特に何もさせなかった。歩行反射を練習した赤ん坊が実際に歩き始めたのは平均生後十ヶ月前後で、それは、他の赤ん坊よりも二ヶ月早かった。ゼラーゾは、「歩き始める時期を左右するのは、子どもの生来の能力よりも育て方だ」と結論づけた。小規模な実験ではあるが、ゼラーゾはいいところに気づいたと言える。

歩き始める時期の意味

子どもはマニュアル通りに育つものではないが、それでも親は、自分の子どもが順調に成長しているかどうか気になって、子育て経験のある友人や家族のアドバイスを求める。私も、姉からのお下がりの、ボロボロになった『シアーズ博士夫妻のベビーブック』に大いにお世話になった。だが、最近の新米ママ・パパは何か気になることがあるとネットで検索する。「赤ん坊　歩き始め」で検索すると、アメリカ疾病予防管理センター（ＣＤＣ）のウェブサイトに誘導され、「お子さんの月齢・年齢をクリックしてください。月齢・年齢別の発達の目安が分かります」というページに行き当たる。そこには、「赤ちゃんは十二ヶ月までに歩き始めます」と書かれている。世界保健機関（ＷＨＯ）も、赤ん坊は平均十二ヶ月までに自力で歩くようになると報告している[9]。だが、九ヶ月で歩いていたり、十六ヶ月でまだ歩いていなかったら、何か問題があるのだろうか。ほとんどの場合、問題はない。

アメリカの平均的な子どもはおよそ十二ヶ月で歩き始めるかもしれないが、見落とされがちな事実は、八ヶ月から十八ヶ月までなら正常範囲内だということである。健康な子どもの半数が一歳の誕生日までに歩き始めるとすれば、あとの半数はそうではないということになる。

それに、「十二ヶ月で歩き始める」という発達の目安も時代とともに変遷している。文化によっても、子どもが歩き始める時期の目安は異なっている。

二十世紀前半のイェール大学の小児科医で心理学者でもあったアーノルド・ゲゼルは、子どもの発達研究のパイオニアだった。子どもの発達にはその子なりのペースがあると主張したゲゼルだったが、その彼も、年齢・月齢別の発達の目安という考え方を支持していた。彼は大量のデータを収集し、一九二〇年代に、「アメリカの平均的な子どもは生後十三〜十五ヶ月で歩き始める」と発表した[10]。

こうした発達の目安は、一九五〇〜一九六〇年代には、ベイリー乳幼児発達検査やデンバー式発達スクリーニング検査といった、小児科のスクリーニングテストに利用されるようになった。こうした検査は小児科医が子どもの発育上の問題を特定するのに役立ったが、二つの困った傾向をももたらした。まず、多くの親が「平均的」を「正常」と誤解した。第二に、「早いこと」が「いいこと」であると誤解された。親たちが子どもを早く歩かせようとした結果、アメリカの平均的な子どもが歩き始める月齢は十二ヶ月にまで早まった。

乳幼児突然死症候群（ＳＩＤＳ）による死亡例の増加に対処するため一九九二年に「仰向け寝」キャンペーンが展開されると、再び変化が起きた。[11] 乳児をうつぶせで寝かせるとＳＩＤＳ死のリスクが高まるとされたため、小児科医は乳児を仰向けに寝かせることを推奨した。だが、うつぶせで寝かせたほうが、寝ている間に姿勢を調節するため体幹の筋肉が発達しやすい。その結果、うつぶせで寝ている赤ん坊のほうが立ち上がって歩き始めるのが早くなるかもしれない。ＳＩＤＳのリスクに比べれば、立ち上がって歩き始める時期が少し遅くなるくらいは大したことではない。それでも、現在、赤ん坊の体幹を強化するために毎日「うつぶせ遊び」（訳注：乳幼児が起きているときに、保護者の監督のもとでうつぶせにして過ごさせること）の時間を設けることが好ましいとされている。

赤ん坊が立ち上がって歩き始める時期がさまざまな要因によって変化することは明らかである。ただし、正常範囲を特定するための研究はこれまでほぼ「ＷＥＩＲＤ」な集団についてしかおこなわれてこなかった。ＷＥＩＲＤとは、「Western 欧米の」「Educated 教育水準の高い」「Industrialized 先進国の」「Rich 豊かな」「Democratic 民主的な」の頭字語である。人類学者ケイト・クランシーとジェニー・デービスは、「ＷＥＩＲＤとは白人のことだ」と述べている。[12]

そのような研究を元にして「正常」の基準が定められてきたのである。視野を世界に広げてみると、赤ん坊が歩き始める時期はさらにまちまちであることが分かる。

パラグアイ東部の密林に暮らすアチェ族は、伝統的な狩猟採集生活を送っている。彼らは五十人ほどの集団で暮らし、狩猟採集によって得たヤシデンプン、ハチミツ、サル、アルマジロ、バクなどを食べている。

彼らが住んでいる密林は危険だ。特に、子どもたちにとっては危険に満ちている。ジャガーが足音も立てずに歩き回っているし、サンゴヘビやマムシやコブラやフェルドランスなどの毒蛇もうじゃうじゃいる。人類学者のキム・ヒルとA・マグダレーナ・ウルタードの『アチェ生活史』には、危険なアリやノミやブヨやダニやクモや毛虫の話が出てくる。この密林には嘔吐を起こさせる毒を持つハチが生息しているし、ある種の甲虫が出す酸性の液体は、皮膚に付着すると火傷を引き起こす（一時的に目が見えなくなる場合もある）。ウマバエは人間の皮下に卵を産み付ける[13]、とヒルとウルタードは書いている。「産卵された場所に痛みを伴う潰瘍ができ、次第に大きくなる。その中には、驚くほど大きなウジ虫が入っている」。マラリア、シャーガス病、リーシュマニア症（いずれも寄生虫症。マラリアは蚊、シャーガス病はサシガメ、リーシュマニアはサシチョウバエに刺されることによって引き起こされる）など、肉眼では見えない危険もある。

「幼児や小児が密林に一人で放置されたらすぐに死んでしまうだろう」とヒルとウルタードは書いている[14]。「密林のキャンプの生活は、危険な虫に刺された子どもの泣き声でしょっちゅう掻き乱される」

こんな環境で、赤ん坊が十二ヶ月で歩き始めてしまっては親は心配でしかたない。だから、アチェ族の親たちはそうならないようにする。子どもたちは二歳になるまで、母親の背中にしっかりと括り付けられている。人類学者ヒラード・カプランとヘザー・ダブによれば、平均的なアチェ族の子どもはおよそ二歳で歩き始めるという[15]。現在の合衆国の子どもが歩き始める年齢の倍である。この違いは文化的なもので、生物学的な違いとはあまり関係がない。もしも私の子どもたちがアチェの密林で育てられたら、彼らは二歳になるまで歩き始めることはなかっただろう。

中国北部に、ビーンバッグのような形の籠に細かい砂を敷き詰め、その中に赤ん坊を一日十六時間から二十時間も入れておく習慣のある地域がある[16]（訳注：昔の日本のちぐらのようなもの）。こうすれば、大人が農作業している間、赤ん坊を一人にしておける。アメリカでは、生後十三ヶ月で四分の三の子どもがすでに歩き始めているが、中国のこの地域ではその割合はわずか十三パーセントである。タジキスタンには、足の動きを阻害するような小さな揺りかごに赤ん坊を寝かせておく習慣のある地域がある。この地域では、一歳で歩き始める赤ん坊は皆無である。

赤ん坊が歩き始めるのがアメリカよりも遅い地域や文化がある一方で、もっと早く歩き始めるところもある。たとえば、ケニアやウガンダには、生後九ヶ月で歩き始めるのが珍しくない地域がある。このような違いは長年、アフリカ人は生物学的に白人とは違う（白人よりも劣っている）のだという人種差別的な考えを補強するために援用されてきた。だが実際には、ケニアやウガンダの子どもが早く歩き始める理由は、彼らの遺伝子とは何の関係もない。ケニアやウガンダの母親や祖母は、毎日の沐浴の際に赤ん坊の足をしっかりとマッサージする。この刺激が筋力と運動神経を高めるのである。ジャマイカにも同じような習慣のある地域があるが、ここでも同じような結果が出ている。この地域の平均的な子どもは生後十ヶ月で歩き始める。

だが、ネット検索をしてみれば分かるように、歩き始める時期に関するガセネタはいまだに山ほどある。あるウェブサイトには、「歩き始めが遅い子どもは生まれつき賢い」と誇らしげに書いてある。「這い這いをする期間が長いほど、賢い子に育つ」と力説しているサイトもある。そうかと思えば、「歩き始めや話し始めが早い子どもは天才の卵?」という正反対の意見も見受けられる。

発達心理学者もこの問題に取り組んできたが、その結果はどうもはっきりしない。二百二十人の子どもを対象にしたスイスの研究によれば、歩き始めるのが早かった子どもは十八歳時に平衡感覚がわずかに優れていたが、IQや運動技能という点では他と何の違いも見られなかった[17]。これよりも大規模な、五千人以上を対象にしたイギリスの長期研究(完了したのは二〇〇七年)では、歩き始めた月齢と(八歳時、二十六歳時、五十三歳時の)IQとの間には何の関係も見られないという結果が出た。

しかし、ほんの時たまだが、「他よりも若干IQが高い子どもは、歩き始めるのが早かった」という研究結果もある[18]。このような研究の問題点は、IQで実際に(IQテストで正解を出すスキル以外に)何が測れるのかがはっきりしないことである。それに、その違い(仮に本当にあったとしても)は非常に小さいため、歩き始める時期は知能と大して関係がないと思われる。関係があるとすればむしろ、原因と結果が逆だろう。歩くこと自体が幼児に世界を見る新たな視点を与え、新たな学びの機会への扉を開くのだと推測している研究者もいる[19]。

だが、二〇一五年、イギリスで二千人以上の子どもを調査した研究者が、「生後十八ヶ月の時点で活動的だった人のほうが、約二十年後に脛や股関節の骨密度が高かった」と発表した[20]。身体的活動は骨の成長を促進する。九千人以上の子どもを対象としたフィンランドの調査によれば、歩き始めたのが早かった子どものほうがティーンエイジャーになったときに何かスポーツをしている傾向が強かったというが、それも同じ理由によるのかもしれない。

とはいえ、歩き始めた時期と運動能力との関連は（仮にあったとしても）弱く、将来の予測に利用することはできない。

モハメド・アリは生後十ヶ月（当時の名前はカシアス・クレイ・ジュニア）ですでに立ち上がって歩いていた（ジャブも放っていたかもしれない）[21]。古今最も偉大なセンター、ウィリー・メイズは生後十二ヶ月で歩き始めた。フットボールの元スター選手で大学アメリカン・フットボールの殿堂入りを果たしたリーロイ・キースは、三歳になるまで歩き出さなかった。一歳になる前に自閉症と診断されたカリン・ベネットも三歳になるまで歩き出さなかったが、小学三年生の時にバスケットボールに目ざめ、高校三年生の時アーカンソー州のバスケットボール有望選手第十六位に輝いた。彼は現在、ケント州立大学のバスケットボール選手である。

三歳というのは極端だし、子どもが一歳半になっても歩き始めなかったら医師に相談すべきだとされている。だが、重要な点はやはり、八～十八ヶ月という範囲内であれば、歩き始める時期が多少早いか遅いかは大した問題ではないということだ。

這い這いは必須なのか

いつ歩き始めるかだけでなく、どう歩き始めるかも人それぞれである。古い諺に「歩くためにはまず這うことから」というのがあるが、これはまったくもって真実ではない。

世界中のどの文化圏でも、一度も這い這いをしないで歩き出す子どもは大勢いるし[22]、這い這いの段階を飛ばしたとしても歩く能力には何の影響もない。ジャマイカの幼児を対象とした調査によれば、三十パーセント近い子どもが這い這いの時期を経ないで歩き出すという。イギリスでは、その割合は五人に一人である。二十世紀初頭のアメリカでは、中産階級の幼児の四十パーセントは一度も這い這いしなかった。ほとんどの幼児が裾の長いドレスを着せられていたので、這い這いしようとするとドレスが膝に引っ掛かって床に顔をぶつけてしまうためだった。

這い這いと一口に言っても、その方法は一人一人違う。クマ風這い這い、カニ風這い這い、匍匐前進スタイル、クモ風這い這い、腹這い歩き、膝歩き、シャクトリ虫方式、丸太ごろごろ、ケツ歩き、などさまざまなバリエーションがある。いずれはみんな、立って歩き始める。

「幼児は一人一人、独自の道を切り開いていく」とニューヨーク大学の発達心理学者カレン・アドルフは書いている。(23)「発現の順序は決まっていない」。つまり、二足歩行動物への道は一つではないということだ。

子どもがどのように、そしてなぜ立ち上がり、歩き始めるのかをもっとよく理解するため、私はグリニッジビレッジのアドルフ博士の研究室を訪ねた。アドルフは幼稚園教諭として六年間働いたあと、エモリー大学大学院で発達心理学の研究を始めた。以来、彼女は四十回以上も研究助成金を獲得し、幼児の発達について研究してきた。彼女が書いた百本以上の科学論文は、九千回以上引用されている。子どもがどのように歩行を習得するかについて、彼女よりよく知る人物はいない。

「人間以外の動物は四本足で歩いているし、乳児にもそれが合っているようです。それなら」と私は尋ねた。「なぜ子どもは立ち上がって二本足で歩くようになるんでしょう」

アドルフはにっこりすると、鋭い青い目で私をじっと見つめた。

「なぜ歩くのか、ですか?」と彼女は言った。「どうしてでしょう」

アドルフの研究室が収集した豊富なデータは、幼児が二本足で歩き始めるとそれまでよりも速く遠くへ移動できるようになることを示している。幼児に目線カメラを装着することによって、アドルフは、立ち上がることで幼児の視界が広がることをも実証して見せた。アントニア・マルチックが『歩く生活』の中で書いているように、「乳幼児は、興味を惹かれる場所があるとそこへ歩いていく気になる」[24]のである。アドルフのチームによれば、歩けるようになった赤ん坊は一時間に四十三回ものを運ぶという。[25]この数字は、這い這いしている赤ん坊の約七倍である。

「分かります」と私は言った。「立って歩けば、手が自由になってものが運べますからね」

「でも、彼らはものを運ぶために歩くわけではありません」アドルフが素早く私の言葉を訂正する。「私たちが収集したデータは、幼児が目的指向でないことを示しています」

赤ん坊はあらゆる種類のエネルギーを浪費しながら無目的に部屋中を歩き回ります、と彼女は説明する。[26]でも、最終的には玩具など興味を惹かれたもののところへ行くんですよね？　それはたしかに。でも、そこへ行くまでにじっくりと時間をかけるのです。

「なぜでしょう」と私。

「赤ん坊は移動すること自体を楽しんでいるのです」

私は息子のベンが初めて歩いたときのことを思い出していた（幸い、彼が歩き始めたときの様子を妻と私はビデオ撮影していた。映像に残していなかったら、睡眠不足で疲れきっていた私の脳はその瞬間を思い出すことができなかっただろう）。それは、八月の暑い午後だった。妻と私はマサチューセッツ州ウースターの自宅で涼もうとしていた。数ヶ月前に這い這いを始めた双子の息子と娘は、立ち上がってソファーや本棚の周りを伝い歩きできるようになっていた。息子は一生懸命歩こうとしているようだった。脚を伸ばし、よちよちと一～二歩踏み出すのだが、すぐに膝がガクッとなって尻餅をついてしまうのだった。娘のほうはその様子を目を輝かせて見守っていたが、自身は滅多に歩いてみようとしなかった。

子どもの発達を研究している科学者は、歩き始めを「転ばずに自力で五歩歩く」ことと定義している。

ベンは、レッドソックスのユニフォームを模したダークブルーのロンパースを着ていた。ふらふらする身体に髪の薄い大きな頭が不安定に載っているさまは、まるでチャーリー・ブラウンの赤ちゃんバージョンのようだった。妻は、息子の両手を取って高く上げると、その手をそっと放した。すると息子は、手を広げて待っている私のほうへよちよちと歩き始めた。足を上げるたびに彼は近づき、近づくたびに一層大きな声で笑った。五歩踏み出したあと、息子は満面の笑みを浮かべて私の腕の中に倒れ込んだ。

そうだ、赤ん坊は移動すること自体を楽しんでいるのだ。

もちろん、ベンはその瞬間を境にどこへでも二本足で歩いていくようになったというわけではない。その後も彼は這い這いもしたし、いざったり伝い歩きしたりもした。二本足で歩くことは彼の移動手段の一つに過ぎなかった。だがやがて、それがおもな手段となった。それをじっと見守っていた娘のジョシーはまもなく、負けじとばかりに一緒に歩き始めた。他人を観察したり真似たりできるということは、子どもの歩行の習得に大いに関係があるかもしれない。目の不自由な子どもが歩き始める月齢は平均して健常児の二倍だが[27]、その理由もこれによって説明できるかもしれない。

何事によらずエキスパートになるためには――楽器の演奏でもスポーツでも――一万時間の練習

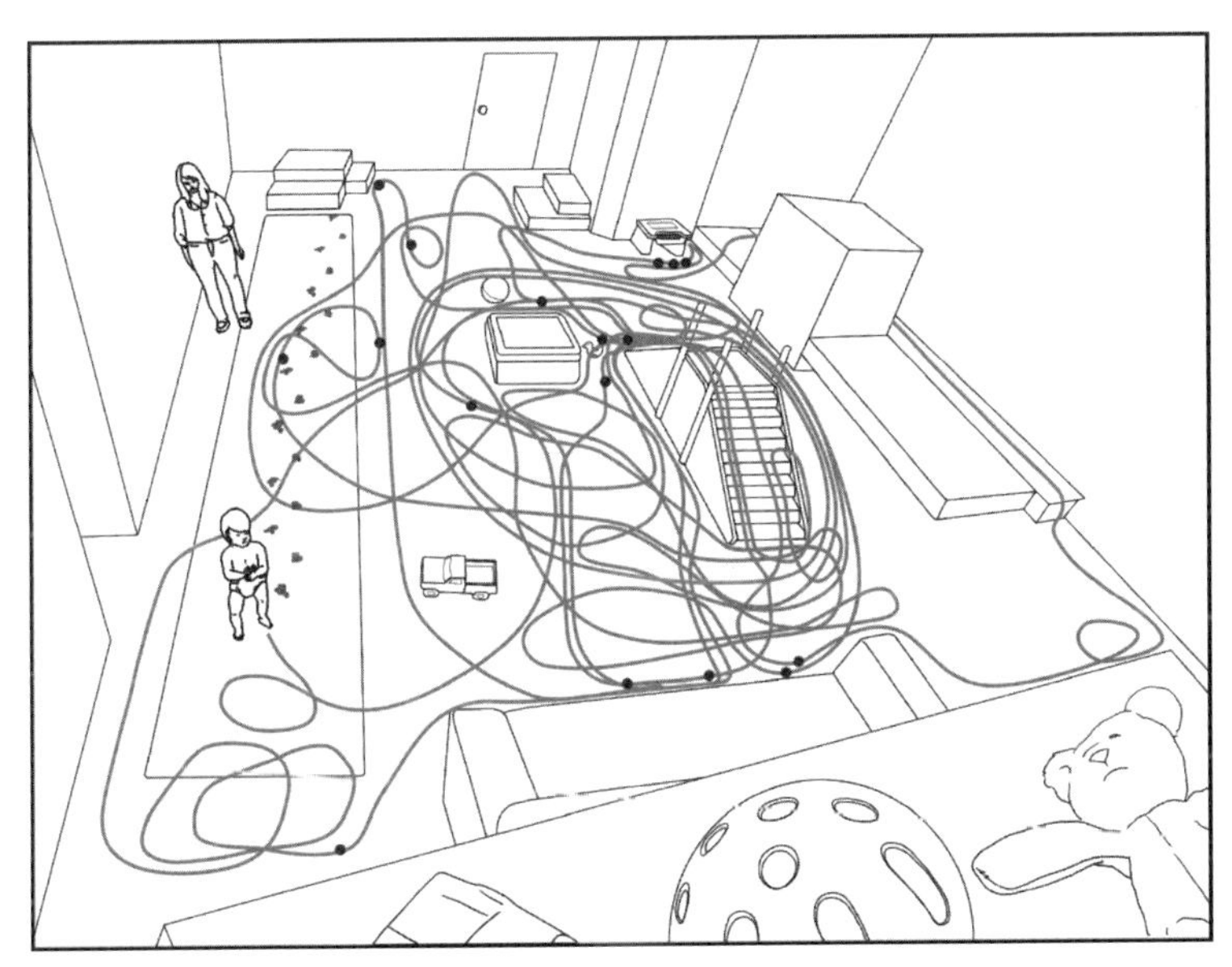

ニューヨーク大学の発達心理学者カレン・アドルフは、生後 13 ヶ月の乳児が 10 分間に室内をどのように歩き回るか実験した。グレーの線は乳児が歩いた跡を、黒い点は立ち止まった箇所を示す。Karen Adolph

が必要だとよく言われる。それは、歩行の習得に関してもそれほど違わない。

「人はどうやって歩くことを学ぶのだろうか」とアドルフは書いている。「一日に数千歩歩き、何十回と転ぶことによって学ぶのだ[28]」

幼稚園教諭時代の経験から、アドルフは子どもはまっすぐには歩かないものだと知っていたが、ランニングマシンやゲイトカーペット（訳注：一歩一歩にかかった時間と着地点が記録できる、圧力センサーつきのカーペット）といった実験装置では直線的な歩行のデータしか取ることができない。そこで彼女は実験室のスペース全体を使い、歩き始めたばかりの幼児の一歩一歩をすべて記録した。その結果、驚くべきことが判明した。

平均的な幼児は一時間に二千三百六十八歩歩く。[29] 距離にすると、アメリカン・フットボールのフィールドの長さの八倍に近い。一日の歩数はおよそ一万四千歩。四十六回タッチダウンを決められる距離、つまり三マイル（約四・八キロメートル）近くを歩いている計算になる。幼児が少なくとも一日十二時間の睡眠を必要としていることもうなずける。

幼児は小さな大人ではない。歩き方に関してもそうだ。まるで小さな類人猿のように腰と膝を少し曲げ、左右によろめきながら歩く。歩幅も一定ではない。幼児の足は扁平なので、地面を効率的に蹴り出すことができない。アドルフのチームの観察結果によれば、幼児は一時間に十七回転ぶ。しかし、毎日一万歩以上も歩くことによって、彼らの歩行能力は向上していく。とはいえ、大人と同じように歩けるようになるのは五～七歳頃である。[30] その過程で、骨格が変化していく。

骨の「生まれと育ち」

骨は生きている。

教室にある骨格標本は硬くて脆く、柔軟性がない。色は、ふつうオフホワイトだ。だが、生きている身体の中にある骨は、実際はもっとしなやかで生き生きしている。骨の一部は、生きている細胞でできている。それらの細胞は呼吸し、ホルモンによって身体の各部からメッセージを受け取っている。生きている骨は血液供給を受けているため、ごく淡いピンク色をしている。

骨が生きていることを、われわれは直観的に知っている。赤ん坊のときには小さかった骨が最終的に現在の骨格にまで成長したのは、骨が生きている証しだ。折れた骨が自然につながるのも、骨が生きているからだ。

骨の数と種類は、人間もチンパンジーもまったく同じである。骨の数は、過剰骨の数によって多少異なる場合があるが、ふつうは二百六個である。しかし、子どもは大人よりも「骨」の数が多い。たとえば、最大の骨である大腿骨。大人の場合、大腿骨は一本の骨である。ところが子どもの場合、大腿骨は骨幹一本とこぶ状の骨四つ（股関節側に三つ、膝側に一つ）でできている。こぶと骨幹の間は、骨端線（成長とともに増殖する軟骨部分）によって隔てられている。これらの特徴はすべて、アフリカの類人猿にも当てはまる。

だとすると、チンパンジーの骨格が直立二足歩行に適していないのに対して、何が人間の骨格をそれに適したものにしているのだろう。

遺伝子は物語の一部だ。人間でもチンパンジーでも、胎児のどの部分にどれだけの量の軟骨が形成されるかに関わっている遺伝情報が、新生児の骨格の構造を決定づけている。骨格の特定の構造によって、人間はある意味、生まれながらに二本足で歩く用意ができているのだ。

たとえば、人間の新生児の踵は大きい。[31] 生まれたときから、直立二足歩行の過酷さに備えているのだ。生まれたときから、人間の骨盤は丈が短く幅が広い。このような形状の骨盤が股関節まわりの筋肉を左右の体側に固定しているおかげで、人間は二足歩行する際に身体の平衡を保つことができる。骨盤内部の海綿骨の骨梁は、新生児のうちからすでに直立姿勢に適した配列になっている。このような構造は新生児にとって、一年後に歩き出すまでは必要ないのだが、生まれつき備わっているのである。したがって、これらの特徴は、二本足で歩くための真の遺伝的適応である。

だが思い出してほしい。骨は生きている。成長につれて、骨の細胞はそこにかかる力に反応する。

骨はある意味、われわれがどれだけ、そしてどのように運動したかを記憶している。子どもが成長するとき、骨は大きくなるだけではない。日々加えられる負荷に反応して、骨は形を変える[32]。

たとえば、膝について考えてみよう。

歩き始めた頃のベンは、左右にグラグラと身体を揺らしながら歩いていた[33]。それは一つには、膝が左右にかなり離れた状態で歩いていたからだった。しかし、年長の子どもや大人は膝を閉じて歩く。そうすれば、脚が腰の真下に保たれることでバランスが取りやすくなる。これは、成長につれて大腿骨が内側に傾斜していくことによって起きる変化である。第四章で、ルーシー(アウストラロピテクス・アファレンシス)の大腿骨も同じように内側に傾斜していたことを述べたが、ルーシーもわれわれも生まれつき傾斜していたわけではない。生まれたときには、ヒトの大腿骨もチンパンジーのそれと同じように真っ直ぐである。成長して歩き始めると、膝の軟骨が不均一な圧力を受けて斜めに成長し、膝関節に傾きが生まれるのである。下半身に麻痺があるために歩いた経験のない人の大腿骨には、このような傾斜は見られない[34]。

しかし、進化には常に代償が伴う。膝関節の傾斜は身体のバランスを保つ上で有利に働くが、問題を引き起こす場合もあるのだ。大腿骨が内側へ傾斜しているため、大腿骨前面に固定されている大腿四頭筋は斜めに収縮する。その結果、膝蓋骨をやや外側に引っ張る横向きの力が生じる。極端な場合、そのために膝蓋骨が外れてしまうことがある。これが膝蓋骨亜脱臼と呼ばれる状態である。

物理的なメカニズムを考えると、膝蓋骨亜脱臼が実際の数字(アメリカで一年におよそ二万件)より頻繁に起きてもおかしくないように思われるかもしれない。そうならない理由は、大腿骨膝蓋面の外側隆起が擁壁のような役割を果たし、膝蓋骨をあるべき位置に保っているからである。アウストラロピテクス・セディバはこの隆起が非常に大きかった。膝を曲げて座り、膝頭の外側を撫でるとこの隆起に触れることができる。

歩き始めるまでは不要であるにもかかわらず、骨盤の海綿骨と同じように、われわれには生まれつきこの隆起が備わっている。[35]新生児の膝にはすでに、膝蓋面外側隆起の元になる軟骨が存在する。問題が起きる前から解決法が用意されているのである。

これは、人体が遺伝子によって決定される特徴と自分自身の行動によって形成される解剖学的構造の組み合わせによってできていることを示す好例である。われわれの骨格は、生まれと育ちが複雑に絡み合ってできているのである。

アドルフは私に、這い這いする幼児をぬいぐるみで誘導し、一段高くした通路の上を移動させた実験映像を見せてくれた。通路には一フィート（約三十センチメートル）ほどのすき間が空いている箇所があったが、幼児はぬいぐるみに気を取られてそれに気づいていなかった。介助者がいなかったら、通路から転げ落ちるところだった。アドルフはその他にも、スロープなどの障害物を通路に付け加えて幼児達に這い這いさせた。すべて、同じ結果が出た。[36]通路に初めて挑戦する幼児は、障害物があることに気づかずそのまま進もうとした。しかしすぐに自分の失敗から学習し、障害物を意識して慎重に這い這いするようになった。

ところが、彼らが歩き始めると様相は一変した。這い這いで障害物をうまくクリアしていたその同じ子どもが、二本足で歩き始めるとよろけて通路を踏み外してしまう。どの子どもも同じだった。私はあっけにとられた。

「おやおや。彼らは学習したことをみんな忘れてしまったんですね」と私は言った。

「違います」とアドルフは答えた。「彼らが学習したのは、這い這いしながら障害物を回避する方法でした。二本足で歩くことで視界が開け、これまでよりも見晴らしがよくなります。外界の見え方は移動方法によって変わるのです。彼らは、ある特定の移動方法との関連で覚えたことしか知らないのです」

通路のすき間に落ちたり、崖っぷちをまたいだり、急なスロープを転げ落ちたりする子どもたちの映像を見ながら、私は、よちよち歩きの幼児の身体を確実に受け止めてくれる介助者の手に感謝していた。

寄り添い、受け止めてくれる人がいなければ、二本足で歩くのを学ぶことは大変で、危険すら伴う行為なのだ。

第十一章 出産と二足歩行

Birth and Bipedalism

人間は狭い産道を通るため早産で、女性は出産に適応して歩行が下手？
この有名な説は根拠がない。
むしろ女性は歩行が得意なのだ

私のお尻は大きなお尻
私のお尻は魔法のお尻[1]

――ルシール・クリフトン
「お尻賛歌」（一九八〇年）

彼女は真っ直ぐ立っている。産みの苦しみに拳を握りしめ、張り詰めた腕の筋肉がくっきりと浮き出ている。ときどきうずくまったり座ったりする彼女を、二人の女が介助している。一人は後ろから胸の下に腕を回し、彼女が次の陣痛に備えて一息ついている間、身体を支えている。二人の女は、もうじき生まれるわと言って彼女を元気づける。出産を経験している彼女たちには、それが分かるのだ。

彼女が最後にもう一度息むと、へその緒がまだつながった赤ん坊が、冷たく危険なこの世に生まれ出てくる。産婦の姉たちは赤ん坊を布でくるみ、産婦は赤ん坊を抱き寄せて乳を含ませる。

こんな光景は現在も起きているかもしれないが、右に述べたのは一万五千年以上昔の出来事である。われわれがこの出来事を知っているのは、誰かがこのシーン――考古学的記録に残された最古の出産の描写――を粘板岩に刻んでおいてくれたからである。この線刻画は、日常生活を描いた他の線刻画とともに、ドイツのゲナスドルフ（ライン川から数マイル東に位置する、ボン南方の小都市）で発見された。

一万五千年前、現在にまで続く間氷期が始まろうとしていた。スカンジナビア半島やイギリス諸島はまだ北極の氷に厚く覆われていた。現在、ドイツの未開発地域は森林に覆われているが、当時（更新世末期）そこに木は一本も生えていなかった。そこは現在のシベリアのようなツンドラ地帯だった。そこにはカリブー、ホッキョクギツネ、ジャコウウシといった、現在の極地方の草原地帯で見られるような動物が生息していた。マンモスやケブカサイ、ホラアナライオンといった、現在は絶滅した動物もいた。人間は道具を作り、火を起こしていた。狩りをして、火を使って調理していた。子どもを産み、芸術作品を生み出していた。

出産と芸術活動が融合し、出産の様子を描いた線刻画（石板59と呼ばれている）が生み出された[2]。描き手は、産婦の収縮する三角筋や握りしめられた指を写実的に表現している。しかし、そこには抽象化された部分もある。新生児は目が描き込まれたシンプルな楕円形で表され、曲がりくねった線で母親とつながっている。それを見つめる馬の顔が二つ描かれているが、それが何を意味するのかは不明である。

出産は、これまでずっと人類の生活の一部だった。そしてそれは、直立二足歩行（厳密に言えば、女性の直立二足歩行）と密接かつ複雑に結びついている。

人間が難産な理由

産婦一人一人にとって出産は、唯一無二の体験である。出産には、胎児の頭の大きさや肩幅、産婦の骨盤の形状や大きさ、妊娠期間の長短、靭帯の弛緩、頭蓋変形、ストレスホルモン、出産時の胎位、社会的サポート、助産師や産科医のアドバイスやアプローチなどの要因が複雑に絡み合っているため、出産はその都度違う。しかし、個人差が大きいとはいえ、共通する特徴はある。特に、人間の出産を類人猿の出産と比較した場合にそれは明らかである。

ヒトでも大型類人猿でも、胎児は通常は妊娠後期までには頭を下にして、顔を前に（母親の腹側に）向ける胎位を取る。類人猿は樹上で単独で出産することが多く、しかも類人猿の出産はほとんどの場合は夜間におこなわれるため、野生の類人猿の出産についてはあまり知られていないが[3]、飼育下の類人猿の出産は詳しく観察されてきた。

類人猿の陣痛は短く、通常は二時間ほどである。赤ん坊はスムーズに骨産道を通り[4]、通常は顔を前（母親の腹側）に向けて生まれてくる。通常どおりの向きで生まれてくれば、母親は分娩時に赤ん坊の顔を見ることができる。母親は赤ん坊に手を伸ばし、産道から引っ張り出す。母親は赤ん坊の顔をなめてきれいにし、気道から分泌物を取り除く。その後、すぐに授乳を始める。

ヒトの出産がこのようにシンプルに経過することは滅多にない。ヒトの胎児も類人猿と同じように、顔を前に向けて頭から産道を下りてくる。陣痛は平均十四時間続くが[5]、四十時間以上続く場合もないわけではない。陣痛が長く続く理由の一つは、子宮頸部（子宮と膣の接合部）が新生児の頭が通過できるだけの大きさに拡張するのに時間がかかるためである。

母が私の出産に臨んでいたときのことだ。頭が母の骨盤入口部に達したとき、私は最初の障害に直面した。骨盤は前に傾いているため、骨産道の入口部も傾斜している。ヒトの骨盤は丈が短すぎるため、胎児は他の霊長類と同じ方法で生まれてくることはできない。私が考えついた解決法は、他のほとんどの胎児と同じように、顎が胸にくっつくくらいに強く顎を引き、頭の最も長い部分（前後方向）が母の骨盤の最も長い部分（左右方向）に納まるように頭を回旋させることだった。[6]

一九五一年、ペンシルベニア大学の人類学者ウィルトン・クロッグマンは有名科学雑誌「サイエンティフィック・アメリカン」誌に「人類進化の傷跡」と題する論文を書いた。[7] その中で彼は、人類が抱える多くの問題──腰痛から歯並びの悪さまで──は進化のせいだと言える、と主張している。出産に関しては、「ヒトが出産時に直面する問題の多くが、ヒトの骨盤が他の動物よりも狭く、ヒトの頭が他の動物よりも大きいことに起因することは間違いない」と述べている。「骨盤と頭の大きさのバランスが取れるようになるまでにどれくらいの時間がかかるかはまったく分からない。ヒトの頭のサイズは縮小しないと考えるのが妥当と思われるから、骨盤のほうで調整するしかないだろう。すなわち、進化は幅広で容積の大きい骨盤を持つ女性に対して有利に働くはずである」

だが、問題は、女性の骨盤の幅が狭いことではない。骨盤の幅は充分に広いのである。問題は、ヒトは骨盤の丈が短いため、骨産道が霊長類と同じようには機能しないことである。

なぜだろう。

それは、ヒトが二足歩行するからである。

類人猿の骨盤は、他のほとんどの四足歩行ほ乳類と似た、縦に長い形をしている。股関節は、脊柱を骨盤とつないでいる仙腸関節から遙かに離れた位置にある。そのため、胎児の頭は産道に楽に納まる。しかし、骨盤のこのような構造は、類人猿が二本足で歩くとグラグラした不安定な歩き方になる原因でもある。

ヒトの祖先が二足歩行に移行するにつれて、骨盤の形は変化していった。縦長で平らな形から丈の短いお椀型に進化した骨盤は、実は他のどの骨よりも大きく変化している。仙腸関節と股関節との距離が短くなったことで重心が下がり、より安定した効率的な二足歩行が可能になった。だが、背中と腰の距離が縮まったことで産道が短くなった。そのため、胎児は頭を横に向け、回旋しながら産道を通らなければならなくなった。

ルーシーの骨盤の形状から、この出産のメカニズムが三百万年前にまで遡ることが分かる[8]。

一九七六年四月七日の朝、母の子宮は収縮を続け、私を骨盤闊部と呼ばれる領域にまで押し出した。そこで私は二番目の障害に直面した。座骨棘と呼ばれる一対の骨の突起が産道のこの部分を左右から狭めている。産道はこの部分で、左右に最も広いところから最も狭いところへと差し掛かる。ほとんどの場合、ここが、胎児が通過する最も幅の狭い地点である[9]。ここを通り抜ける唯一の方法は、回旋を続けることだ。

「産道の通過は、ほとんどの人にとっておそらく人生で一度きりの体操の大技だ」とデラウェア大学の人類学者カレン・ローゼンバーグは述べている[10]。

幅が変化する産道の中を、私はコルク抜きのように回旋しながら骨盤闊部から骨盤出口部へと進んだ。回旋を続けたことによって、私はそのとき母の背中側に顔を向けていた。産婦がしゃがみ込む姿勢を取っていれば、この時点で、胎児の頭（後頭部）が出てくるのを確認することができる。これが「前方後頭位」（つまり、後頭部が前を向いている）分娩である。しかし、胎児が今述べたようには回旋せず、顔を前に向けて生まれてくることもある。これは「サニーサイドアップ」と呼ばれる胎位で、五パーセントの確率で起きる。

最も一般的な前方後頭位分娩は、問題が起きることが最も少ない。しかし、これには代償もある。

もしも母が前方後頭位で生まれてきた我が子に手を伸ばし、類人猿の母親がやるように産道から引き出してやろうとしていたら、私の首を後ろに引っ張ることになるため、大怪我を負わせる危険を冒すことになっただろう。

さて、こうして頭は出てきたが、この時点で私はまだ生まれてはいない。まだ両肩を出す仕事が残っている。ルイス・キャロルの『不思議の国のアリス』でアリスが小さなドアを見て言ったとおり、「頭がとおったって、肩がとおらなきゃ何にもならない[11]」のである。

この時点で問題が起きることは珍しくない。幅の広い肩（頭に対して垂直方向に向いている）が恥骨に引っ掛かってしまうことがあるからである。そこで、胎児は母親の腹側にある肩（前在肩甲という）を下げることによって肩を片方ずつ外に出すという戦略をとる。助産師や産科医はこの動きを手助けしてやることができる。両肩が通過してしまえば、残りの部分は簡単に生まれてくる。こうして、私の人生は始まった。

祖先のホミニンの骨盤もわれわれによく似た形状だったから、彼らも出産時には手助けを必要としたことだろう。助産師として何百例もの出産に立ち会ったニューメキシコ州立大学の人類学者ウェンダ・トレバタンとローゼンバーグは、胎児が回旋して産道を通過するホミニンの出産は手助けを必要としたと断言している。現在、どんな文化圏においてもそうであるように、ホミニンにとっても出産は社会的イベントだったに違いない、と[12]。

だが、助産師や産科医の手助けがあっても、出産は危険を伴う場合がある。

『母のように——妊娠の科学と文化をめぐるフェミニストの旅』の著者アンジェラ・ガーブスはこう書いている。「出産は美しい。だが、きれいではない。出産は恐ろしくも素晴らしい、輝かしくも命にかかわる体験なのだ」[13]

世界中で、年に三十万人近くの産婦と百万人の赤ん坊が分娩時に命を落としている。[14] 産婦のおもな死因は大量出血と感染症である。産婦の死亡率が高い国は一般に貧しく、性と生殖に関する女性の自己決定権が蔑ろにされている傾向がある。

産婦死亡率が特に高いのは、児童婚の習慣があり、身体が充分に成熟していない少女が出産する地域である。国連人権理事会の二〇一九年の報告によれば、開発途上国の十五〜十九歳の少女の死因ナンバーワンは出産時死亡だという。[15] 女性の平均結婚年齢が二十歳以上の国々では、産婦死亡率は平均して千五百件の出産につき一例である。これが二十歳未満の国々では二百件の出産につき一例となる。[16] 実に七・五倍である。

アメリカでは年間七百人の女性が出産時に死亡している。[17] およそ出産五千件につき一例の割合である。これは、現代社会としてはあまり芳しくない数字である。アメリカの妊産婦死亡率は世界四十六位。カタールより若干高く、ウルグアイより若干低い。しかも、死亡率は上昇する傾向にある。現在、アメリカ女性が出産時に死亡するリスクは一世代前と比較して五十パーセント上昇している。産科医によれば、その理由の一つは、医療費が高騰していることや医療保険が高すぎることや、中絶論争の高まりで産婦人科クリニックが減少していることによって性と生殖に関する医療を受けにくくなっていることだという。制度的な人種差別の影響により、有色人種の女性の出産時死亡率は白人女性のそれよりも三〜四倍高い。一件の死亡例の陰には、母体を救うために緊急手術や輸血が必要になった危機一髪の事例が百例ある。

このような産婦死亡率の高さを考えると、なぜ進化の過程でこの問題が解決されなかったのだろうと不思議に思う人がいるかもしれない。その答えは複雑だし、不明確な点もあるが、まずは「産科的ジレンマ」の話から始めることにする。

産科的ジレンマは本当か

人類学者の中で、人類学者シャーウッド・ウォッシュバーンのことを知るより前にその兄のブラッド・ウォッシュバーンを知っていたのはおそらく私だけだろう。

ブラッド・ウォッシュバーンは、ニューイングランドのホワイト山地の地図を作成し、エベレストなどヒマラヤの峰々の地図作成にも関わった地図製作者だった。彼の妻バーバラも探検家で、女性として初めてアラスカ州デナリ（旧マッキンリー）の登頂に成功している。だが、私にとってもっと重要なのは、ブラッドがボストン科学博物館の創立者だということだ。私は一九九八年から二〇〇三年までそこでサイエンス・エデュケーターとして働いていた。そこは、妻と出会い、科学への愛を再発見し、古人類学への愛に目ざめた場所だった。

二〇〇一年のある日、昼食をともにしながら、ブラッドとバーバラは私に、博物館のマスコット的存在だったフクロウのスプーキーのことや世界最大のヴァンデグラフ起電機が博物館の駐車場に行き着いたいきさつなど、創立当時の博物館の話をしてくれた。それからバーバラに、あなたは何に興味を持っているのと聞かれたので、私はホミニンの化石への情熱に最近目ざめたことを話し始めた。

「知ってると思うけど」とブラッドが言った。「弟のシェリーは人類学者だった」

当時はまったく知らなかったのだが、ブラッドの弟のシャーウッド（シェリー）・ウォッシュバーンは人類学のレジェンド的存在である。彼のハーバード大学博士課程の指導教授アーネスト・フートンは、人間の集団間の違いを特定し、人間を人種的カテゴリーに分類することに研究人生を捧げた。しかし、シェリー・ウォッシュバーンはその同じデータの中にまったく違うものを見た。人間のバリエーションを、はっきりとした境界を持つカテゴリーとしてではなく、連続的で継ぎ目のないものとして捉えた。一九五一年に発表された古典的名著『新自然人類学』の中で彼が展開したこの新しい人類学のアプローチは、人類学を永久にそしてよい方向に変えた[18]。

シェリー・ウォッシュバーンは、現生霊長類を研究することは初期人類の行動を知る上で役立つとも述べている。分子生物学的研究によって、人類に最も近い種はチンパンジーだと分かったとき、彼は初期人類がナックルウォークから二足歩行へと移行したという説を支持した。彼は石器やアウストラロピテクスの化石やヒヒについても書いている。しかし、彼の主たる興味は初期人類の行動だった。

一九六〇年、シェリー・ウォッシュバーンは「サイエンティフィック・アメリカン」誌に記事を書いた。おもに初期人類の技術力や社会的行動についての記事だが、その中のヒトの出産に関するくだりはそれ以来六十年にわたって人類学を支配してきた。彼は次のように書いている。

二足歩行への適応によって骨産道のサイズが縮小すると同時に、道具の使用の必要性によってより大きな脳が選択された。この産科的ジレンマは、胎児を未熟な段階で娩出することによって解決された。しかしこれは、すでに二足歩行によって手が自由に使えるようになっていた母親が、未熟状態で生まれた、何もできない赤ん坊を抱きかかえられたからこそ可能だったのだ[19]。

この数行あとに、赤ん坊を腕に抱えた、狩りができない「動きの遅い母親」という表現が出てくる。

だから、「産科的ジレンマ」なのである。この言葉は、進化の綱引きを簡潔に表現している。女性の骨盤は子どもを産めるだけの充分な大きさがなければならないが、大きすぎると二足歩行に支障が出る。進化の選んだ解決策は、ぎりぎり出産が可能な大きさを持ち、歩けなくなるほど大きくはない骨盤だった。出産をもう少し容易にするため、赤ん坊はより早期に、より小さく、より未熟な状態で生まれるようになった。

歴史家ユヴァル・ノア・ハラリは、『サピエンス全史』の中でウォッシュバーンの仮説を敷衍（ふえん）している[20]。二足歩行によって産道が狭まったちょうどそのとき、赤ん坊の頭はどんどん大きくなっていった。出産時の死亡は女性にとって重大な危険となった。赤ん坊の脳と頭がまだ比較的小さく柔軟なうちに早めに出産した女性のほうが生き延びられる確率が高く、したがってより多くの子孫を残すことができたのだ」。

ウォッシュバーンの産科的ジレンマはエレガントな進化仮説ではあるが、エレガントだからといって正しいということにはならない。現在、新世代の研究者たちはその想定に異議を申し立てている。

狭くなった産道を通過できるようにヒトが早産になったという仮説を検証するため、ロードアイランド大学の人類学者ホリー・ダンスワースを中心とするチームはさまざまな霊長類の妊娠期間を比較した。ゴリラの妊娠期間はおよそ三十六週、チンパンジーとボノボのそれは三十一〜三十五週、オランウータンのそれは三十四〜三十七週である。ところが、ヒトの一般的な妊娠期間は三十八〜四十週で、大きさが同程度の霊長類の妊娠期間よりも一ヶ月以上長い。

ヒトの妊娠期間は他の霊長類に比べて短くはない。短いどころか、長い。長い妊娠期間の後半、胎児の皮下脂肪は増加し、脳は大きく成長し、胎児は母親にさらに多くのエネルギーを要求する。ダンスワースとそのチームは二〇一二年に発表した論文の中で、「出産は、成長する胎児のエネルギー需要が母親の代謝能を上回ったときに引き起こされる」という仮説を提唱している。[21]分娩間近の胎児の脳は小さいどころではない。新生児の脳の容積は平均三百七十立方センチメートル。[22]大人のチンパンジーの脳と同サイズである。人間の赤ん坊が自分では何もできない状態で生まれてくるのはたしかだが、それは早産で生まれてくるからではない。

それなら、なぜ人間の女性は軽々と安全に出産できるように、もっと大きなサイズの骨盤を発達させなかったのだろう。骨が出っ張って産道を狭めている部分をそれぞれ、数センチずつ広げるだけでいいのだ。[23]もう少し骨盤の丈が長く、左右の座骨棘の間がもう少し広ければいいだけの話なのだ。

これについて、長年、「女性の身体は出産に適応しているため、女性は男性よりも歩くのが不得意なのだ」と大した証拠もなく説明されてきた。それは、脳も身体も大きい赤ん坊を出産するための進化のトレードオフだったのだ。骨盤をこれ以上広げたら、女性は二本足で歩けなくなってしまう、と。ごく最近になって検証がおこなわれた結果、この仮説にも不備があることが分かった。「出産に適応したため、女性の歩き方には欠陥がある」という仮説に対してこれまでずっと疑念を抱いていたのですか、という私の質問に対して、コロラド大学の人類学者アナ・ウォレナーは、「最初は完全にこの仮説を受け入れていました」と答えた。でも、と彼女は言った。この仮説を検証するための「データが収集されたことはこれまでなかったのです」。

ワシントン大学（セントルイス）の大学院生時代、彼女はハーマン・ポンツァー（現在はデューク大学准教授）とチームを組んでそのデータの収集に取り組んだ。人類学者であるだけでなくバレエダンサーでもあるウォレナーは、人の歩き方の微妙な違いに気づく鋭い感性の持ち主だ。彼女は男女の被験者にウォーキングマシン上を歩いてもらい、呼気に含まれる二酸化炭素の量を測定した。呼気中の二酸化炭素の量が多いほど、エネルギー消費量は多い。ＭＲＩで被験者の骨盤も計測した。ウォッシュバーンの産科的ジレンマが正しければ、最も幅の広いヒップの持ち主のエネルギー消費量が最大になるはずである。

しかし、そうはならなかった。二〇一五年、ウォレナーは、腰幅とエネルギー効率の間に予測されたような相関関係は見られなかったという結論を発表した[24]。

女性のすごい歩行能力

現在の研究状況を理解するため、私はシアトルパシフィック大学に人類学者カーラ・ウォール＝シェフラーを訪ねた。ひどく寒い二月の朝だった。一晩で二インチ（約五センチメートル）雪が降ったため、シアトルの街は麻痺していた。ニューイングランド出身の私としてはこの程度の雪は何でもないので、徒歩で彼女のオフィスに向かった。そこは、本と書類とホミニンの化石のレプリカと彼女のお子さんのレゴで溢れかえっていた。デスク上に、プラスチック製のミニチュアの骨盤が鎮座している。学生が入れ替わり立ち替わり現れては、隣の実験室でおこなわれている歩行実験の結果を報告していく。

ケンブリッジ大学の大学院生時代、ウォール＝シェフラーはネアンデルタール人に興味を持つようになった。中でも、イスラエルのケバラ洞窟で発見されたネアンデルタール人の部分骨格に興味を惹かれた。およそ六万年前に死んだそのネアンデルタール人は、仲間の手によって埋葬されていた。部分骨格には舌骨や肋骨、それにほぼ完全な骨盤も含まれていた。

その骨盤を見ながら、ウォール＝シェフラーは首をひねったと言う。

「それは、ネアンデルタール人男性の巨大な、幅広の骨盤でした」と彼女は言った。「ネアンデルタール人がその幅広の骨盤のせいで歩行能力に欠陥があったとは誰も主張していませんでした。それはおかしな話だと思いましたし、女性は男性より歩行が苦手だという仮説もおかしいと思いました。それは間違いだ、と思いました。女性は進化のボトルネックです。子どもを抱えた女性は自然選択の単位です。どうして進化が女性の歩行能力を損なうというのでしょう。進化が女性の効率を下げるようなことをするでしょうか。進化の観点から見て、それは理にかなったことではありません」

さらに、狩猟採集社会の研究によってウォッシュバーンの「動きの遅い母親」仮説の誤りが明らかになった。タンザニアのハッザでもベネズエラのプメでも、狩猟採集社会の女性たちは一日に平均六マイル（約九・七キロメートル）近くを移動する。[25] そんな長距離を歩く女性に、歩行を非効率的にする解剖学的特徴が備わっていると考えるのはナンセンスだ。

それどころか、「妊婦が二本足で歩く」という、他のほ乳類にはない難問をクリアするために自然選択が女性の骨格に微調整を加えていた証拠が発見されたのだ。

二〇〇七年、ハーバード大学人類進化生物学科のキャサリン・ホイットカムとダニエル・リーバーマンおよびテキサス大学の人類学者ライザ・シャピロは、妊娠中に母体の歩き方と姿勢がどう変化するかを研究し、その結果を発表した。妊娠後期になると、大きく成長した胎児や胎盤や羊水の重量が母体前面にかかるため、重心が前に移動する。四足歩行のほ乳類にはこのような問題はない。妊娠中に体重が増えても重心は移動しないからである。

イグノーベル委員会（訳注：ホイットカムらの研究は二〇〇九年にイグノーベル賞を受賞した）はこの点を等閑視し、ホイットカムの論文を「妊婦はなぜひっくりかえらないのかに関する研究」と呼んだ。実は、「妊娠中の重心の変化に、女性はどのように適応しているのか」は重大な問題なのだ。その答えは腰背部にある。

腰椎の数は男女とも五つである。男性の腰椎は下の二つがくさび形をしていて、脊柱はそこでカーブしている。しかし、女性の場合は下の三つの腰椎がくさび形をしているため、そのカーブは男性よりも大きくなっている。ホイットカムは、この大きなカーブのおかげで妊婦は前方にずれた重心を股関節の上に戻すことができ、歩行の際にバランスを保てることを発見した[26]。

腰椎の形状のこのような男女差は、人類進化史の初期にすでに現れていた。ホイットカムによれば、それは二百万年以上前のアウストラロピテクスにも見られるという。

同じ頃、ウォール＝シェフラーは一貫して、女性は男性と同じように効率的に歩くという実験結果を得ていた[27]。それどころか、状況次第では女性のほうが効率的だということが分かった。

進化人類学者である彼女は、研究手法をウォーキングマシンを使った実験に限定するつもりはなかった。われわれはいつも平らなところを真っ直ぐ歩いているわけではないし、祖先のホミニンもそうだった。それに、いつも手ぶらで歩いているわけでもない。祖先のホミニンも同じだ。二足歩行によって自由になった手で、彼らは食糧や水や道具や赤ん坊を運んだ。ものを運んでいるときのエネルギー消費量を測定した結果、ウォール＝シェフラーは歩行能力の男女差に関する従来の考え方を覆すデータを得た。

人間の赤ん坊と同じくらいの大きさのものを抱えて歩くと、エネルギー消費量は手ぶらの時よりも二十パーセント近く増加する。[28] しかし、腰幅の広い人（つまり、女性に多いタイプ）の場合にはその増加が有意に抑えられていることが分かったのである。

「すべての測定で、女性は男性よりものを運ぶ能力が高いという結果が出ています」とウォール＝シェフラーは言った。

言い換えれば、広い腰幅は出産とは関係がない。それは子どもを運ぶためなのだ。だが、それだけではない。

自分にとって最も効率的な歩調を保って歩くと、エネルギーを消耗せずに長距離を歩くことができる。しかし、集団（特に、子どもを含む集団）で歩く場合には速度を緩めたり、立ち止まって休んだり、再び速度を上げたりしながらになることが多い。歩く速度が変化すると、男性の場合は消費エネルギーが増加するが、腰幅が広い女性の場合はその増加率が小さいことをウォール＝シェフラーは実験によって確認した。

わが家の双子がまだ赤ん坊だった頃、妻は自分の腰を棚のように使い、子どもたちを左右の腰に載せて家中を歩き回っていた。私が真似しようとすると、子どもたちはずるずると太ももに滑り落ちてしまった。腰骨を棚として使えない私は双子を両腕に抱えるしかなく、しばらくすると腕がしびれてしまった。現代の狩猟採集民のように毎日六マイル歩くわけでなくても、じっとしていない子どもを抱えて歩くのは大変だ。

骨盤の横幅が広いことは女性の歩行能力の障害になってはいない。それは適応の結果であると同時に、多くの女性の歩き方にも影響を与えている。

ウォール＝シェフラーやホイットカムらは、腰幅の広い人のほうが腰を大きく回転させて歩くことを指摘している[29]。女性はふつう男性よりも足が短いが、この回転によって歩幅を大きくすることができる。女性は腰幅が広いために歩き方が非効率的だ、というのは誤りである。単に、歩行のメカニズムが男女で異なっているだけの話なのである。

結局なぜ難産なのか

広い腰幅が女性の歩行を妨げていないことは明らかだが、進化が未解決のまま残した、母体死亡率の高さという問題は現在もまだ存在している。なぜだろう。その理由はまだ解明されていないが、厳密な科学的検証を必要とする仮説がいくつか提出されている。

ある仮説は、母体死亡率が高くなったのは最近の現象かもしれないとしている[30]。近年、多くの人々が単糖類を多く含む食品を常食している。そのような食生活は巨大児の出産につながる。さらに、それは思春期の少女の発育を妨げ、ひいては骨盤の充分な成長を阻害するかもしれない。胎児が大きくなったのに母体の骨盤が小さくなったのでは難産が多くなるのは当然だ、というのである。

この問題はわれわれの祖先が進化した時代および場所の気候と関係がある、として次のような仮説を唱える研究者もいる[31]。現代の諸民族を比較すると、寒冷な土地で暮らしてきた民族は背が低く腰幅が広い、ずんぐりした体型になる傾向がある。そのほうが体温を保ちやすいためである。赤道に近いところで暮らしてきた民族は、体温を逃しやすい、ほっそりした体型になる傾向がある。ホモ・サピエンスは赤道に近いアフリカで進化したために、われわれの最初期の祖先は産科のジレンマに直面せざるを得なかったのかもしれない。体温が上がりすぎないようにする必要から、骨盤を小さくせざるを得なかったのだ。

産道と股関節と膝の解剖学的な関係から、次のような説明を試みる仮説もある[32]。左右の股関節の距離が離れているほうが産道は広くなるが、その場合、膝を胴体の真下に保って効率的に二足歩行するためには、大腿骨は大きく内側へ傾斜しなければならなくなる。そのような状態で歩けば膝に過大な圧力がかかり、消耗性前十字靭帯断裂のリスクが恐ろしく高くなってしまうだろう[33]。

最後に紹介する仮説は、人類学者ウェンダ・トレバタンが提唱しているものである[34]。直立二足歩行と出産の仕組みの関係を理解しようとするとき、「歩行」の部分に注目しすぎて「直立」の部分がおろそかになっている、と彼女は指摘する。

彼女は、この問題を骨盤臓器脱——子宮や膀胱、下部消化器官が膣内に落ち込んでしまう症状——から説明しようと試みている。骨盤臓器脱は、妊娠出産時に伸びた骨盤底の靭帯および筋肉が完全に回復しないことによって起きる。複数の研究が、出産三例に一例の割合で骨盤底の筋肉の断裂が起きるとしている。また、全世界の女性の五十パーセントが骨盤臓器脱の影響を受けているという[35]。骨盤底の筋肉の断裂は四足歩行動物にも起きる場合があるが、それによって骨盤臓器脱が起きることは滅多にない。四足歩行動物の産道は地面と平行だから、重力の影響を受けることが比較的少ない。しかし、二足歩行するヒトにとっては重力の影響は重大である。

左右の座骨棘の間（産道が最も狭くなる箇所）が広がれば出産は楽になるが、同時に臓器脱の危険も増大してしまう。だから、左右の座骨棘の間が狭いのは骨盤底を強化するために進化が妥協した結果なのだろう。これがトラバタンの仮説である。

ウォッシュバーンの産科のジレンマと同様、これらの仮説はそのいずれも科学的検証に耐えられないだろう。これは現在、生物学的人類学の最もホットな話題の一つである。

女性の方がマラソンが得意？

産科のジレンマから立てられる予測はいずれも事実に反していることが分かったが、それでも、走ることを含めた競技種目で男性は女性よりも明らかに優れた成績を収めている。だが、本当にそうだろうか。これを検証するには、もっと深く考えてみる必要がある。

一九五〇年代初め、陸上ファンは二つの壁が破られるのを楽しみにしていた。最も有名なのは一マイル四分の壁で、これは一九五四年五月にロジャー・バニスターによって破られた。もう一つは、フルマラソン二時間二十分の壁だった。マラソンの世界記録は二時間二十分台のまま三十年近く更新されていなかったが、一九五三年、三十四歳のイギリス人元オリンピック選手ジム・ピーターズがロンドンでおこなわれたポリテクニック・マラソンを二時間十八分四十秒二で走った。現在の公式世界記録は、ケニアのエリウド・キプチョゲが持つ二時間一分三十九秒である。現在は新しいゴール、つまり二時間の壁を破ることも視野に入ってきた[36]。

ピーターズがマラソンの世界記録を打ち立てた一九五三年当時、女子の世界記録は一九二六年にヴァイオレット・ピアシーが同じコースで打ち立てた三時間四十分二十二秒だった。[37] この記録は四十年近くもの間更新されなかった。なぜか。それは、ほとんどの競技の場から女子選手が締め出されていたからだ。

ボストン・マラソンに女性が初めて参加したのは一九六七年だが、当時でさえ、大会関係者は女性初の参加者キャシー・スウィッツァーをコースから物理的に排除しようとした。ポリテクニック・マラソンには一九七八年まで女子の部はなかったし、女子マラソンがオリンピック競技になったのは一九八四年のことである。それでも、女子アスリートたちは一九六四年から一九八〇年の間に一時間以上もタイムを縮めた。その間に男子のマラソン世界記録は三分しか短縮していない。

競技に参加する機会が大事なのだ。現在、女子のマラソン世界記録は、二〇一九年にケニアのブリジッド・コスゲイがシカゴ・マラソンで打ち立てた二時間十四分四秒である。もし彼女がジム・ピーターズとともに一九五三年のポリテクニック・マラソンに出場していたら、彼女がゴールテープを切ったとき彼はまだ一マイル手前を走っていたはずだ。それどころか、コスゲイは一九六四年までマラソン世界記録保持者だったはずである。

たしかに、百メートル走からマラソンに至るまで、男子トップアスリートの記録は女子トップアスリートのそれを現在も上回っている。それは、男性のほうが筋肉量と肺容量で女性を上回る傾向にあるためである。実際、男女の世界記録を比較すると、ほぼ必ず十パーセントほどの差がある。しかし、トップアスリートではなく平均的な人たちに目を向けてみると、男女差があまりにも誇張されていることが分かる。

二〇一二年のある秋晴れの日、私はニューイングランドでおこなわれたマラソン大会に千人を超えるランナーとともに出場した。四時間を切るのが個人的目標だった私は、その日の参加者全員の平均よりも少し速い、三時間五十分というまずまずのタイムでゴールインした。私よりも先にゴールインした女性は、女子参加者のおよそ三十パーセントに当たる百二十八名だった。たしかに、男性の優勝者は女性の優勝者よりも速かったが、ふつうの男女の間で比べると運動能力の男女差ははっきりしなくなる。しかも、走る距離が長くなればなるほど男女の運動能力は近づいていく。

ときには男女逆転することさえある。

気の毒な例があった。[38] 二〇一九年八月、ニューヨーク州フェイエットビルでおこなわれたグリーンレイクス耐久レースに参加したリチャード・エルスワースは五十キロメートルのコースを四時間ちょっとで走り、男子部門で一位になった。だが、彼はトロフィーを手にすることができなかった。総合優勝者は男性だろうという前提で大会関係者はトロフィーを二つ用意し、一つは総合優勝者に、もう一つを女性の優勝者に授与する予定だった。その予定をひっくり返したのがエリー・ペルだった。彼女はエルスワースよりも八分早くゴールインし、トロフィーを二つとも持ち帰った。こんなことが起きたのはそれが最初ではなかった。

二〇〇二年、パム・リードは過酷なバッドウォーター・ウルトラマラソン（七月のデスバレーを百三十五マイル〈約二百十七キロメートル〉走る）を制し、総合優勝した。彼女は翌年も出場し、連続優勝を果たした。二〇一七年、モアブ２４０ウルトラマラソンに参加したコートニー・ドーウォルターはユタ州モアブ砂漠のコースを二日と九時間五十九分で走り、総合優勝した。二位は男性で、十時間遅れてゴールインした。二〇一九年一月、ジャスミン・パリスはイギリス・スパインレースの二百六十八マイル（約四百三十一キロメートル）のコースを八十三時間十二分二十三秒で走り、優勝した。途中、自宅で待つ一歳二ヶ月の娘のために四箇所の休憩所で搾乳しつつ走った彼女は、大会記録を十二時間短縮した。さらに、カミール・ヘロンは五十キロおよび百キロ・ウルトラマラソンで何度も優勝している。

男子トップアスリートと女子トップアスリートの差は縮まっている。それは特に、耐久レースの部門で著しい。複数の研究によれば、女性の脚の筋肉は男性のそれよりも疲労に対して耐性があるという。[39]力の強さやスピードよりも持久力を競うスポーツでは女性のほうが有利なのかもしれない。

にもかかわらず、「女性は歩行能力が低い」という誤ったイメージは依然として幅をきかせている。著作家レベッカ・ソルニットはこれを「創世記の遺物」と呼んでいる。[40]彼女は二〇〇〇年に発表した『ウォークス――歩くことの精神史』の中で、歩行は「思考と自由の両方に結びついている」が、歴史的に男たちは「女性にはそのどちらもふさわしくない」と考えてきた、と述べている。

実証的アプローチで産科のジレンマの検証を試みたロードアイランド大学の人類学者ホリー・ダンスワースもソルニットの見解に同意している。[41]彼女は、「創世記の解釈から大きな影響を受けてきた文化において、産科のジレンマは、原罪の結果イブが受けた罰（訳注：出産が苦痛と危険を伴うようになったこと。創世記第三章第十六節）をすっきりと科学的に説明する方法を提供している」と述べた上で、だが、と付け加える。産科のジレンマは不完全な仮説かもしれないが、「いずれにせよ、産みの苦しみも、死の危険を伴う出産も、……赤ん坊が自分では何もできない状態で生まれてくることも、イブの罪のせいではない。それは進化のせいなのだ」。

第十二章 歩き方はみな違う

Gait Differences and What They Mean

歩行は単なる移動ではない。
個体ごとに特徴が異なり、それぞれ識別できるほどだ。
そして人類は常に誰かと歩調を揃えて歩いてきた

至高の女王、偉大なジュノーが来ます
歩き方で彼女だと分かります[1]

――ウィリアム・シェイクスピア
『テンペスト』（一六一〇―一六一一年）

妻は私と同じ大学に勤務しているので、時々、大学構内を歩いている彼女の姿を見かけることがある。遠すぎて顔が判別できないときでも、歩き方だけですぐに彼女と分かる。ジョン・ウェインの、肩を揺らすような歩き方にしろ、映画『オズの魔法使い』のドロシーのスキップにしろ、メイ・ウェストのお尻を左右に振る歩き方にしろ、「スクービー・ドゥー」のシャギーの大股歩きにしろ、どの人の歩き方も独特で、その人と分かる特徴がある。

これにはちゃんとした裏付けもある。

一九七七年、ウェズリアン大学の心理学者ジェームズ・カッティングとリン・コズロフスキが、歩き方で個人を識別できるかどうかを初めて実験によって検証した[2]。彼らは人が歩いているところを撮影し、その身体の動きを、現在ハリウッドで使われているモーション・キャプチャーのように光の点の連なりで表した。こうすることで、被験者が髪の色や体型から個人を識別することができないようにしたのである。その結果、光の点の連なりに変換された映像からでも、かなりの確率で友人を見分けられることが分かった。

その後、類似の研究が何度もおこなわれた結果、人は歩き方だけで友人や家族を見分けられることが確認された。[3] さらに、それを見分けることに特化した脳領域が存在することも分かった。

たとえば、米国標準技術局の社会科学者カリーナ・ハーンは二〇一七年に次のような実験をおこなった。[4] 被験者十九名にMRI装置に入ってもらい、その中で、よく知っている人たちが歩み寄ってくる映像を見てもらった。すると、歩き方からその人が誰なのか分かった瞬間、耳のすぐ後ろに位置する脳領域（両側後上側頭溝）が活性化した。映像の人物がさらに近づいてきて顔で個人が識別できるようになると、別の脳領域が光った。[5]

だが、歩き方で分かるのはそれだけではない。その人の気分や意図、さらには性格の特性までもが歩き方から分かる。肩を落としてとぼとぼ歩いている姿からは、悲しみが感じられる。弾む足どりからは幸福感が伝わってくる。足を踏み鳴らして歩くのは怒りの表れかもしれない。研究結果は、こうした推測が単なる直感の問題ではないことを示している。[6]

しかし、こうした推測は百パーセント正確というわけではないし、人によって得意不得意もある。二〇一二年のイギリス・ダラム大学の研究によれば、人は他人をその歩き方から大胆、友好的、信頼できる、神経質、外向的、親しみやすいなどと判断するが、当の本人は自分のことをまったくそうは思っていないことも多いという。[7] 歩き方から下した推測は間違っていることもあるようだ。

しかし、サイコパスはそれが非常に得意らしいのだ。二〇一三年、カナダ・ブロック大学の心理学者アンジェラ・ブックは、学生が歩いているところを撮影した動画を服役中の凶悪犯四十七名に見せ、犯罪被害に遭いやすいタイプかどうかを一から十までの点数で評価させるという実験をおこなった[8]。受刑者たち――サイコパスに分類された受刑者たち――は補足質問に対して、体力的な理由などで犯罪者の餌食になりやすそうな人を見分ける手がかりは「歩き方」だと答えた。同じ課題を学生に与えたところ、彼らはこの手がかりに気づかなかった。

この実験結果にはぞっとするような事実が表れている。一九七〇年代に成人女性と少女三十人をレイプし殺害したと自白したテッド・バンディは、「通りを歩くときの歩き方や首の傾きや身のこなしで、やれるかどうか分かる」とうそぶいたことがある、とブックは指摘している[9]。

歩行で個体識別する

ヒトを含むすべての動物が歩き方によって個体や種を識別したり、さらにはそれらの状態を判断したりできることは、進化という観点から見て道理にかなっている。

種の異なるホミニンがそれぞれ異なった歩き方をしていたことは化石証拠から分かっているが、それを考えれば、遠くで餌を探しているホミニンの集団が自分の仲間なのか別の種なのか見分けられることは有益だっただろう。それどころか、それは生きるか死ぬかの重大問題だったかもしれない。微妙な歩き方の違いがそれを見分ける手がかりになったかもしれない。歩き方から、そこにいるのが自分と種を同じくする者たちだと分かった場合、仲間や家族とよそ者の区別はついただろうか。それが分かるかどうかが、争いを避けるか招くかを分けたかもしれない。

歩き方から個々人の気分を察する能力も有益だったことだろう。狩りに出かけた仲間は意気揚々と帰ってくるだろうか、それとも頭(こうべ)を垂れ、重い足どりでとぼとぼ歩いてくるだろうか。足を引きずっている者がいるだろうか。身体の大きなオスが服従の姿勢を取っていれば、それは（現在のチンパンジーの群れで見られるような）群れのボスの交代を意味していたかもしれない。

歩き方と姿勢は、言語能力発達以前のホミニンにとって非常に重要なコミュニケーション手段だっただろう。それは、現在のわれわれにとってと同じくらい、いや、おそらくはさらに重要だったことだろう。

実は、個人特定の手がかりとなるのは歩き方だけではない。それは、歩いたあとにも残されている。

「足跡は指紋に似ています」とオマール・コスティリャ＝レイエスは説明する。

ある爽やかな秋の朝、彼はマサチューセッツ工科大学の脳・認知科学部棟で私を出迎えてくれた。ファスナーを閉めていないパーカから、「I♥NASA」とプリントされたTシャツが覗いている。メキシコシティ近郊の小さな町トルーカ出身の彼は、博士号を取ったイギリスのマンチェスター大学で、足跡から個人を特定するアルゴリズムを開発した。

コスティリャ＝レイエスは、足跡の中で個人差が現れる箇所を二十四個特定した[10]。自分が開発したアルゴリズムを使えば九十九・三パーセントの確率で個人を特定することができる、と彼は説明する。これは、これまでに開発された足跡認証システムの中で最高の結果だ。

それを聞いて私は感心したものの、半信半疑だった。映画『ユージュアル・サスペクツ』のラストシーンのカイザー・ソゼのように、歩き方を偽装する人間がいても、コスティリャ＝レイエスのアルゴリズムは欺されたりしないのだろうか。それはあるかもしれません、と彼は言った。でも、もっと多くのデータを使って機械学習アルゴリズムを訓練すれば、そんな偽装をしても見抜けるようになるはずです。

私は空港のフロアに圧力センサーが備え付けられているさまを思い浮かべた。運輸保安局の職員はパスポートや搭乗券を厳しくチェックする必要がなくなるのだ。歩き方を記録するカメラなり圧力センサーなりを使えば、そこを通る人が誰なのかを当局は知ることができるようになる。

さらなる情報を求めて、私はメリーランド大学工学部教授で歩行認証と機械学習が専門のラーマ・チェラッパに電話で話を聞いた。彼は歩行を認証ツールとして利用するための研究費をアメリカ国防総省から二〇〇〇年に獲得したが、その後の二十年間で研究の主流は顔認証システムに移ってしまった。

「歩き方は一人一人異なりますが、歩行認証システムはまだ研究段階です」と彼は言い、次のように説明した。カメラアングルや歩行面の違い、荷物の有無などによって歩き方は変化するため、認証システムの正確性が影響を受けてしまう。さらに、大勢の中から個々人の歩き方の特徴を捉えることも困難だ。私は、アメリカのスパイが靴の中に小石や硬貨を入れて歩き方を微妙に変え、人物を特定されないようにしていたという話（作り話かもしれないが）を思い出した。

話をマサチューセッツ工科大学に戻そう。映像技術や機械学習の進歩のおかげで、顔認証は歩行認証よりも安上がりで効果的な方法になりましたが、とコスティリャ＝レイエスは言った。歩行認証と顔認証を組み合わせれば、非常にうまく機能するのではないかと思います。

歩き方の分析は医療にも活用できる。アルツハイマー病など認知症の患者に最初に現れる症状の一つは、歩き方が変化することだ[11]。クリニックや老人ホームに圧力センサーが導入されれば、こうした変化を早期発見できるようになる。

だが、活用法はこれだけではない。カーネギー・メロン大学のコンピュータ技術者マリオス・サビデスは二〇一二年に、スマートフォンに持ち主の歩き方を識別させるアプリを開発した。[12]スマートフォンは、内蔵された小さなジャイロスコープと加速度計によって、歩き方の微妙な違いを感知することができる。歩き方は一人一人異なるため、スマートフォンは歩行速度や歩き方で個人を識別し、ユーザーであることが確認されなければロックを解除しない、という仕組みである。現在、国防総省当局者がこれに似たアプリを使用している。二〇二一年までに一般向け製品が発売される予定だという。

名作ホラーが描いた歩行の真実

歩行とは、昔からずっと、単にある地点から別の地点へ移動することではなかった。昔から、歩行は社会現象だった。現代人はソローやワーズワースやダーウィンの孤独な散策を賞賛するが、人類史において一人歩きが得策だったことは滅多にない。ごく最近まで、瞑想しながら一人で散歩などすればヒョウの餌食になると相場が決まっていたのだ。

われわれは魚の群れのように集団で歩くことが多いが、祖先たちもおそらくそうだっただろう。一緒に歩いている人たちが無意識に歩調を合わせることは昔から知られているが、これが初めて実証されたのは二〇〇七年のことだった。

イスラエル・バル＝イラン大学の眼球運動・視覚研究所のアリ・ジボトフスキーとテルアビブ大学およびテルアビブ・ソウラスキー医療センターのジェフリー・ハウスドルフは、女子中学生二十八名に学校の廊下を歩いてもらった。[13]二人ずつ歩かせると、少女たちは互いに歩調を合わせた。目隠しをして互いの姿が見えないようにしても、結果は変わらないように思われた。当然のことながら、もっとも歩調が合いやすかったのは手をつないで歩いたときだった。私は、三百六十六万年前のラエトリの足跡化石を思い出さずにはいられなかった。あれは、ホミニンが歩調を合わせて歩いていた明白な証拠だ。あの足跡を残したアウストラロピテクスたちは手をつないで歩いていたのかもしれない。

ジボトフスキーの研究の翌年、別の研究者によって、ジムのウォーキングマシンで歩いている人は隣のウォーキングマシンの人と歩調を合わせていることが明らかにされた[14]。

二〇一八年、ペンシルベニア大学神経科学部のポスドク研究者クレア・チェンバースはユーチューブに投稿された三百五十本近くの動画をもとに人間の歩き方を分析した[15]。その結果、ロンドンでもソウルでもニューヨークでもイスタンブールでも、人々が（たとえ見ず知らずの人同士であっても）歩調を合わせて歩いている証拠が見つかった。

しかし、歩調を合わせて歩くことはときとして代償を伴う場合がある。

スティーヴン・キングは、わずか十八歳で初めての小説『死のロングウォーク』を書いた[16]。十代の少年百人が隊列を組み、時速四マイル（約六・四キロメートル）でカナダとアメリカ・メイン州の国境から南へと歩く。歩く速度が時速四マイルを下回った若者には、警告が出される。警告を三回受けた若者は、オートバイで伴走している兵士に処刑される。沿道には見物人が並び、彼らに声援を送る。ロングウォークは、生き残りが一人になった時点で終わる。

私のような、歩行を研究している人間がこの『死のロングウォーク』に強く興味を惹かれるのは、下回ってはならないとされている速度が時速四マイルだという点である。心理学者ロバート・レバインとアラ・ノーレンザヤンが三十一ヶ国二千名以上の人たちを調査した異文化間研究の結果、平坦な街路を一人で歩いた場合の速度は平均して時速三マイル（約四・八キロメートル）近くになることが分かった[17]。アイルランド人とオランダ人は平均より少し速い（時速三・六マイル〈約五・八キロメートル〉）傾向があり、ブラジル人とルーマニア人は平均よりのんびり（時速二・五マイル〈約四キロメートル〉）歩いていた。

ミュンヘン人間動作研究所の、さまざまな年齢の男女三百五十八名を対象とした二〇一一年の調査では、歩行速度は年齢が上がるにつれて徐々に遅くなるが、平均値は時速二・八マイル（約四・五キロメートル）だった[18]。この速度（時速三マイル）を保つと非常に効率的に歩くことができ、長時間歩いても疲労を感じにくい。下回ってはならない速度をキングが時速三マイルに設定していたら、あの緊迫感は出せなかっただろう。

速度が上がるにつれて、肉体的負担は増大する。『死のロングウォーク』の若者たちは、精神的にも心理的にも肉体的にも疲弊していく。生き延びるために時速四マイルを維持しなければならないことが、『死のロングウォーク』をホラーたらしめている。

歩く速さが一人一人異なっている理由は、文化的理由、解剖学的理由などいろいろあるが、その中の一つはエネルギー消費の基本原則に関わるものである。いつもどおりのペースで歩いていた人が加速して早足で歩けば、そのためのエネルギーを要するのは当然である。だが、カタツムリのような速度に減速した場合も、自分にとって最適な速度以下に抑えるためのエネルギーを要する。最適な歩行速度は人によって違う。それでは、最適歩行速度が異なる人同士が一緒に歩いたらどうなるのだろうか。

歩くのが速い人と遅い人が一緒に歩くとする。遅い人が加速してエネルギーコストをすべて引き受けるだろうか。それとも、速い人が減速してそれを負担するのだろうか。最適歩行速度がそれぞれ違う人たちが大勢で一緒に歩くときにはどうなるだろう。ビートルズがアビイ・ロードを渡ったとき、リンゴがすべてのエネルギーコストを負担したのだろうか。それとも彼が負担したのはその一部だけだったのだろうか。このような場合には、無意識に、集団全体にとってエネルギーコストが最小になる最適速度へと互いに歩み寄る傾向があるように思われる。

しかし、ロマンチックな関係の二人が一緒に歩くときには、ひと味違った展開になる。[19] シアトルパシフィック大学教授カーラ・ウォール＝シェフラーがアメリカの大学生を対象におこなった調査で、ヘテロセクシャルのカップルでは男性がエネルギーコストをすべて負担していることが分かった。これは騎士道精神に則ったおこないかもしれないが、生理学的観点から見ると完全にフェアとは言えない。ウォール＝シェフラー（女性の幅広の腰がものを運ぶのに役立っていることを発見した研究者。267ページ参照）は、幅広の腰のおかげで女性は最適歩行速度の幅が男性よりも広いと述べている。つまり、女性は加速しても減速しても、男性ほどエネルギー消費量が増大しないということだ。

それでも、これまでずっと、歩くという行為は誰かと一緒におこなう行為だった。ホモ・サピエンスの歴史の九十七パーセント、そして、二足歩行ホミニンの歴史の九十九パーセントは、移動狩猟採集の時代だった。人類は食糧供給源から食糧供給源へと渡り歩いた。当座の野営地を築き、資源がつきかけると、わずかな荷物をまとめて集団で移動した。

タンザニアのハッザ族やボリビアのチマネ族など、現在もそうした生活を続けている民族もいるにはいるが、今では世界中のほとんどの人々が定住して農作物を常食している。現代人は車を運転し、飛行機に乗って空を飛ぶ。今では世界人口の半分以上が都市で暮らしているが、都市の多くは、徒歩での移動が困難になるように設計されている。街中で歩くことは危険でさえある。人間を人間たらしめた歩行が、昔ほど当たり前の行為ではなくなっているのだ。

「そう、誰もが歩いていた時代があった。歩くよりほかに選択肢がなかったからだ」と作家ジェフ・ニコルソンは書いている。「選択できるようになった瞬間、彼らは歩かないことを選択した[20]」

その結果、健康が損なわれることになった。

第十三章

運動がつくりだす長寿物質

Myokines and the Cost of Immobility

ウォーキングは健康にいい。だがそれはなぜか?
「使われている」筋肉がつくりだすタンパク質
「マイオカイン」に、そのカギがある

私には二人の主治医がいる。私の左脚と右脚だ。[1]

――ジョージ・マコーリー・トレベリアン
『歩くこと』（一九一三年）

「今すぐ散歩に出かけるべき十の理由」「ウォーキングの驚くべき九つの健康効果」「ウォーキングの効能――歩かなければならない十五の理由」。最近見かけた記事の見出しだ。バイオメカニクス研究者ケイティ・ボウマンは、『DNAを動かす』（二〇一四年）の中で「ウォーキングはスーパーフード」だと述べている。[2]だが、人類進化を研究してきた人間の意見は若干違う。歩くことは人類のデフォルトだ。食べるためには、歩かなければならなかった。人類史を通じてこれが当たり前だった。人間が歩かなくなったのはごく最近のことなのだ。

運動不足が骨にもたらした影響を考えてみよう。

ヒトの骨格は二種類の骨でできている。一つは骨の分厚い外殻で、皮質骨または緻密骨と呼ばれる。もう一つは、細い骨（骨梁）が網の目のように張り巡らされたスポンジ状の海綿骨で、これは関節部分に位置している。ヒトの骨量は、その二種類とも類人猿よりも少ない。二足歩行の衝撃をスポンジのように吸収する海綿骨は、ヒトにとって非常に重要である。

それならなぜ、ヒトの海綿骨の量は類人猿よりも少ないのだろう。

ウェストバージニア州マーシャル大学の生物人類学者ハビーバ・チャーチャーはCTスキャンを使ってヒト、類人猿、化石ホミニンの海綿骨密度を計算した。[3]その結果、チンパンジー、アウストラロピテクス、ネアンデルタール人、さらには更新世のホモ・サピエンスに至るまで、関節部の海綿骨密度は同じ（三十～四十パーセント）だったことが判明した。しかし、現代人の海綿骨密度はこれより低く、二十～二十五パーセントだった。骨密度のこの低下は、最近の一万年間で突然起こったようだ。ハビーバは、これはわれわれが祖先たちほど動き回らなくなったからだと指摘している。

ペンシルベニア州立大学の人類学者ティム・ライアンも同意見である。[4]彼は四つの集団――遊牧民の集団二つと農耕民の集団二つ――について比較調査をおこない、遊牧民のほうが農耕民よりも骨密度が高いという結果を得た。食生活も関係している可能性もあるとはいえ、運動量が少ない人のほうが骨密度が低いということで大半の科学者の意見は一致している。実のところ、人類は過去一万年間に、宇宙飛行士が一回の宇宙飛行で失うのと同じだけの骨量を失っているのである。[5]

骨形成を促進するエストロゲンのレベルが加齢によって低下すると、骨は自然に細くなっていく。これは閉経後の女性で特に著しい。しかし、現代人は元々骨密度が低いため、加齢によるさらなる低下は骨粗鬆症や骨折につながる恐れがある。

だが、骨粗鬆症だけでは済まないかもしれないのだ。

ウォーキングはなぜ健康にいいのか?

四十歳になったとき、兄から、「お前ももうインコースだな」と言われた。つまり、ゴルフの後半九ホールになぞらえて、平均寿命の後半に突入したことを指摘されたのだ。それを聞いて私は、健康で長生きするためには何をしたらいいだろうと考えた。

その答えは毎日のウォーキングだ、とアメリカ国立がん研究所のスティーブン・ムーアは言う。[6]彼の研究チームは六十五万人の十年間分のデータを調べた結果、毎日二十五分間の散歩に相当する運動をする人（肥満者を除く）は運動不足の人よりも四年近く長生きするという結果を得た。毎日十分のウォーキングでさえ、寿命に二年の差が見られた。

ケンブリッジ大学の研究チームは、早期死亡の危険因子である肥満と運動不足の比較を試みた。[7]三十万人以上のヨーロッパ人のデータを調べた結果、運動不足による死亡リスクは肥満によるそれの二倍だと判明した。毎日二十分の散歩が死亡リスクを三分の一下げることが分かった、と彼らは述べている。コペンハーゲン大学の生理学者ベンテ・クラールルント・ペデルセンは二〇一二年のTEDトークの中で、「鍛えたデブのほうが動かないヤセよりまし」と説明している。[8]

これを理解するためには、生理学をもっと掘り下げる必要がある。

私はコーネル大学で天体物理学を短期間学んだのち専攻を変え、生理学の学位を取って卒業した。銀河を研究する代わりに、人体について学んだのだ。生体内部の動きは、ニューヨークのグランド・セントラル・ターミナルのように活発だ。体内の分子は流入と流出を繰り返し、常に動いている。分子同士で握手したりハグしたりするかと思えば、互いに目も合わさないですれ違っていくこともある。贈り物を運ぶ分子もあれば、武器を運ぶ分子もある。分子の複雑なダンスは混沌としていると同時に秩序立っている。

ウォーキングはこのダンスに重大な影響を与える。その分かりやすい例が乳がん（特に、エストロゲン受容体陽性乳がんと呼ばれるタイプ。乳がん全体の三分の二を占める）である。これについてはすでに多くの研究がおこなわれている。乳がん発生のメカニズムは非常に複雑だが、ここでは基本的な事柄を簡単に述べておく。

血液中を循環しているエストロゲンは、女性の正常な生理の一環として乳房組織の細胞の成長と分裂を引き起こす。細胞が分裂するたびにそのDNAがコピーされるが、コピーされるたびにコピーミス（変異）が起きる可能性がある。通常は変異が起きても大した問題にはならないのだが、細胞の成長と分裂の速さを制限する遺伝子に変異が起きると、細胞の制御不能な成長が細胞の異常増殖を引き起こし、腫瘍形成につながる危険がある。がん細胞を乳房内に留める働きをしている遺伝子に変異が起きると、がん細胞が血流に乗って肺や肝臓や骨や脳に運ばれ、そこに定着する。このプロセスを転移といい、こうなると乳がんはすでにステージ4に入っている。

アメリカ女性の八人に一人が一生のうちに乳がんと診断されている。[9] 乳がんと診断される男性も年間三千人近くいる。毎年アメリカで四万人、世界で五十万人以上が乳がんで死亡する。

しかし、毎日歩くことで乳がんのリスクを減らすことができる。[10] なぜか。考えられる一つの説明は、運動によって血中エストロゲンレベルが下がるから、というものである。[11] フレッド・ハッチンソンがん研究センターのアン・マクティアナンの研究チームは二〇〇四年に、運動が性ホルモン結合グロブリンという分子の産生を高めることを実証した。[12] この分子はエストロゲンと結合し、エストロゲンの血中濃度を十〜十五パーセント低下させる。そのため、乳房組織のDNAが変異するリスクも下がるのである。
変異が起こってしまった場合でも、運動には、傷ついたDNAの自力修復を助ける働きがあるようだ。[13] 一日に少なくとも二十分間運動する被験者は、DNAのコピーミスを修復する能力がやや（一・六パーセント）高かった。ただし、そのメカニズムは不明である。
コピーミスが修復されず、がんが発生してしまった場合でも、まだウォーキングは役に立つ。フレッド・ハッチンソンがん研究センターのクリスタル・ホリックを中心とする研究チームが、乳がんと診断された女性五千人近くを調査した結果、運動（週一回一時間のウォーキングだけでも）によって死亡リスクが約四十パーセント低下することが分かった。[14] 継続調査をおこなったサウジアラビアのがん研究者エゼルディン・イブラヒムとアブデルアジズ・アルホマイドは、エストロゲン受容体陽性乳がんについては運動による死亡リスクの低下率は五十パーセントだったとしている。[15] 彼らは、運動によってがんの再発率が二十四パーセント低下することも明らかにした。前立腺がんと診断されたあと定期的にウォーキングしていた男性についても、同様の再発率の低下が見られた。[16] さらに、百五十万人近くを対象とした二〇一六年の研究は、中等度の運動によって十三種類のがんのリスクが低下することを明らかにした。[17]
がんは非常に多くの人命を奪っているが、先進諸国の死因ナンバーワンは心疾患である。アメリカ人の死因の二十五パーセントが心疾患である。言い換えれば、アメリカでは毎年六十万人がさまざまな心疾患で死亡している。[18] ウォーキングには心臓死を防ぐ効果もある。頻繁に歩く人は座りっぱなしの人より心拍数が少なく血圧も低い。四万人以上のアメリカ人男性を対象とした二〇〇二年の研究によれば、一日に三十分歩くと冠動脈疾患のリスクが十八パーセント下がるという[19]。

冠動脈疾患は狩猟採集民にはまず見られない[20]。南カリフォルニア大学の人間生物学教授デーブ・ライクレンは、タンザニア北部のハッザ族は平均的なアメリカ人よりも十四倍活動的だと述べている。ハッザ族は年を取っても血圧やコレステロール値が低く、心疾患は皆無である。ボリビアのチマネ族を対象とする調査でも、冠動脈疾患の有病率が低いこと、動脈閉塞を起こすリスクが先進国の平均的な人と比較して五分の一であることが明らかになっている。

食生活の影響も大きいが、身体的活動が決定的な役割を果たしていることを示す証拠がある。ただし、そのメカニズムを知ったらきっと意外に思うはずだ。

歩いてもやせるわけではない

デューク大学の人類学者ハーマン・ポンツァーは過去十年間、人体がどのようにエネルギーを消費するかを研究してきた。彼はタンザニアでハッザ族とともに生活し、彼らの運動量とエネルギー消費量に関するデータを収集した。ポンツァーを含めて誰もが、ハッザ族のエネルギー消費量は平均的アメリカ人を上回るだろうと推測していた。何しろ、ハッザ族の成人が一日に六～九マイル（約九・七～十四・五キロメートル）歩くのに対して、平均的アメリカ人はニールヤン・メディア・リサーチ社によれば一日に六時間テレビを見ているというのだから[21]。

だが、ポンツァーは、考え方を根本的に変えざるを得ないショッキングな結果に直面することになった。活動的なハッザ族もアメリカのカウチポテト族も、一日の総エネルギー消費量は同じだったのである[22]。

こんなことがあり得るのだろうか。

手がかりは、「ウォーキングは体重を減らすのには役立たない」という事実に隠されている。人間は非常に効率的に歩くため、体重百五十ポンド（約六十八キログラム）の人が一ポンド（〇・四五四キログラム）体重を落とすためには最低五十マイル（約八十・五キロメートル）歩かなければならない[23]。だから、ハッザ族が典型的なアメリカ人より余計に歩いても、それでエネルギー消費量がうんと増えるわけではないのだ。しかし、ハッザ族は単に歩いているだけではない。掘ったり登ったり、走ったりもする。彼らのエネルギー消費量は、アメリカ人より間違いなく多いはずなのだ。

ポンツァーは私に、このミステリーの説明として現在受け入れられている仮説を教えてくれた[24]。それは、「一日当たりの許容エネルギー消費量は世界中どこでも同じなのだ」というものである。この許容エネルギー量をどのように消費するかは、文化によって、また人によって違う。ハッザ族は、徒歩で移動したり、食糧を採集したり、病気を撃退したり、赤ん坊や幼児を抱えて歩いたりするためにエネルギーを使う。アメリカ人も同じようなことをしてはいるが、われわれは彼らほど身体を動かさないため、われわれの身体は余ったエネルギーを別のことに使う。別のこと、とは炎症反応を強化することである。

それがなぜ健康問題を引き起こすのか、これから説明しよう。

炎症反応とは、感染症と戦ったり外傷を治したりするためにマクロファージというアメーバ状の大きな細胞が活性化することである。貪食細胞とも呼ばれるマクロファージは、免疫系の主要な要素である。マクロファージは、腫瘍壊死因子（ＴＮＦ）と呼ばれる感染防御タンパク質を産生する。ＴＮＦは体内でさまざまな役割を果たしているが、ウイルスや細菌に感染したとき視床下部に指令を出し、体温を上げさせる（これはもちろん、発熱と呼ばれる現象である）のもＴＮＦの働きの一つである。

しかし、ＴＮＦの慢性的高値は心疾患と関連がある。[25]

ドイツ・テュービンゲン大学のストイアン・ディミトロフは、ウォーキングがＴＮＦの産生を抑えることを二〇一七年に発見した。[26]早足で二十分間ウォーキングすると、ＴＮＦの産生が五パーセント減少する。

どのようなメカニズムで減少するのだろう。

その答えは、私が大学で生理学を学んでいたときには教科書にさえ載っていなかった種類のタンパク質にあるようだ。

マイオカインの秘密

一九九〇年代末、デンマークの生理学者ベンテ・クラールルント・ペデルセンを中心とする研究チームが、白血球が互いに情報伝達するために使っているインターロイキン6というタンパク質に着目した。[27]彼らは、レース終了時のマラソン走者のインターロイキン6値がスタート時のそれより百倍高いことを発見した。

ペデルセンはそのメカニズムを解明するため、足首に重りをつけ、両足に血液を採取するための静脈注射を装着した六名の男性を被験者とする実験をおこなった。[28]被験者は椅子に座ったまま、片足だけ、数秒間に一度のペースでゆっくりと膝の曲げ伸ばしをした。動かしたほうの脚から採取した血液はインターロイキン6の濃度が上昇したが、動かさなかった脚から採取した血液の値は変わらなかった。ペデルセンは、筋肉自身がインターロイキン6を産生し、それを血液中に放出しているのではないかと推測した。

これは革命的なアイディアだった。

多くの臓器が、分子を産生してそれを血液中に放出することによって他臓器に情報を伝達している。こうした内分泌器官には膵臓、脳下垂体、卵巣、睾丸などがある。だが、ペデルセンが実験結果を発表するまで、ほとんど誰も、筋肉が内分泌器官だとは考えていなかった。インターロイキン6はほんの始まりに過ぎなかった。歩行中に筋肉が産生して血液中に放出する分子は現在、百種類以上発見されている。ペデルセンのチームは、その中の一つ、オンコスタチンMがマウスの乳房腫瘍を縮小させることを発見し、これも乳がん患者にとって運動が有益である理由の一つかもしれないと考えている。

二〇〇三年、ペデルセンはこれらの分子にマイオカインという総称を与えた[29]。

マイオカインの一種であるインターロイキン6には抗炎症作用がある。インターロイキン6には、腫瘍壊死因子（TNF）の産生を抑える作用もある。つまりこれは、身体に備わった天然のイブプロフェンである。ペデルセンのチームは、インターロイキン6に（少なくともマウスの）がん性腫瘍を攻撃・破壊する「ナチュラル・キラー細胞」を動員する働きがあることをも発見した[30]。

理由はまだ明らかではないが、このマイオカインが働くためには、運動中の筋肉によって産生される必要がある。しかし、その運動はウォーキングでなくてもいい[31]。アメリカに三百万人いる車椅子利用者はマイオカインを作り出すことができるだろうか。答えはイエスである。和歌山県立医科大学リハビリテーション科の研究チームは、車椅子ハーフマラソンと車椅子バスケットボールの選手を被験者とする実験によって、試合後にインターロイキン6の値が上がり、腫瘍壊死因子の値が下がることを確認した。二〇〇五年に「ミズ車椅子アメリカ」に選ばれたジュリエット・リッゾは、「歩くというのはある地点から別の地点に移動することでしょ、それなら私も歩いているわ」と語っている。

しかし、マイオカインは魔法の薬ではない。これを注射や飲み薬の形で投与することはできない。マイオカインは身体を動かしているときにしか作られない物質である。そして、現代社会で身体を動かす機会は多くない。アメリカ人の一日の歩数は平均五千百十七歩である。[32]これは、平均的なハッザ族の三分の一である。健康を保つためにはそんなに歩かなければならないのだろうか。心疾患や特定のがんや2型糖尿病を防ぐためにはどれだけ歩くべきなのだろうか。

私のスマートフォンによれば、その答えは一日一万歩だという。一万歩歩くと、歩数計アプリの画面の色がレッドやオレンジからグリーンに変わり、目標達成を祝ってくれる。一万歩というこの目標値はどこから出てきたのだろう。[33]それを解明するためには、一九六四年の東京にタイムトラベルする必要がある。

その年開催された東京オリンピックで、エチオピアのマラソン選手アベベ・ビキラは二時間十二分十一秒二の世界記録で二大会連続となる金メダルを獲得した。[34]のちにNFL名誉の殿堂入りを果たしたアメリカの短距離選手ボブ・ヘイズは、十秒〇六の世界タイ記録で百メートル走を制した。ボクシングではジョー・フレージャーが金メダルを獲得した。ソ連の体操選手ラリサ・ラチニナは、最後のオリンピック参加となったこの大会で六個のメダルを手にした。彼女が獲得したメダル総数はこれで十八個となり、これは、アメリカの水泳選手マイケル・フェルプスに破られるまで最多記録だった。

日本中がオリンピックに熱狂した。オリンピックがテレビで生放送されるのはこれが初めてのことだったし、テレビは一九六四年には日本の家庭の九十パーセントに普及していた。これを見て、九州保健福祉大学教授の波多野義郎はいい機会だと思った。彼は、日本人が身体を動かさなくなり、肥満者が増えたことを憂えていた。彼の調査結果によれば、日本人は一日に三千五百〜五千歩しか歩いていなかった。彼の計算によれば、健康のためにはもっと歩くべきだった。

翌年、波多野は時計メーカーの山佐時計計器と協力し、腰に装着できる歩数計を開発して「万歩計」として売り出した。[35]

私のスマートフォンの歩数計アプリは、一日の目標歩数の初期設定が一万歩になっている。たいていの歩数計が目標を一万歩に設定している。一万歩という目標設定は波多野の研究に基づくものだったとはいえ、それはどちらかと言えばマーケティング上の戦略だった。にもかかわらず、半世紀以上が経過した現在でも、一万歩という目標値は使われ続けている。だが、これは意味のある数字なのだろうか。われわれは一日に何歩歩くべきなのだろう。

ボストンのブリガム・アンド・ウィメンズ病院の疫学者イ＝ミン・リーは、二〇一一年から二〇一五年にかけて、一万七千人近い女性（平均年齢七十二歳）に歩数計を一週間装着してもらい、一日の歩数を調べた。[36]全員の平均値は、一日に五千四百九十九歩だった。これは、典型的なアメリカの成人の歩数よりもほんの少し多い。

それから四年あまりの間に調査対象者のうち五百四名が死亡した。リーは、調査対象者の一日の歩数が生死の予測因子として有効であることを確認した。一日に平均四千四百歩以上歩いている女性は、二千七百歩しか歩いていない人よりも遥かに生存確率が高かった。一日七千五百歩までは、「歩数が多くなるほど、健康で長生き」という比例関係が見られた。しかし、そこで頭打ちになった。七千五百歩を超えると、違いは見られなくなった。

だが、もっと若い人に関しては、伸びが止まる歩数は七千五百歩ではないかもしれない。健康効果をもたらすのに必要な歩数は、年齢と活動レベルによって左右される。リーは、現在の平均的な歩数よりも二千歩多く歩くよう心がけることを勧めている[37]。

今より毎日二千歩多く歩くための一つの方法は、犬を飼うことだ。

犬は人類が初めて飼い慣らした動物だ[38]。シベリアで発見された犬の肋骨から抽出されたＤＮＡによって、人類と犬の祖先が三万年前にはすでに一緒に暮らしていたことが分かっている。ブタとウシの家畜化はおよそ一万年前である。人類が世界中に進出していったとき、犬はわれわれと一緒に歩いていたのだ。

現在でも、犬の飼い主は飼っていない人よりも一日に平均三千歩近く多く歩き、一週間当たりのウォーキング時間として推奨されている百五十分をクリアしている人が多い[39]。

毎日のウォーキングは、特定の種類のがんや心疾患を予防するだけではない[40]。自己免疫疾患も防げるし、血糖値を下げることによって2型糖尿病の予防にもつながる。不眠を改善し、血圧も下げる。コルチゾールの血中濃度を下げることでストレスを軽減する。四十五歳以上の女性四万人近くを対象とする調査で、「毎日三十分歩くと、脳卒中のリスクが二十七パーセント低下する」という結果が出ている。こうした健康効果や啓発活動にもかかわらず、ウォーキングは苦戦している。人間が歩く時代は過去のものとなる、と多くの研究者が予測している。

カート・ヴォネガットの『ガラパゴスの箱船』は、水中生活に適応した百万年後の人類を描いている。彼らは歩行能力を失い、身体は泳ぐのに適した流線型になっている。ピクサーのアニメーション映画『ウォーリー』もそこまで極端ではないにせよ、やはり未来の人類は歩かないと予測している。宇宙船アクシオム内の未来人たちはラウンジチェアから動こうとせず、身の回りの世話をすべてロボットに任せている。

われわれ人類は、元々人類の定義であった行為をやめてしまうのだろうか。

そうならないことを切に願う。われわれの身体が健康であるために。そして、精神も健康であるために。

第十四章

歩けば脳が働きだす

Why Walking Helps Us Think

ダーウィン、ディケンズ、ニーチェ、ジョブズ……
散歩好きの偉人が多い理由とは。
歩くとマイオカインが運ばれて脳が働きだすのだ

さらに、ラクダのように歩くべきだ。
ラクダは、歩きながら反芻する唯一の獣と言われている。[1]

――ヘンリー・デビッド・ソロー
「歩くこと」（一八六二年）

チャールズ・ダーウィンは内向的な人物だった。たしかに彼は五年近くかけてビーグル号で世界中を巡り、そのとき書いた観察記録から史上最も重要な科学的洞察が生まれた。十代のときには、ヨーロッパ旅行（現代風に言えば、卒業バックパック旅行）に出かけている。しかし、一八三六年にビーグル号の航海を終えて帰国して以来、彼は二度とイギリス諸島から出なかった。

ダーウィンは会議やパーティーや大きな会合を避けていた。そういう場に臨むと不安になり、持病が悪化してしまうのだった。彼はロンドンの南東約二十マイル（約三十二キロメートル）に位置する静かな自宅ダウンハウスの書斎で執筆しながら日々を過ごした。ときには一人か二人の来客を迎えることもあったが、人と直接会うよりも手紙で交流することを好んだ。彼は書斎に鏡を取り付け、書き物から目を上げるだけで郵便配達がやってくるのを確認できるようにしていた。現代風に言えばそれは、メールの更新ボタンをクリックするのと同じ行為だった。

しかし、ダーウィンの思索の場は書斎ではなかった。彼は、屋敷の敷地を小文字のdのような形に囲む小道を歩きながら思索した。彼はその小道をサンドウォークと呼んでいた。現在、それはダーウィンの思索の小道と呼ばれている。ダーウィン伝上下巻の著者ジャネット・ブラウンはこう書いている。

几帳面な彼は散歩道の曲がり角に小石を積み上げ、そこを通り過ぎるたびに一つずつ落としていった。そうすることで、思考の流れを中断することなく、あらかじめ決めておいた回数、周回することができた。五周で大体〇・五マイル（約〇・八キロメートル）だった。サンドウォークが彼の思索の場だった。この心地よいルーティンの中で、場所感覚はダーウィンの科学の重要な要素となった。それは彼の思想家としてのアイデンティティを形成した。(2)

ダーウィンはサンドウォークを周回しながら、自然選択による進化という独自の理論を発展させていった。歩きながら、彼は蔓植物の動きのメカニズムを考え、さまざまな色や形を持つ蘭の受粉の仕組みを想像した。歩きながら、彼は性選択の理論を発展させ、人類の祖先の証拠を積み重ねていった。最晩年には、妻のエマと一緒に歩きながら、土壌を徐々に作り替えるミミズの働きについて考えた。

二〇一九年二月、私はダーウィンの思索の小道を歩き、歩くことが思考をどのように促進するのかを考えてみた。学校が休みの時期だったので、ダーウィンの家は大勢の家族連れで賑わっていた。書斎の机には今でも、本や手紙、ピンで留められた昆虫の入った小さな標本箱が雑然と置かれていた。机の近くの椅子に、黒い上着と黒い山高帽と木製のステッキが掛かっている。巻きひげのようならせん状のデザインが施されたステッキは磨いたばかりのように見える。だが、ステッキの石突きはすり減っている。ダーウィンがサンドウォークを日々歩いていた証拠だ。

私はキッチンから、クリーム色の家の外に出た。円柱に支えられた裏口と緑色の格子垣（トレリス）を通り抜け、きれいに手入れされた庭を横切り、サンドウォークに入った。そこには私以外誰もいなかった。寒い、風の強い日だった。低く垂れ込めた灰色の雲が、時折霧雨を降らせながら素早く動いていく。雲の切れ間から時々日光が射し込み、雨粒をきらめかせる。

近くのロンドン・ビギンヒル空港を発着する飛行機やA二三三号線を走る大型トラックの音が聞こえていた。だが、そうした現代の騒音はいつしか消えていた。自分は一八七一年にタイムスリップし、ダーウィンその人と一緒に散歩しているのだ、と想像するのは簡単だった。実はハイイロリスの鳴き声も聞こえていたのだが、私はそれも遮断した。ハイイロリスは、一八七六年に北米からイングランドに導入された外来種だからだ。

私は五周するつもりでサンドウォークの入り口に平らな石を五個、積み重ね、歩き始めた。最初は牧草地に沿って歩き、それから反時計回りに歩いて森に入った。サンドウォークは生きている。頭上を、ムクドリやカラスが鳴き声を上げながら飛んでいる。ハンノキや樫の木の太い幹を、ツタが日光を求めて這い上っている。足元では、菌類が湿った落ち葉を分解し、土の匂いを発散している。私は道ばたのオナモミを手に取った。オナモミのトゲは手をひっかき、上着にくっついた。足を踏み出すたびに砂利が音を立てる。何千回も靴で踏まれるうちに滑らかになった、濡れた石の上で時々足が滑る。この石の上を、ダーウィンも歩いたのだ。

ダウンハウスは魔法の場所ではない。礼拝の場所でもない。一個ずつ石を落としながらサンドウォークを周回したことが、科学的探求を続けるための知恵を私に授けてくれたわけではない。歩く場所がどこであれ、散歩には脳を解き放つ可能性があるのだ。サンドウォークはたまたま、世界と世界における人類の位置を変えることにつながったある十九世紀の人間の脳を解き放った場所だったというに過ぎない。

だがなぜだろう。なぜ、歩行は思考を助けるのだろう。

散歩はアイディアのもとか？

きっと誰しもこんな経験をしたことがあるはずだ。大変な仕事や学校の課題、複雑な人間関係や転職といった問題を抱えて、考えてもどうしたらいいか分からないことがある。そこで散歩にでも行こうかということになる。すると、その散歩の途中で突然答えがひらめく[3]。

十九世紀のイギリスの詩人ウィリアム・ワーズワースは、生涯に十八万マイル（約二十八万九千七百キロメートル）歩いたと言われている[4]。踊るらっぱ水仙を見つけたのは、きっとそんな散歩中のことだったのだろう。フランスの哲学者ジャン＝ジャック・ルソーは、「散歩には、何かしら私の思考を刺激し、活気づけるものがある。一箇所にじっとしていたのでは、そもそも考えるということができない。精神が動き出すためには、肉体が動いている必要があるのだ」と語っている[5]。ラルフ・ウォルドー・エマーソンとヘンリー・デビッド・ソローは、ニューイングランドの森を散策中に著作の着想を得た（ソローは「歩くこと」という論文も書いている）。ジョン・ミューア、ジョナサン・スウィフト、イマヌエル・カント、ベートーベン、フリードリヒ・ニーチェは散歩魔だった。毎日、午前十一時から午後一時まで、手帳を持って散歩していたニーチェは、「真に偉大な思想はすべて、散歩中に浮かんでくる」と述べている。[6] チャールズ・ディケンズは、日が暮れてからロンドンの街を長時間散歩していた。「夜の街路は人通りもなく、毎時四マイル（約六・四キロメートル）の速度を保って歩く自分の足音の単調さに眠り込んでしまうほど静かだった」とディケンズは書いている。「深く眠りながら、そして絶えず夢を見ながら、一マイル、また一マイルと、私はいささかの苦労も感じることなく歩いた」[7]。最近の例では、アップルの共同創業者スティーブ・ジョブズにとって、散歩はクリエイティブなプロセスの重要な一部だった。

ここで一呼吸置いて、これら散歩好きな有名人について考えてみよう。彼らは全員男性である。規則正しく散歩していた有名女性について書かれたものはほとんどない。バージニア・ウルフは例外的存在だ。彼女はかなりよく歩いていたようだ。最近の例では、ロビン・デビッドソンが犬と四頭のラクダを連れてオーストラリア大陸を徒歩で横断し、そのときの体験を『ロビンが跳ねた』という本に綴っている。[8] 一九九九年には、ドリス・ハドックというニューハンプシャー州ダブリンの八十九歳のおばあさんが、アメリカ選挙資金法に抗議するため、西海岸から東海岸までの三千二百マイル（約五千百キロメートル）を歩き通している。

しかし、歴史的に見れば散歩は白人男性の特権だった。[9] 黒人男性が散歩していれば逮捕される危険があったし、もっとひどい日にも遭いかねなかった。女性が散歩していれば、嫌がらせやもっとひどい目にあった。それにもちろん、誰にせよ一人で安全に歩ける時代は人類進化史上まれだった。

大勢の偉大な思想家が散歩魔だったのは単なる偶然なのかもしれない。まったく散歩しなかった偉大な思想家も同じ数だけいるのかもしれない。ウィリアム・シェイクスピアは、ジェーン・オースティンは、トニ・モリスンは毎日歩いていただろうか。フレデリック・ダグラス、マリー・キュリー、アイザック・ニュートンは？　驚異的な頭脳の持ち主スティーブン・ホーキングは、ALS（筋萎縮性側索硬化症）で全身が麻痺してからは確実に歩いていない。だから、歩行は思考にとって必須ではない。だが、歩行はたしかに思考を促進するのだ。

スタンフォード大学の心理学者マリリー・オペッゾは、大学院時代、指導教官とキャンパスを歩き回りながら実験結果を話し合ったり新しいプロジェクトについて意見を出し合ったりしていた。あるとき、彼女と指導教官は、歩くことが創造的思考に影響を及ぼしているかどうかを実験によって調べてみようと思いついた。「歩行と思考はつながっている」という昔ながらの考え方に根拠はあるのだろうか。

オペッゾはエレガントな実験を考案した。[10]　彼女はスタンフォード大生のグループに、ありふれた道具のクリエイティブな使い道をできるだけたくさんリストアップしてもらった。たとえばフリスビーなら、犬用玩具としてだけでなく、帽子やお皿、鳥のバスタブ、小さなシャベルとしても使える。斬新な使い道をたくさん挙げられるほど、創造性のスコアは高くなる。オペッゾは、学生たちの〈椅子に座りながら〉と〈ウォーキングマシンで歩きながら〉の創造性スコアを測定し、比較した。

結果は驚くべきものだった。歩行中の創造性スコアのほうが、六十パーセント高かったのである。

その数年前、アイオワ大学心理学准教授ミシェル・ヴォスは歩行が脳内ネットワークに及ぼす影響を研究していた。[11]　彼女は五十五〜八十歳のカウチポテト族六十五名を被験者に選び、最初に彼らの脳のＭＲＩ画像を撮影した。その後一年間、半数の被験者には週に三回、四十分間散歩してもらった。あとの半数には対照群として、それまでと同じテレビ漬けの毎日を続けながらストレッチ体操だけをおこなってもらった。一年後、再び全員の脳のＭＲＩ画像が撮影された。対照群の脳には大きな変化は見られなかったが、散歩したグループには、創造的思考能力に重要な役割を果たしていると考えられている脳領域のネットワークに顕著な改善が見られた。

歩行は脳を変化させる。しかも、歩行は創造性だけでなく記憶力にも影響を与える。

二〇〇四年、ボストン大学公衆衛生大学院のジェニファー・ウーブは、七十〜八十一歳の女性一万八千七百六十六名について、ウォーキングと認知能力の低下の関係を調べた。[12] 一分間にできるだけ多くの動物の名前を挙げてもらった結果、定期的に歩いている女性は非活動的な女性よりも思い出せる動物の数が多かった。ウーブは数字をいくつか読み上げ、被験者にそれを逆から言ってもらった。定期的に歩いている女性は、非活動的な女性に比べて課題を遙かにうまくこなした。週に九十分歩くだけでも、認知機能の低下を緩やかにすることが分かった。認知機能の低下は認知症の最初期段階に現れる症状なのだから、これはつまり、散歩には神経変性疾患を予防する効果があるかもしれないということになる。

しかし、相関関係は因果関係とイコールではない。もしそうなら、「墓地とは、空から巨大な石が降ってきて無防備な（大部分は年老いた）人々を下敷きにした場所」と解釈できることになってしまう。もしかしたら、因果関係の矢印は逆方向を指しているのかもしれない。単に、「精神的に活発な人は、そうでない人より散歩に行くことが多い」ということなのかもしれない。さらに深く掘り下げる研究が必要である。

というわけで、私の学生たちが遺体解剖をおこなっている解剖実習室を訪ねてみることにしよう。

記憶を保つには

私の学生たちは、八月までにすでに八週間、集中的な解剖実習を経験している。ダートマス大学医学部進学クラスに献体された遺体をくまなく解剖し、人体の仕組みを学ぶのだ。組織をより分け、筋張った心臓弁や石灰化した動脈を確認し、ボストン周辺の道路網のようにこんがらがった血管を観察する。人工股関節やステントが見つかると、解剖教室の厳粛な静寂が陽気なざわめきに変わる。がん性腫瘍が見つかったときとか、誰かが誤って遺体の腸を傷つけてしまったときなどは、みんなが沈痛な面持ちになる。

解剖実習が終わると、学生たちは必ず、臓器をもとの位置に戻し、まるで聖典のページを閉じるように組織と皮膚の層を重ねていく。紙のように薄い皮膚にクラスメートがメスを入れていく間、自分の初めての患者である遺体の手を優しく握っている学生の姿を見たことがある。遺体は、学生たちが出会う最上の教師なのだ。

私のような化石の研究者が医学部進学クラスの学生相手に解剖学も教えているのは意外だろうか。驚かないでほしい。古生物学者は解剖学に通じているのだ。化石を発見したときには、それがどんな動物のどこの骨かを、その一帯に生息していた数十種類の動物の、二百個以上ある骨の中から速やかに特定しなければならない。上腕骨だろうか。脊椎骨だろうか。下顎骨の一部だろうか。太古のレイヨウの骨だろうか。それともシマウマか？　サルだろうか、それとも初期人類の骨？　化石骨にある小さな突起は、その動物が生きていたときそこに筋肉や靱帯が付着していたことを示している。骨には、溝がついていたり穴が開いていたりするものがある。何百万年も昔、その太古の動物の心臓がまだ鼓動していたとき、そこを血管や神経がとおっていたのだ。こうしたことを見分けるには解剖学の知識が必要だし、その知識を得るためには解剖実習室で多くの時間を費やす必要があるのだ。

九週目にのこぎりが登場する。数週間に及んだ、組織をそっと押しのけて筋肉や神経や血管を確認する作業が終わりを告げ、いよいよ脳を取り出す残酷な行為が始まるのだ。頭蓋骨の上部をのこぎりで切断する作業にうろたえる学生は多いが、それは当然だ。それは実に異常な行為だ。電動のこぎりのうなり声が止むと、実験室は静寂に包まれる。言葉を発する学生はほとんどいない。冗談を言う者は皆無だ。髪が焦げたような臭いがあたりに漂っている。骨が分厚すぎてのこぎりでは切断できなかった部分を割るために、ハンマーやノミが必要になることもある。

学生たちはたいてい、心臓を手にしたときには感情を露わにする。脳を手にしたときには、畏敬の念に包まれる。脳はその持ち主自身なのだ。軽くてスポンジみたいだ、それに脆い、と驚く学生が多い。彼らは脳の皺や溝に指を這わせる。学生の一人が脳に大きなメスを入れ、メロンのように左半球と右半球に切り分ける。脳幹の天辺に、小指ほどの長さの太いループ状の組織がある。私の目にはミミズ形のグミのように見えるのだが、昔の解剖学者にはそれがタツノオトシゴのように見えた。そこで彼らは、馬の身体と魚の尾を持つギリシャ神話の海の怪物にちなんでそれを海馬と名づけた。海馬は脳の記憶センターである。遺体から取り出された脳の海馬も、かつては多くの記憶を蓄えていたのだ。

故人は晩年、小学三年生の時の担任の名前は思い出せなかったかもしれないが、先生の眼鏡の形と色ははっきり覚えていたかもしれない。幼い頃飼っていた犬のセディの、森にハイキングに行ったあとの土臭い匂いをまだ覚えていたかもしれない。高校の国語の授業中、オースティン先生がウィリアム・カレン・ブライアントの詩「死の考察」を朗読していたとき、ひそかに思いを寄せていた女の子が自分に微笑みかけてくれた瞬間のことも、海馬のおかげで思い出せたかもしれない。結婚式の日に彼女が髪に挿していた蘭の、ビロードのような手触りも、ありありと覚えていたかもしれない。カール・ヤストレムスキーが一九六四年に打ったホームランの数は思い出せたが、いつからか、妻の名前が思い出せなくなることがあった。彼はそれに驚き、いらいらし、怒りっぽくなった。彼が落ち着きを取り戻すと妻は彼の手を取り、彼は、結婚式で歌った「煙が目にしみる」を、もう名前を思い出せなくなった妻のために全曲歌った。臨終を迎えた日には、息子に、レッドソックスの試合をつけてくれ、セディを裏庭から連れてきてくれ、と頼んだかもしれない。

認知症患者の苦悩と葛藤を思うと、記憶の貯蔵センターであるこの海馬の機能を維持するためなら何でもしようという気になるものだ。たしかに、記憶の種類によっては、脳の別の場所に蓄えられるものもある。顔を識別する能力や、自転車の乗り方などのいわゆる潜在記憶、第二次世界大戦は何年の何月何日に始まったかなどのいわゆる顕在記憶がそれだ。しかし、自伝的記憶の貯蔵庫は海馬なのだ。

だが、年を取ると、脳は小さくなっていく。老年期になると海馬が年に一～二パーセントずつ縮んでいき、かつては瞬時に思い出せていたことが次第に思い出しにくくなっていく。定年間近の同僚はよく、「脳の中にいる小っちゃい奴が記憶のファイル・キャビネットからお目当ての記憶を探し当てるのに手間取るようになってきたんだ」と冗談を言っていた。探すファイルは昔より増えたし、ファイルの整理もおぼつかなくなってきたし、それに、小っちゃい奴も杖を使わなきゃならなくなったしね、と。

そうならないためにはどうしたらいいのだろう。

歩くことである。

歩けば脳が動きだす

二〇一一年、ピッツバーグ大学の心理学者が地元の健康な高齢者百二十名を対象として次のような実験をおこなった[13]。まず、被験者全員の脳のＭＲＩ画像を撮影し、海馬の大きさを測定した。それから、被験者の半数に週三回、四十分間の散歩を習慣にしてもらった。あとの半数にはストレッチだけをしてもらい、長時間の散歩をしない生活を送ってもらった。一年後、ストレッチをしたグループでは、海馬の体積に一～二パーセントの減少が見られた。これは予想どおりの結果だった。ところが、散歩したグループの結果は予想外だった。海馬の体積は減少していなかったばかりか、若干増加していたのである。散歩したグループでは、海馬の体積は平均して二パーセント増加していた。それに応じて、彼らの記憶力も改善していた。

海馬が再生し得ること、日常的に歩くだけでその再生を促進できることが分かったのだ。ウォーキングは老化の進行を遅らせることができるだけでなく、若返りをも可能にするのだ。だが、それはどんなメカニズムで起きるのだろう。

一つの説明は、ウォーキング（あるいは運動一般）が血流を促進するから、である。そして実際に、運動すると血流は増える。二〇一八年、リバプール・ジョン・ムーア大学のソフィー・カーターは、三十分ごとに二分間歩いた人と終日座っていた人の脳のMRI画像を撮影した[14]。その結果、定期的に立ち上がって歩き回った人たちのほうが中大脳動脈と頸動脈の血流が顕著に多いことが分かった。しかし、血液は運び屋に過ぎない。血液は、決定的に重要な何かを脳に運んでいるに違いない。

それはマイオカインである。収縮する筋肉から放出されるマイオカインは脳に作用し、血流がマイオカインを脳へと運ぶ。マイオカインの一つに、イリシンと呼ばれているものがある（ギリシャ神話の虹の女神でヘラ女神の伝令でもあるイリスに因んで命名された）。二〇一九年、ブラジル・リオデジャネイロ連邦大学の研究チームは、アルツハイマー病患者のイリシン値が驚くほど低いことを発見した[15]。アルツハイマー病の有病率は、六十五歳以上では十パーセントに上る。

リオデジャネイロ連邦大学の研究チームは、イリシンの産生をブロックしたマウスで実験をおこなった。イリシン値の低いマウスは、迷路のどこにチーズがあるかを記憶する課題の点数がきわめて低かった。ブロックを解除してイリシン値を元に戻してやると、そのマウスはチーズのありかを覚えられるようになった。最も点数が高かったのは、運動したマウスだった。少なくともマウスの場合は、イリシンは海馬に直接到達し、海馬のニューロンを変性から守ることが明らかになった。

脳の健康にとって重要なマイオカインには、脳由来神経栄養因子（略称：ＢＤＮＦ）と呼ばれるものもある。名称にはイリシンほどの面白みはないが、このＢＤＮＦはイリシンよりもさらに重要かもしれない。ピッツバーグ大学の実験では、定期的に散歩していたグループの海馬の体積が二パーセント増加していたことが分かったが、このグループはＢＤＮＦのレベルも対照群より高かった。ハーバード大学医学大学院精神科准教授ジョン・レイティは、ＢＤＮＦを「脳のスーパー栄養剤」

と呼んでいる。[16]

だが、ウォーキングの効能は海馬と記憶力の維持にとどまらない。ウォーキングが鬱症状や不安神経症を緩和することを裏付ける証拠がいくつか提出されている。

「自分がウォーキングしないのは鬱で無気力になっているからだと思っていた」とイギリスの作家ジェフ・ニコルソンは『ウォーキングという失われた技術』の中で書いている。「そのときふと思いついた。鬱で無気力なのはウォーキングしていないからなのかもしれない、と」[17]

鬱病と闘う人は、鬱状態を絶望感の底なし沼と表現する。そこに落ち込むと、永久に脱出できないように感じてしまう。十二人に一人のアメリカ人が、生涯のうちに一度は鬱病を経験する。[18]定期的にウォーキングすると鬱病や不安神経症の症状が緩和されることを多くの研究結果が示しているものの、これは誰にでも効果をあらわすわけではない。さらに、その効果はウォーキングする場所によっても違ってくるようだ。その理由を理解するためには、解剖実習室に戻ってもう一度脳を見る必要がある。

脳の皺や溝は、素人目にはランダムに配置されているように見える。神経学者にとっては、それらは脳の仕組みを解き明かす地図である。脳後部の皺は、視覚刺激を処理する領域である。脳の天辺にまたがる神経組織片は運動を調整している。脳前部のふくらみは計画立案を担当している。二十世紀初頭のドイツの神経学者コルビニアン・ブロードマンは五十二の脳領域を特定し、命名した。現在、その各領域にブロードマンの名が冠せられている。たとえば、ブロードマン22野は音を処理する領域である。ブロードマン44野と45野は発話にかかわっている。

鼻梁から三インチ（約七・六センチメートル）ほど奥にある脳領域がブロードマン25野（現代の

神経学者は前頭前皮質膝下部と呼んでいる）である。これは気分のコントロールに重要な役割を果たしている領域で、悲しみを感じているときや反芻思考に陥っているとき活動が活発になる。

マリリー・オペッゾがスタンフォード大生にフリスビーのクリエイティブな使い道について尋ねる実験をしていたのと同じ頃、やはりスタンフォード大の大学院生だったグレッグ・ブラートマンは環境心理学の観点から、森の中を散歩すると気分がよくなるメカニズムについて考えていた。彼は三十八名の被験者に、気分やネガティブな内省に関する質問が含まれるアンケートに答えてもらった[19]。こうした質問によって、被験者が問題を引きずりやすいタイプかどうかを調べ、回答から被験者の「反芻スコア」を集計した。その後、被験者の脳のＭＲＩ画像を撮影して前頭前皮質膝下部の血流量を調べてから、被験者に散歩してもらった。

被験者の半数は、スタンフォード大キャンパス内の森を、新鮮な空気を吸い、木漏れ日を浴び、アメリカカケスの鳴き声を聞きながら三・三マイル（約五・三キロメートル）歩いた。もう半数も同じ距離を歩いたが、彼らが歩いた場所は、パロアルトの中心部を貫通するエル・カミーノ・レアル（訳注：「王の道」の意。国道一〇一号線のカリフォルニア州中南部区間の別名）の歩道だった。エル・カミーノ・レアルは多車線で交通量も多い。被験者たちは、ガソリンスタンドやホテルや駐車場やファストフード店を出入りする車に注意しながら歩かなければならなかった。散歩から戻ったあと、被験者たちは再度アンケート調査とＭＲＩ検査を受けた。

交通量の多い道路脇を歩いたグループでは、反芻スコアや前頭前皮質膝下部の血流に変化は見られなかった。しかし、森の中を歩いたグループでは、反芻スコアは低下し、前頭前皮質膝下部の血流量は著しく減少していた。

メンタルヘルスのためには、鳥の鳴き声やそよ風を感じられる、緑の多い場所を歩いたほうがよさそうである。[20]

マリリー・オペッゾの実験に話を戻そう。ウォーキングマシンで歩いた後のほうが歩かなかったときよりも創造性スコアが高いことを確認したのち、彼女は戸外を歩いたグループについて同じことを調べてみた。戸外を歩いたグループの創造性スコアは、ウォーキングマシンで歩いたグループのそれよりもさらに高かった。

残念ながら、われわれ現代人は歩く機会が減っているだけでなく、都市化も相俟って、ウォーキングの健康効果が殺がれる場所を歩いていることが多い。

レイ・ブラッドベリの未来予想は正しかったのかもしれない。

彼の短編「歩行者」(一九五一年)は、舞台が百年後の未来に設定されている。レナード・ミードという作家が夜の散歩に出かける。ブラッドベリはこう書いている。

　十一月の霧の夜、八時に静かな街中に出かけ、凸凹になったコンクリートの歩道に足を踏み出し、割れ目に生えた雑草をまたぎ、両手をポケットに入れて静寂の中を進んでいく。それが、レナード・ミード氏のこの上ない楽しみだった。[21]

隣人たちがテレビを見ている時間、ミードはいつものように散歩している。家々には灯りがともっている。ロボットの警官が彼を呼び止め、何をしているのかと職務質問する。

「歩いているだけです」と彼は答える。

「歩いている？　どこへ？　何のために？」警官が尋ねる。

「風に当たって、そこらを見て、それと、単に歩くためですよ」と彼は答える。

「こんなことをよくしているのか？」

「何年も前から毎晩しています」とミードは言う。

「乗りなさい」警官が命令する。

ミードがパトカーの後部座席に乗せられ、「退行傾向研究のための精神医療センター」に送られるところで物語は終わる。

第十五章 ダチョウの足と人工膝関節

Of Ostrich Feet and Knee Replacements

二足歩行にはデメリットも多い。
椎間板ヘルニア、靱帯損傷……。
応急処置で進化した足を引きずって、ホミニンは生き延びてきた時間はすべての踵を傷つける[1]（訳注：「時間はすべての傷を癒やしてくれる」という諺のもじり）。

――グルーチョ・マルクス
『マルクスの二挺拳銃』（一九四〇年）

私は何としても歩くことを選んだ。[2]

――エリザベス・バレット・ブラウニング
『オーロラ・リー』（一八五六年）

一四九〇年、レオナルド・ダ・ビンチは「ウィトルウィウス的人間」を描いた。両手足を伸ばした男性像を円と正方形で囲んだ、有名なスケッチである。レオナルドがこれを描いた目的の一つは、紀元前一世紀の古代ローマの建築家ウィトルウィウスが提唱した理想的な人体のプロポーションの理論を視覚的に表現することだった。しかし、ウィトルウィウス的人間は理想的とは言いがたい。それどころか、この図には進化が人体に残した傷跡の一つが表れている。

インペリアル・カレッジ・ロンドン講師フータン・アシュラフィアンは二〇一一年に、ウィトルウィウス的人間の左側鼠径部の上に奇妙なふくらみがあることに気づいた。[3]彼にはそれが鼠径ヘルニアだとすぐに分かった。男性の四分の一以上が一生のうちに鼠径ヘルニアを経験する。[4]レオナルドのスケッチのモデルとなった死体からも分かるように、鼠径ヘルニアは放置すると命にかかわることもある。

鼠径ヘルニアは、二足歩行の直接的な結果である。[5]ヒトの精巣は、胎児期には腹腔内の泌尿器付近に位置しているが、生後数ヶ月までには陰嚢へと下りてくる。この移動によって、腹壁に脆弱な部分（鼠径管と呼ばれる）が生まれる。この現象は多くのほ乳類に見られるが、ヒト以外ではネガティブな影響を伴うことはない。ヒトは直立二足歩行するため、重力によって腸が下垂し、鼠径管から腹腔外に飛び出して壊死してしまうことがある。こうなると、命にかかわることもある危険な状態である。

ほとんどのほ乳類の精巣が辿るこの奇妙なルートは、発生的制約と進化の奥深い歴史の副産物である。[6]イルカやゾウ、アルマジロなど、精巣が腹腔内に留まるほ乳類もいるが、大半のほ乳類においては精子が正常に機能するためには体温よりも低い温度が必要なため、精巣は身体からぶら下がっている。しかし、魚類の精巣は体内にある。ほ乳類は魚類と共通の祖先――およそ三億七千五百万年前に生息していた魚――から進化したため、ヒトの精巣も腹腔内で発生する。これは、われわれが水生生物だった過去の痕跡なのである。

フィジカルにもメンタルにもメリットをもたらすウォーキングだが、二足歩行にはデメリットもある。その一因は、われわれが一から創造された存在ではないことにある。人類は、改良された類人猿なのだ。およそ六百万年かけて、人類の系統は直立二足歩行に適合するように身体を少しずつ変化させてきた。だが、進化は完全なものを創造するわけではない。進化は、生き残って子孫を残し、種を存続させるに足るだけの形態をもたらすに過ぎない。化石記録には、かつては充分に適応していたものの環境の変化に耐えられずに絶滅した動物が数多く見られる。人類のような、非常によく適応して生き残ってきた種でさえ、過去の形態の寄せ集めなのである。自然選択によって修正されてきたわれわれ人類には、過去の痕跡が数多く残っている。

もしも人類が二足歩行動物として一から設計されていたとしたら、われわれは二足歩行ロボットの「キャシー」のような姿をしていたかもしれない。

「将来、ロボットは人間がすることは何でもできるようになるでしょう。ただし、もっと上手に」。実験室を訪ねた私に、オレゴン州立大学の機械工学・ロボット工学教授ジョナサン・ハーストはそう言った。そう遠くない将来、二足歩行ロボットが荷物を運んだり給仕したり捜索救助活動したりするようになるでしょう。[7]

私は二足歩行が移動方法としてベストだという確信が持てなかったので、なぜ二足歩行ロボットを設計するのですかとハーストに尋ねてみた。なぜ四足歩行ロボットじゃないんですか？　車輪をつけたっていいのでは？　これに対してハーストは、ロボットは人間のために設計された世界で動き回ることになります、と言った。だから、彼らが人間と同じ方法で移動することは理にかなっているのです。

だが、ハーストが設計するロボットは人間には似ていない。

私は二〇一九年二月にキャシーと出会った。ハーストの学生たちによってウォーキングマシンに乗せられると、キャシーはその小さな、パッド付きの足で時速三マイル（約四・八キロメートル。

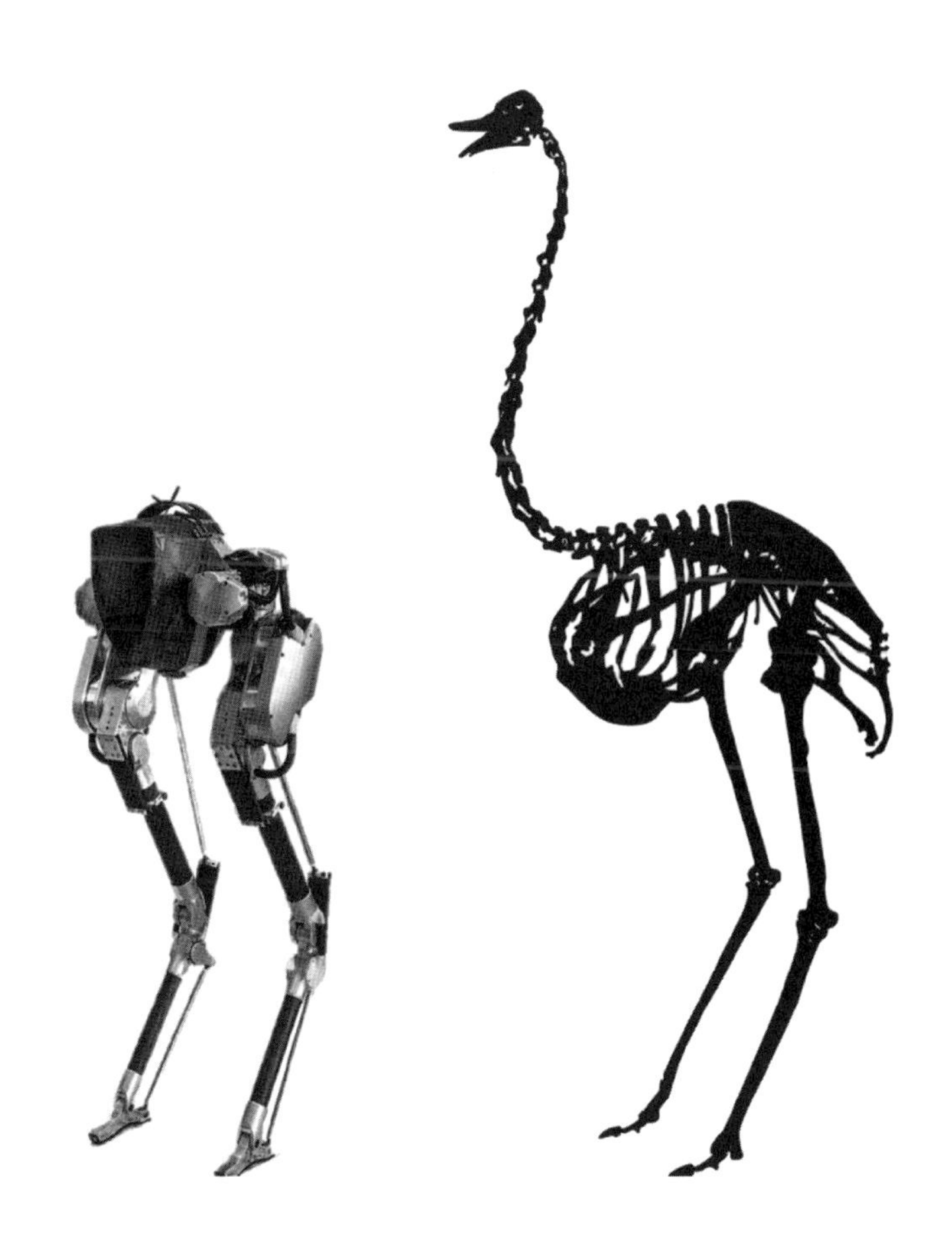

工学教授ジョナサン・ハーストが設計した二足歩行ロボット「キャシー」とダチョウの骨格。「キャシー」: Jonathan Hurst and Mitch Bernards 「ダチョウの骨格」: Getty Images/iStockphoto

人間の平均的な歩行速度）を保って歩き続けた。キャシーは、C－3POにもベンダーにもターミネーターにもジョニー5にもまったく似ていない。高さ四フィート（約百二十二センチメートル）、重さ七十ポンド（約三十二キログラム）のキャシーは、その全身が脚だ。だが、キャシーの脚は人間の脚のように真っ直ぐではなく、細くて曲がっている。モーターは腰のあたりについている。このデザインには見覚えがある。大型の飛べない鳥の脚だ。実際、キャシーとは、ニューギニアに生息する体重百ポンド（約四十五キログラム）の飛べない鳥、ヒクイドリ（Cassowary／キャソウェリー）を縮めた愛称なのだ。

だが、ハーストは意図的に特定の生物を手本にしてキャシーを造ったわけではない。彼の研究チームはここ二十年間、二足歩行の奥にある物理学（ハーストはこれを歩行の「基本的真理」と呼んでいる）を研究してきた[8]。先入観によるデザインではなく、こうした原理に基づいて開発された彼のロボットは、人間には似ていない。

それは進化の置き土産

進化史上の過去の痕跡が残していったもう一つの問題は、男性より女性に遙かに大きな影響を与えている。それを理解するためには、三千万年前にまで遡らなければならない。

人類がチンパンジーから進化したわけではないのと同様に、類人猿はサルから進化したわけではない。人類とチンパンジー、類人猿とサルは、それぞれ共通の祖先から枝分かれして進化したのだ。北アフリカで三千万年前の地層を調査していた古生物学者のチームが、この共通祖先を彷彿とさせる化石を発見した。ネコほどの大きさのその霊長類はエジプトピテクスと名づけられた。エジプトピテクスとはエジプトの類人猿という意味だが、エジプトピテクスはもちろん類人猿ではない。エジプトピテクスは、歯の形状は類人猿と同じだったが、サルと同じように四足歩行していた。それに、エジプトピテクスには、類人猿にはない長い尾があった。

その後の一千万年ほどの間に、この系統は二つの形態に分かれ始めた。一つは、尾はそのままで歯の形状が変化し、次第に多様化して現在のアフリカおよびアジアのサルに進化した。もう一方は尾を失い、多様化して最終的に現在の類人猿に進化した。ギボン、オランウータン、ゴリラ、チンパンジー、ボノボ、ヒトが含まれる霊長類の一グループである類人猿には尾はないが、かつて尾を動かしていた筋肉は残っている。

この筋肉は現在でもヒトの尾骨に残り、骨盤底筋を形づくっている。(9) イヌが尻尾を振ったり、サルが尾で枝からぶら下がるのに使われるのと同じ筋肉が、類人猿では、重力によって下垂する内臓を支えるために使われてきた。だが、直立二足歩行する人類の場合は、重力を支えるにはこの薄い筋肉では不充分なことがある。

そのため、骨盤臓器脱が起き、内臓が膣内に飛び出してしまうこともあるのである。

ボストン科学博物館では、傷ついた野生動物や飼い主から没収されたペットなど、多くの動物が飼育され、生態学や動物行動学や進化に関する授業のために使われている。私もそこで授業を受け持っていたことがあるが、私のお気に入りはミシシッピワニのアレックスだった。アレックスはまだ二～三歳で、体重も十ポンド（約四・五キログラム）しかない小さなワニだったが、彼を水槽から取り出すたびに大勢の観客が集まってきた。

アレックスはおとなしいワニだったが、興奮し始めるとすぐに分かった。尾を激しく振って私の手から逃れようとするその瞬間、尾の付け根の筋肉が緊張するのだ。アレックスの尾の筋肉が緊張するのを感じると、私はさっと彼の身体を垂直に起こした。そうすると頭から血が下がってアレックスは落ち着きを取り戻し、数秒後には私は爬虫類の説明を再開することができた。

ワニの血管には逆流防止の弁がついているが、逆流を防げるのはワニが地面に対して水平の姿勢を保っているときだけのようだ。垂直にされると、弁の働きが充分でなくなるらしい。直立歩行していた「カロライナの虐殺者」は現生種のワニよりも強力な弁を持っていたのだろうか。

このような弁はヒトやそれ以外の多くのほ乳類にも備わっているが、それは当然である。たとえば、キリンの首には随所に弁があり、脳から血液が流出してしまわないようになっている。しかし、ヒトの場合、二足歩行によって弁に過度の負担がかかる。加齢とともに弁から血液が漏れ、下肢にたまるようになる。その結果、静脈瘤が生じる場合がある。静脈瘤は、特に妊娠経験のある女性に多い症状である。妊娠すると平均三十九週間、通常より血圧の高い状態が続くことがその一因である。

二足歩行は副鼻腔にも影響を及ぼしている。感染症にかかると、副鼻腔に鼻汁や粘液などがたまって不快な症状を起こす。咽頭に流れ出た粘液は、咳によって排出できる。しかし、目の下にある上顎洞は残念なことに、たまった粘液を上に向かって排出する造りになっている。そのため、ひどい風邪を引くと、偏頭痛にも似た不快な圧力を感じるのである。

ヒトのこの奇妙な特徴に関する洞察は、ヤギとヒトを比較したある研究に由来する。インペリアル・カレッジ・ロンドンの眼科医レベッカ・フォードは、ヤギが簡単に上顎洞の粘液を排出できることに気づいた。[10] 慢性上顎洞炎（上顎洞に粘液がたまって炎症を起こし、不快な症状を伴う）の患者に多くの医師が「ヤギのように四つん這いになりなさい」と勧めるのはそのためである。ヒトが二足歩行を始めてからの時間は、四足歩行時代の残滓（ざんし）の解決法を進化が思いつくにはまだ充分とは言えないのである。

椎間板ヘルニアも靱帯損傷も

だが、二足歩行の最も明らかな副作用は筋肉と骨にかかる負担だろう。

四足歩行動物の背中は吊り橋のような構造になっていて、内臓は安定した水平の脊椎からぶら下がっている。これに対して、二足歩行動物の背中は垂直だ。ヒトの脊柱は二十四個の骨と椎間板が積み重なってできている。ケース・ウェスタン・リザーブ大学の古人類学者ブルース・ラティマーはこれを、二十四個のコーヒーカップと受け皿が積み重なって体重の大半を不安定に支えている様子に例えている。[11] さらに悪いことに、コーヒーカップと受け皿は真っ直ぐ積み重ねられているわけではない。脊柱には三箇所、カーブがある。腰のくびれの部分で内側にカーブし、背中の中程で外側にカーブし、頭を支えている頸椎で内側にカーブしている。

このカーブには利点がある。このカーブは、走っているときの圧縮力をスプリングのように吸収し、脊柱の末端部を産道から離す役割を果たしている。[12] しかし、ヒトの脊柱は上半身の全体重を支えなければならないため、何の前触れもなく折れてしまうことがある。

ヒトは、自分の体重だけが原因で背骨の骨折を起こす唯一の動物である。[13] そのリスクは加齢とともに増す。当然と言えば当然だが、こうした骨折の大半は脊柱の脆弱な部分（カーブの頂点）で起きる。アメリカでは年に七十五万人が背骨を圧迫骨折している。

だが、それだけではない。カーブを描く背骨にかかる体重によって脊椎の棘突起（背中の真ん中をそっと撫でると指に触れる、凸凹した部分）が椎骨本体から分離し、そこから椎骨がずれてしまうことがある。この脊椎すべり症はヒト特有の症状である。神経が圧迫され、激しい痛みを引き起こす。

さらに患者数が多いのが椎間板ヘルニアである。椎間板とは、軟骨とゼラチン状の物質から成る円板状の組織で、椎骨間の緩衝材の役割を果たしている。椎間板ヘルニアは、直立二足歩行による長年の圧迫で椎間板が椎骨から突出し、神経を圧迫することによって起きる。消耗性の激痛を伴うことが多い。腰部でこれが起きると、突出した椎間板は座骨神経根を圧迫し、脚へ放散する痛みの原因となる。この座骨神経痛もよく見られる症状である。

長年の摩耗によって椎間板がさらに損傷すると、椎骨間の緩衝材が完全に劣化し、椎骨同士が直接擦れ合うようになる。椎骨が擦れ合うことによって変形性脊椎症が起き、骨棘が生じる。骨棘によって脊髄神経が圧迫されると、腕や脚にしびれが起きる。ヒト以外の動物の椎骨に骨棘が見つかることはまれである。ヒトの場合、成人の骨棘は珍しくない。二十四個のコーヒーカップと受け皿を積み重ねたような構造のヒトの背骨は、横方向に曲がる場合もある。この脊柱側湾症は学齢児童のおよそ三パーセントに発生するが、ヒト以外のほ乳類にはまれにしか、もしくはまったく見られない。

腰や背中にはまだ問題がない人も、膝に痛みを抱えているかもしれない。ヒトの膝は他のほ乳類の膝と大して違わない。膝は、大腿骨下端の丸みを帯びた二つのこぶが比較的平らな脛骨上端の上を転がる構造になっている。膝蓋骨は、大腿四頭筋が伸縮する際にてこの役割を果たす。

ヒトの膝の特異な点は、四足歩行動物の体重が四本の脚に分散されるのに対して、ヒトの場合はその体重のほとんどが直接膝にかかることである。歩く際には、地面からの力がハンマーの打撃のように両足に伝わってくる。このとき膝にかかる力は驚くほど強い。一歩ごとに、体重の二倍の力が膝によって吸収されている[14]。走っているときには、膝が吸収する衝撃は体重の七倍以上もの強さになる。衝撃の一部は筋肉の収縮によって吸収され、骨と骨の間にある軟骨も緩衝材として衝撃の一部を吸収している。加齢などによって緩衝材が劣化すると、軟骨は血液の供給を受けていないため自然に回復することは難しい。軟骨の摩耗は痛みを伴う関節炎の原因となる。アメリカだけでも毎年七十万件の人工膝関節置換手術がおこなわれている[15]。その原因の一つが、二足歩行による膝関節へのダメージなのである。

膝にダメージを与えるのは緩やかな劣化だけではない。膝は、事故による損傷を受けやすい箇所でもある。一九五一年、ニューヨーク・ヤンキースがニューヨーク・ジャイアンツをホームに迎え、ワールドシリーズ第二戦がおこなわれた[16]。ジャイアンツのレジェンド、ウィリー・メイズが右中間にフライを打ち上げると、ヤンキースのセンター、ジョー・ディマジオはボールめがけて左に走り、ライトのミッキー・マントルは右に飛び出した。ディマジオがボールの下で身構えたのを見てマントルは立ち止まったが、そのとき右のスパイク靴をスプリンクラーの格子に引っ掛けてしまった。マントルは右膝からくずおれた。

マントルは前十字靱帯と内側側副靱帯と内側半月板を損傷したものと思われる。これは、整形外科医が「不幸の三徴候」と呼ぶ複合損傷である。マントルはその後もホームランを量産し、通算五百三十六本塁打を記録して野球殿堂入りを果たしたが、彼の膝は元どおりにはならなかった。あの怪我さえなければ史上最高の野球選手になっていただろうと多くの人が言う所以である。

女子サッカー界のスター、アレックス・モーガンも、バンクーバー・オリンピックで金メダルを獲得したスキー選手リンゼイ・ボンも、元ペイトリオッツのクォーターバック、トム・ブレイディも、女子プロバスケットボール選手スー・バードも、前十字靱帯断裂を経験している。これはよくある怪我だが、前十字靱帯を損傷したアスリートは最長一年間の戦列離脱を余儀なくされる。膝の靱帯を傷める一般人の数は、こうしたスター選手の数万倍に上っている。

機能という観点から見れば、膝は単純である。膝は曲がり、伸びる。解剖学的に見れば、膝は複雑である。膝は、大腿骨と脛骨を結びつけている四本の靱帯によってつながっている。そのうちの二本――膝関節の前面を横切る前十字靱帯と背面を横切る後十字靱帯――は、大腿骨が脛骨からずれるのを防いでいる。あとの二本――膝の内側にある内側側副靱帯と外側の外側側副靱帯――は膝の脱臼を防いでいる。膝の靱帯はほ乳類に共通して見られるが、ヒトの膝の靱帯には四足歩行動物のそれよりも大きな負担がかかっている。

年に二十万人近くのアメリカ人が前十字靱帯断裂を経験している。[17] 前十字靱帯の損傷は男性よりも女性に多い。[18] 野球、サッカー、ホッケー、アメリカンフットボールといった、左右の動きの多いスポーツで特に頻発する。この損傷が多発する原因は、ヒトが四本足ではなく二本足で歩くからだと言えそうだ。もっとも、野生動物に前十字靱帯断裂が起きる頻度は不明ではあるが。

二足歩行に適応して骨盤と膝が変化したせいで、ヒトの膝の靱帯はさらに損傷を受けやすくなっている。ヒトは類人猿と比べて腰の幅が広くX脚ぎみであるため、効率的に歩くことができる。しかし、股関節と膝関節のこの配置によって、大腿骨の下端は膝と斜めに接触することになる。傾斜した物体に力が加えられると、その物体は曲がったり剪断を生じがちである。その結果、ヒトの膝の靱帯には遙かに大きな力がかかることになる。進化にはトレードオフがつきものである。ヒトの膝は、二足歩行の代償の痛々しい一例である。

応急処置の代償

ヴァン・フィリップスは一九七六年、アリゾナ州立大生だった二十一歳のとき、水上スキー中の事故で左脚の膝から下を失った。彼は標準的な義足を装着して退院した。

「その義足が私は大嫌いだった」と彼は二〇一〇年の「ワンライフマガジン」誌上で語っている[19]。「人類は月面着陸を成功させた。だのに、このクソみたいな義足は何なんだ。もっといい義足が造れるはずだと思った」

彼はアリゾナ州立大学を退学してノースウェスタン大学の人工装具・矯正器具センターの学生になり、チーターや棒高跳び選手からヒントを得た義足の設計に取り組み始めた。二〇一二年、フィリップスの設計に基づいて造られた義足をつけた南アフリカの短距離選手オスカー・ピストリウスがロンドン・オリンピックの四百メートル走に出場し、世界中を驚嘆させた。

ヒトの足は、両足で五十二個の骨からできている。これは実に、人体の骨全部の四分の一に当たる数である。骨同士は靱帯で結合され、多数の筋肉によってがっちりと支えられている。対照的に、フィリップスの義足は、推進力を生み出す硬さと、曲がったり反発したりする弾力を兼ね備えた素材でできた、たった一枚のブレードから成っている。

研究室で設計されたブレードとは違い、ヒトの足は長く複雑な、非直線的な進化の歴史の産物である。しかし、ブレードに似た足は、生物界で意外に簡単に見つけられる。ダチョウやエミューといった、大型の飛べない鳥の足はオスカー・ピストリウスの競技用義足によく似ている。彼らの足首と足の骨は癒合して単一の硬い骨（足根中足骨という）になっている。彼らの足には長く太い腱もあり、歩行時に弾性エネルギーを蓄え、その反動で推進力を生み出す。この解剖学的構造のおかげで、ダチョウは時速四十五マイル（約七十二キロメートル）近い速さで走ることができる。これはヒトの全力疾走の二倍の速さである。

二足歩行している現生ほ乳類はヒトだけだが、巨大隕石の衝突によって六千六百万年前に恐竜が絶滅していなければ（恐竜の絶滅には火山の大規模な噴火も関わっていたことを示す証拠がある）、二足歩行の収束進化の分析に役立ったことだろう。[20] Tレックスを含む多くの恐竜が二足歩行していたし、現在のダチョウやエミューの祖先は、二億四千万年前に生息していた最初期の二足歩行恐竜である。つまり、この系統の二足歩行の歴史はわれわれのそれよりもおよそ四十倍長い。

二足歩行初心者の人類とは違い、ダチョウやエミューは二足歩行という移動形態に合わせて骨格を微調整してきた。

二足歩行恐竜におびえながら生きていた最初期のほ乳類は四足歩行だった。その多くが穴の中や木の上で生活していた。ほ乳類の進化史上の初期に起きた骨格の変化は、距骨下関節の発達だった。[21] 足首の骨（距骨）とかかとの骨（踵骨）の間に位置するこの関節のおかげで、足を内側にも外側にもひねることができる。そのため、ほ乳類の足は左右に動かしやすくなっている。鳥類では距骨と踵骨は癒合し、ほ乳類型爬虫類（訳注：ほ乳類の祖先）および現在の爬虫類では隣り合っている。だが、ほ乳類の距骨はその進化史の最初期に踵骨の上に移動し、新たな足の関節を生み出した。

数秒間、片足で立ってみてほしい。倒れないように踏ん張っても、足がグラグラしないだろうか。結局は疲れて休みたくなるだろう。だが、フラミンゴは疲れることもなく、いつまでも片足で立っていられる。フラミンゴが片足立ちでグラグラしないのは、距骨下関節がないからだ。彼らの足と足首の骨は、くっついて一つになっている。

ヒトの足首には可動性がある。それは、樹上で暮らしていた祖先から解剖学的構造を受け継いだからだ。可動性のある足首は、樹上で生活する上では重要な利点だった。だが、地面を二足歩行する動物にとっては、この可動性は大きな犠牲を伴う。

二〇一三年のアトランタ・ホークス戦の終了間際、ロサンゼルス・レイカーズの今は亡きスター選手コービー・ブライアントは右ベースラインにドリブルしてフェイドアウェイシュートを試みた。着地する際、彼の左足はディフェンダーの足と接触して内側に曲がり、距骨が脚から外れそうになった。距骨と腓骨とをつないでいる前距腓靱帯を傷めたブライアントは激痛を訴え、足を引きずって退場した。

アメリカの体操選手ケリー・ストラグは、一九九六年のアトランタ・オリンピックで演技中に前距腓靱帯を断裂した。その直後、テーピングとアドレナリンと根性で痛みに耐え、彼女は跳馬の演技でアメリカ体操チームを金メダルに導いた。前距腓靱帯を断裂したら、跳馬はおろか、歩くこともままならないのがふつうである。

「足首をくじいた」とき、傷めたり場合によっては断裂したりするのはふつう、この前距腓靱帯である。距骨を腓骨に固定しているこの帯状の組織は、人体で最もよく損傷を受ける靱帯である。アメリカでは年に百万人がこの靱帯を傷めている。[22] バスケットボールをしていて傷めることもあるが、凹凸のあるところを歩いていて着地の仕方が悪かっただけでも傷めることがある。治るまでに数週間かかる場合もある。

二足歩行するせいで、ヒトの足首は非常に損傷を受けやすくなっている。その理由を理解するため、私はウガンダのキバレ森林国立公園を訪ねた。

熱帯雨林の中にいると、身体が乾く暇がない。雨が降っていないときでも、空気はどんよりと湿気を帯びている。汗が蒸発しないので、服も帽子の縁も靴下もじっとりしている。ゾウに踏み固められてできた森の道には蔓植物が縦横に這い、無防備な二足歩行動物の足をすくう。毒蛇、巨大なクモ、皮膚炎を引き起こす植物、攻撃的なアリ、密猟者の罠。平均的アメリカ人にとって快適な場所とは言いがたいが、チンパンジーを自然な環境下で観察するためにはここに来るしかない。

キバレ森林国立公園内のンゴゴに、百五十頭以上のチンパンジーが群れを作って暮らしている。ミシガン大学のジョン・ミタニとイェール大学のデビッド・ワッツは、この群れを二十年前から研究している。私はそこを訪れ、チンパンジーが歩いたり木に上ったりするときにどのように足を使っているのかを観察することにした。それを見る機会はすぐにやってきた。

ンゴゴでの最初の朝のことだった。堂々たる体格のアルファオス、バートクが実をつけた木にナックルウォークで近づき、樹冠を見上げると、太さ一フィート（約三十センチメートル）ほどの木の幹をまるで階段を上るような足どりで上っていった。それはいとも簡単な動作のように見えた。バートクの足をじっと見つめながら、私は自分が見ているものが信じられない思いだった。バートクは足の甲を脛骨に押しつけ、足をひねって足の裏で木の幹をつかむようにして上っていた。足の甲を脛骨に押しつけた段階で、人間ならアキレス腱が切れている。それにあんなふうに足をひねったら、前距腓靭帯が断裂してしまう。

私は一ヶ月かけてこのチンパンジーの群れを観察し、チンパンジーが木に上る様子を二百例近く撮影した。どのチンパンジーも毎回、人間ならほぼ確実に足の腱や靭帯に深刻な損傷が起きそうな体勢で木に上っていた。

ヒトのアキレス腱は下腿の裏側の中程まで伸びてふくらはぎの筋肉につながっている。ヒトの長いアキレス腱は、弾性エネルギーを蓄え、推進力（特に、走る際の）を高める役割を果たしている。これに対して、チンパンジーのアキレス腱は一インチ（約二・五センチメートル）程度の長さしかない。彼らの下腿の裏側はほとんどが筋肉でできている。筋肉は腱よりも遙かに柔軟なため、彼らは可動域の広い足首を使って木に上ることができる。つまり、ヒトとは違い、チンパンジーにはアキレス腱断裂の心配はない。

足首を捻挫する心配もない。彼らにはそもそも前距腓靭帯がないのだ。

最初期の人類は楽々と木に上っていた。その理由は、足関節の可動域が広いことだけではなかった。彼らの足の親指は、現在のチンパンジーと同じようにものをつかむのに適した形をしていた。ヒトの足の土台となった類人猿の足は、可動域の広い、ものをつかむのに適した形への強い自然選択圧を受けていた。彼らの足の筋肉は、木の枝をつかむ際に重要な役割を果たす足の親指の、微妙な動きを制御するのに役立っていた。

ヒトの足は、歩く際に地面を蹴り出すためにもっと硬くなければならないし、可動域は狭くなければならない。人類進化史を通じて、足の多くの可動部分が、腱や筋肉や、さらにはいくつかの骨の微妙な変化によってがっちりと固められていった。紙ばさみと粘着テープで手直ししたようなこうした変更箇所は、進化のつぎはぎ修理の跡を示す好例である。[24]

もちろん、ヒトの足は仕事をかなりうまくこなしている。自然選択によってヒトの足は、衝撃を吸収し、地面を蹴り出すときには硬くなり、アーチやアキレス腱などの弾力構造をも備えた構造に進化した。かつてホミニンの足がものをつかむのに適した形をしていた時代に、足の細やかな動きを制御していた内在筋は、今ではアーチを支える役割を果たしている。もしも進化がこうした変更を加えなかったら、われわれの祖先はおそらくヒョウの餌食になっていただろうし、現在われわれが知っているような人類は存在していなかっただろう。

しかし、進化が既存の構造に少しずつ段階的に修正を加えたために、われわれは応急処置的な解決法を受け継いでしまった。進化による修正は、二足歩行を可能にするには充分効果的だったが、痛みや怪我のリスクを伴わずにそれを可能にするほどにはエレガントではなかったのだ。

たとえば、足底腱膜という、踵から親指の付け根にかけて足の裏に伸びている丈夫な帯状の繊維組織があるが、これが過度に引き伸ばされると炎症を起こし、骨棘ができたり、足底腱膜炎と呼ばれる痛みを伴う症状が起きたりする。この足底腱膜がなければ足は硬さを失って二足歩行に支障が出るだろうが、これがあることでヒトの足は怪我のリスクにさらされている。さらに、ヒトはアーチの崩れや外反母趾、ハンマートゥ、前脛腓靱帯損傷など足のさまざまな不具合に悩まされることが非常に多い。しかも、こうした足の不具合の多くは靴――人類が世界中に広がることを可能にしたテクノロジー――によって悪化するのだ。

履き物は、人類が高緯度地方を経由して最終的にアメリカにまで移動するのに役立った。現在、靴のおかげで私はストリートバスケットを子どもたちと快適に楽しめるし、嵐のあとの森をハイキングすることもできる。ショートブーツは、オーストラリアの草原やサハラ以南のアフリカでヘビから足を守ってくれる。履き物は、ビーチや街中の歩道でガラスの破片から足を守ってくれる。さらに、靴を履いていれば、「シャツを着ていない方、靴を履いていない方はご遠慮ください」と表示されている店で買い物ができる。靴がなければ、人類はエベレストに登頂することも月面を歩くこともできなかった。靴は重要な技術革新だったし、今でもそうだ。だが、人類のクレバーな発明はみんなそうだが、こうしたメリットにはコストが伴う。

足の裏には、十個の筋肉が四層重なってついている。そのいくつかは、足のアーチを維持する働きをしている。その他は、足を踏み出すのに不可欠な筋肉だ。[25] しかし、大半の靴は（いかにも健康によさそうな、「アーチを支える」と称する靴でさえも）これらの筋肉を脆弱にする恐れがある。その結果、足の怪我のリスクはさらに高まる。

メキシコの先住民タラウマラ族は、たぐいまれな長距離走の能力の持ち主として知られている。[26] 彼らはふつう、タイヤのゴムで作ったサンダルをひもで足に固定して履いている。ハーバード大学の人類進化生物学者で自らも長距離ランナーであるダニエル・リーバーマンは、タラウマラ族の足の謎を解明しようとした。彼はメキシコ北西部シエラ・タラウマラにタラウマラ族を訪ねて彼らの歩き方・走り方を観察し、超音波を使って足の筋肉の大きさを測定した。リーバーマンとポスドク研究者のニコラス・ホロウカとイアン・ウォレスは、タラウマラ族の足は典型的なアメリカ人のそれよりもアーチが高く、硬く、筋肉が大きいとする論文を二〇一八年に発表した。[27]

タラウマラ族は遺伝的に足の筋肉がたくましいのだろうか。答えはノーである。シンシナティ大学の人類学者エリザベス・ミラーはリーバーマンのチームと共同で、ランナー三十三名について二種類の足の筋肉の大きさを測定した[28]。ランナーの半数は、クッション性のある通常のランニングシューズを履いてトレーニングをおこなった。あとの半数は、徐々に（タラウマラ族の履き物により近い）ベアフットシューズに履き替えてトレーニングした。わずか十二週間後、ベアフットシューズを履いたグループは二種類の筋肉が二十パーセント大きくなり、アーチの硬さは何と六十パーセント増していた。どんな靴を履くか、あるいは履かないかで足は変わってくるのだ。

それだけではない。足の筋肉が弱いと、足底腱膜（足の裏に伸びる帯状の組織）が過度に緊張し、その結果、足底腱膜炎の刺すような痛みを引き起こす[29]。にもかかわらず、ハーバード大学の生化学者アイリーン・デービスも言うように、「われわれは足を守るためにはクッション材が必要だと思い込んでいる」のだ[30]。

おまけに、靴はもはや足を守るためだけのものではない。靴は社会的地位や財力や権力を表すシンボルであり、機能より見た目が重視される場合もある。そのツケは足に回ってくる。ハイヒールを履き続けるとふくらはぎの筋肉が縮んでアキレス腱が硬くなり、歩き方まで変わってしまう[31]。日頃つま先の尖った靴を履いていると、外反母趾やハンマートゥを起こしやすくなる[32]。靴による足のダメージに悩む人は圧倒的に女性に多く、中には手術が必要になる例もある。

「ヘクト先生の選曲は最高です」と手術室の看護師が私に言った。

私は、青い手術着、マスク、オーバーシューズを着用し、ダートマス大学ヒッチコック・メディカルセンターの、足および足首専門のベテラン整形外科医ポール・ヘクト博士の手術を見学していた。手術台に、四十代の男性が横たわっている。前の冬に氷で滑って右足首を骨折し、骨にボルトを入れる手術を受けたのだがあまり効果がなかった[33]。そこで、足首固定手術が必要になったのだ。

頭上のスピーカーから、スティーヴィー・ワンダーの「くよくよするなよ」が流れてくる。

ヘクト医師はまず、繊細なメス捌きで慎重に表面組織――皮膚、皮下脂肪、筋肉――を分離し、足関節に到達した。

その後、そこは手術室というよりはホームセンターの様相を呈してきた。まず、ドリルが登場した。古いネジを脛骨から取り外すためだ。

「ラグスクリューはご存じですね？」とヘクト医師が尋ねる。

「え、ええ」と私。子どもたちのためにツリーハウスを作ったとき、裏庭の大きなブナの木にハウスを固定するために使ったことがある。手術室でこんなに大きなネジにお目にかかるとは思わなかった。

細かい切開には電気メスが使われる。このような外科手術では避けられない小静脈からの出血を止めるためにも電気メスが使われる。組織の焦げる臭いが手術室に充満する。パンクしたタイヤを交換するために車をジャッキで持ち上げるような要領で、距骨を脛骨から外す。

メロンの果肉をくりぬく道具に似た器具を使って、むき出しの関節から軟骨が擦り落とされていく。ヘクト医師は電気ドリルを使って関節に穴を開け、出血を促す。そうすることでそこに骨芽細胞が集まり、関節が癒合し始めるのだ。ドリルがうなり、骨片が飛び散る。私は二〜三歩あとずさりした。ヘクト医師はハンマーとのみを使って骨膜を魚のうろこのような形に剝離し、治癒する部分の表面積を広げる。最後に、治癒と新しい骨の成長を加速するため、生きている骨細胞と顕微鏡レベルの骨の土台をブレンドしてスープ状にしたもの（見た目は『ゴーストバスターズ』のスライムそっくり）で骨折箇所を接合する。ヘクト医師は整形外科医になる前、木工職人になる訓練を受けたことがあるという。なるほど。

その日のうちに、私は、中年女性の痛む踵骨棘を取り除く手術も見学した。別の患者は、関節炎の治療のため、足の親指の関節を電気ドリルで丸く削る手術を受けていた。

整形外科は数十億ドル規模の産業だ。そしてその盛況は、人類の進化史のおかげだ。

たしかに、足の不具合には、現代人の座りっぱなしのライフスタイルや、靴を履くという決断が大きくかかわっている。だが、足の病変は、履き物が発明される遙か以前からホミニンの化石によく見られる。直立二足歩行の負の結果を、われわれは長い間背負い続けてきたのだ。

病変の見られるこうした化石は、人間のもう一つの特徴をも明らかにしてくれる。そして、この特徴こそ、類人猿がどんなふうに二本足で歩き始めたのかという謎を解き明かしてくれるものかもしれないのである。

結論 共感するサル

The Empathetic Ape

ルーシーはじめ、大怪我を負いながら
生き続けたと思われる化石は多い。
二足歩行は脆弱ゆえに助け合い共感する能力が生まれたのだ

裸の人間の肉体とは、何とひ弱で傷つきやすく、哀れなものなのだろう。
それはどことなく未完成で不完全だ。[1]

――D・H・ローレンス
『チャタレー夫人の恋人』（一九二八年）

道具の使用や共同育児から交易ネットワークや言語に至るまで、人類進化史上の主要な出来事はすべて、二足歩行から始まった。かつて中新世の森に立っていたか弱いサルは、ついには世界中に広がった。

しかしそれでも、われわれが現在ここにこうしていることは奇跡だ。人間は哀れなほど足が遅い。同等サイズの俊足の四足歩行動物と比較すると、せいぜい三分の一の速度でしか走れない。後頭部にヒョウの歯形が二箇所残っているアウストラロピテクスの化石は、人類の足の遅さが二足歩行という進化の結果だったことをまざまざと示している。二足歩行という不安定な歩き方のせいで、全世界で一年に五十万人が転倒事故で死亡している。[2] 効率的な二足歩行に適応して骨盤の丈が短くなったことで、胎児は分娩時に回旋しながら産道を通らざるを得なくなった。それによって人類は難産になり、出産は時に危険を伴うものとなった。幼児はおぼつかない足を大胆にも踏み出し、見守ってくれる人がいなければ、愚かにも実験用の通路を踏み外して転げ落ちる。年を取れば、二足歩行の負担が背中や膝や足の痛みとなって現れる。

二足歩行の利点は、明らかにその代償を上回っている。そうでなければ、人類はとうの昔に絶滅していただろう。しかし、二足歩行の多くのデメリットや二足歩行動物が稀であることを考えるにつけ、私は常々不思議に思ってきた。人類はなぜ、絶滅ではなく繁栄の道を歩むことができたのだろう。

その答えは、人間の最も素晴らしく最も謎めいた特徴の一つとともに見つかるかもしれない。それを理解するため、人類の化石記録をもう一度検討してみよう。

ある足の化石の物語

化石の中には、「ルーシー」とか「スー」といった名前がついているものがある。ほとんどの化石は、KNM-ER 2596というような記号で呼ばれている。

KNMは、ケニア国立博物館(ナショナル・ミュージアム)の略称だ。つまり、その化石が現在どこに保管されているかを表している。ERはイースト・ルドルフの略称。つまり、その化石がルドルフ湖東岸で発見されたことを表している(ルドルフ湖とは、ケニア北部にあるトゥルカナ湖の植民地時代の名称)。2596は、それがルドルフ湖東岸で発見された二千五百九十六番目の化石であることを意味している。これが発見されたのは一九七四年である。以来、その地域ではさらに多くの化石が発見され、現在、化石に振られる番号は七万に近づいている。

KNM-ER 2596は脛骨遠位部の断片である。かつて足首の関節と接していた部分は広がっていて、いる。

この骨の大きさから、この個体の体重は七十ポンド（約三十二キログラム）足らずだったと推定できる。大体ルーシーと同じくらいである。骨の外周に沿って見えるかすかな線は、骨端線が閉じた跡である。これは、このホミニンが成長しきってまもない頃に死んだことを示している。これらの手がかりを総合すると、この化石は十代後半のメスと推測される。化石が発見された火山灰層に含まれている放射性物質の量から、この個体が生きていたのはおよそ百九十万年前と思われる。肉食動物の歯形が複数ついているところを見ると、おそらく肉食獣の餌食になったのだろう。

その時代には複数種のホミニンが共存していたため、KNM-ER 2596 の種は確定できていない[3]。しかし、この骨にはどこかおかしなところがある。ルーシーの脛骨とも、他のどんな二足歩行ホミニンのそれとも少し違うのだ。内踝（足首の内側にある突起）が異様に小さく萎縮し、足首の関節に奇妙な角度がついている。こうした奇妙な解剖学的特徴は、現在、子どもの頃に足首を骨折して適切な治療を受けられなかった人に見られるものと同じである[4]。

百九十万年前には医者も病院ももちろん存在しなかった。しかし、この小さなホミニンは足首を骨折し、肉食獣の世界に放り出されても死なずにすんだ。傷を癒やし、大人になるまで生き延びることができたのだ。

化石は石に過ぎないが、波瀾万丈の物語を聞かせてくれる。百九十万年前のトゥルカナ湖東岸のその場所を想像してみよう。日が昇り、広い草原に金色の光を投げかける。近くの川辺の森でサルたちが目を覚まして騒ぎ出す。シマウマやレイヨウやゾウの祖先が朝食を頬張りながら時々頭を上げ、丈の高い草に潜んでいる肉食獣に目を配っている。

　安全な樹上から、ホミニンたちはその光景を見ていた。彼らは地上に下りようとはしなかった。腹を空かせた猛獣たちに襲われる恐れがあったからだ。だが、太陽が高く昇って猛獣たちが日陰で休み始めると、ホミニンたちは木から下りて食物を探しにいった。彼らは地虫や塊茎や果実や新芽をあさった。猛獣が夜の間に仕留めた獲物の骨にこびりついた肉も食べたかもしれない。

　そのホミニンたちの中に、家族や仲間と一緒に KNM-ER 2596 もいた。群れの個体数は二十〜三十ほど。彼女の母親は、次の赤ん坊が生まれたので、もう彼女に食物を与えてはくれない。だが、KNM-ER 2596 は食物を探すあいだ、赤ん坊を運ぶのを手伝う。日が暮れると、彼女は木に戻り、ねぐらを作った。あそこで光っている点々は何かしらと思いながら、空を見上げていたかもしれない。

　ある日、KNM-ER 2596 の生活は激変した。木から落ちたのかもしれない。溝に足を取られたのかもしれない。原因は何にせよ、彼女は足首をひねってしまった。靱帯が断裂し、骨が砕けた。痛みに悲鳴を上げながら彼女は地面に倒れ、助けを求めて泣き叫んだ。母親が駆けつけてきたが、猛獣が狙っている開けた草原で赤ん坊を地面に下ろすわけにはいかなかった。心配そうな顔で群れの仲間が集まってきた。悲鳴を聞きつけてすぐにライオンやヒョウやハイエナがやってくることを知っているからだ。

　群れにとって最も安全な方策は、彼女をその場に見捨てていくことだった。だが、実際にはそうはならなかった。

　おそらく、群れの誰かが彼女を森まで運び、手助けして木に上らせてやったのだろう。もしその木が実をつけていたら、安全な樹上を離れずに飢えをしのぐことができただろう。仲間たちが地虫やレイヨウの肉片や一つかみの種を持ってきてくれたのかもしれない。雨期であれば、木の葉についた水を舐めることもできただろう。

彼女の骨格がもっと見つかっていたら彼女の物語ももっと明らかになったのだろうが、現在、彼女がかつて存在したことを示す証拠は脛骨の貴重な断片だけである。怪我が治るまでの間、群れの仲間が彼女の面倒を見たという証拠はあるのだろうか。証拠はない。だが、彼女がその他の方法で生き延びられたとは考えにくい。KNM-ER 2596 の怪我は次第によくなったが、彼女の足が元どおりになることはなかった。

シマウマやレイヨウのような四足歩行動物が足に重傷を負うと足を引きずるようになるが、歩けなくなることはない。これに対して二足歩行動物は、足にひどい怪我を負うと歩けなくなってしまう。二足歩行によって人類は、下肢を傷めやすくなっただけでなく、実際に傷めた場合には多大なダメージを被るようになった。

大怪我を乗り越えて生き延びたホミニンが KNM-ER 2596 だけなら、彼女のことは幸運な例外として脚注で扱う程度だろう。だが、怪我や病気を乗り越えたホミニンは彼女だけではなかった。同じような例が、彼女の他にもたくさんあるのだ。

エチオピアのウォランソ・ミルでヨハネス・ハイレ＝セラシエによって発見された、三百四十万年前のアウストラロピテクス・アファレンシスの骨格には、KNM-ER 2596 と同じような、足首の骨折が治癒した跡がある。[5] トゥルカナ湖畔で KNM-ER 2596 が傷を癒やしていたのと同じ頃、KNM-ER 738 と呼ばれるホミニンが左の大腿骨を螺旋骨折した。[6] 螺旋骨折は、自動車事故やスキー中の事故によく見られる骨折である。歩けるようになるまでに、通常、六週間の完全な固定が必要になる。KNM-ER 738が生き延びられるはずはなかった。だが、一九七〇年にリチャード・リーキーのチームによって発見されたこの化石には、仮骨と呼ばれる、骨が肥厚した部分が見られる。これは、KNM-ER 738が怪我から回復し、その後も生きていた証拠である。

KNM-ER 1808と呼ばれているホモ・エレクトスの骨格化石には、骨が炎症によってリング状に肥厚した部分が見られる。[7] 最初、研究者たちはこれをビタミンA過剰症のせいだと考えた。二十世紀初頭、難破船の船員がアザラシの肝臓の過剰摂取によって骨に同様の異常を来し、死亡した例がある。これをフランベジアによるものと考える研究者もいる。フランベジアは感染症で、命に関わることはまれだが外観を損なう症状を伴う。原因はともあれ、KNM-ER 1808は骨の炎症によって痛みに苦しみ、弱っていたに違いない。だが、[8] 彼はその状態のまま生き続けた。誰かの援助なしにそれが可能だったとは考えにくい。

同様の例はまだまだある。ナリオコトメ・ボーイとして知られる百四十九万年前のホモ・エレクトスは脊柱側湾症だったように思われる。[9] さらに、タンザニアのオルドバイ渓谷で発見された百八十万年前の足の化石断片には、重い関節炎を示す骨増殖が見られる。[10] その近くで発見されたホミニンの脚の骨には、脛腓靱帯損傷による骨の異常が見られる。[11] 南アフリカの洞窟で発見された二百五十万年前の椎骨には、腰部の深刻な関節炎を示す肥厚が見られる。[12] 同じ洞窟から、圧迫骨折が治癒した跡のあるアウストラロピテクスの足首が発見されている。[13] 九歳のマシュー・バーガーと飼い犬のタウが発見したアウストラロピテクス・セディバのカラボの椎骨には、激しい痛みを伴ったと思われる腫瘍の痕があった。[14] いずれの場合も、彼らは他人の援助を受けて生活していたものと思われる。

残酷さと優しさと

祖先たちの生活は過酷だった。二足歩行がその過酷さに拍車をかけた。毎日、彼らは恐ろしい猛獣を警戒しながら、他種のホミニンと食物を奪い合っていた。こうした数々の脅威に直面していた彼らは、危険な「他者」から必死に身を守ると同時に、「仲間」に対しては共感を寄せるようになった。

ハーバード大学の霊長類学者リチャード・ランガムはこれを「善と悪のパラドックス」と呼んでいる。[15] われわれ人類は、どうして残酷さと心の優しさを兼ね備えることができるのだろう。学者たちは、人間の性質の本質を何世紀にもわたって論じてきた。[16] 人間は本質的に暴力的な存在であり、ルールや集団の規範によって攻撃的傾向を抑えているに過ぎないのだろうか。それとも、人間は生来平和的な存在であり、暴力と家父長制を賛美する抑圧的な社会の影響を受けて攻撃的になるのだろうか。

人類を含むすべてのほ乳類は柔軟な行動を取ることができる。彼らは優しく子育てすることもできるし、次の瞬間には暴力的になることもある。互いに手をつないだり毛繕いし合ったりする様子が愛らしいラッコは、アザラシの赤ちゃんを襲って無理やり交尾に及ぶ。赤ん坊を優しく育てているゾウが突然サファリ客を踏み殺すこともある。アメリカでは五千万以上の世帯が犬を飼っている。飼い犬は人間が投げたものを取ってきたり、鼻を擦り寄せてきたりなめてきたりするが、嚙みつくこともある。[17] アメリカでは年に四百五十万人が犬に嚙まれている。その結果、一万人が通院を余儀なくされ、二〇一九年には四十六人が死亡している。

ほ乳類の行動は敵意と調和のダンスである。

ヒトに最も近縁のチンパンジーとボノボは行動が対照的だと言われることが多い。チンパンジーは残酷な殺戮者だが、ボノボは自由奔放な平和主義者だ、と。「ヒトは生まれながらに暴力的だ」と考える人は、持論の裏づけとしてチンパンジーに関する論文をさかんに引用する。「人間は生来平和的だ」と考える人はボノボの研究を引用する。現実はもう少し微妙だ。

私は二〇〇六年にウガンダのキバレ森林国立公園を訪れた際、マイルズという高位のオスがメスのチンパンジーを激しく殴っているところを目撃した。マイルズは、必死に逃げようとするメスの足をつかみ、腰をつかまえて引き戻し、拳で殴った。しかし、その二日前、マイルズは横向きに寝転んで、穏やかに子どものチンパンジーと遊んでいた。その態度は優しく、愛情にあふれていた。

翌年、私は同じチンパンジーの群れが縄張りをパトロールするところを観察した。十頭ほどのオスが、縄張りの境界へと決然とナックルウォークしていった。彼らは空気の匂いを嗅ぎ、時々二本足で立ち上がっては敵がいないか目と耳で確かめた。彼らは不気味な沈黙を守っていた。その日はそのまま何事もなく終わったが[18]、私が到着する一週間前には、彼らは隣の群れのチンパンジー一頭に遭遇し、殴り殺していたのだ[19]。

これに対して、ボノボが縄張りを巡って殺し合うところはこれまで目撃されていない。別の群れに遭遇すると、ボノボは毛繕いし合い、食べ物を分け合い、セックスまでする。資源の豊富な森に住んでいる彼らにとって、最良の行動戦略は「殺し合うのでなく愛し合おう」（訳注：一九六〇〜一九七〇年代の反戦運動でよく使われたスローガン）ということのようだ。だが、だからといってボノボが平和主義者だということにはならない。[20] 彼らは狩りをして獲物の肉を食べるし、メス優位の彼らの社会でも群れ内部のけんかが暴力沙汰に発展することもある。メス同士が同盟を組み、暴力的なオスを攻撃して大人しくさせることもある。

「どの個体にも、善と悪の可能性が備わっている」とリチャード・ランガムは『善と悪のパラドックス』に書いている。[21] 人類の攻撃性と融和性のバランスについて、化石記録から何か分かることはないだろうか。

スペイン北部アタプエルカ山地で、古人類学者のチームがシマデロスウエソス(「骨の穴」の意)と呼ばれる洞窟から五十万年前のホミニンの化石七千個を回収した。ごちゃ混ぜになっていた化石を分類した結果、二十八体分の骨格が含まれていることが分かった。これらは、DNAが保存されていた化石としては最古の化石である。[22] DNAの解析により、彼らはネアンデルタール人の祖先だと分かった。

その中に、研究者たちによって「ベンジャミーナ」という愛称をつけられた、七歳くらいの子どもの骨格化石がある。その変形した頭蓋骨は、彼女が知的障害を伴う重度の頭蓋骨癒合症を抱えていたことを示している。[23] 子どもを七年間育てるには献身的な世話が必要だが、ベンジャミーナの場合にはそれを上回るケアが必要だっただろう。一方、ベンジャミーナの近くで発見された別の化石には、残忍性の証拠が残されている。彼は石で殴り殺されていた。[24] 彼は左目のすぐ上を、石で二度殴りつけられていた。頭蓋骨が割れ、脳が露出した。遺体は自然の陥没穴(つまり、ベンジャミーナと同じ「骨の穴」)に投げ込まれた。

三万六千年前、現在のフランス・サンセザール付近で、あるネアンデルタール人が頭頂部に鋭い石――おそらくは手斧――の一撃を受けた。だが、彼の化石にはその傷が治癒した痕が見られる。[25]これは、彼が襲撃を受けたあとも生きていた証拠である。

十五万年前、現在のフランス・ニース付近のラザレ洞窟に住んでいた少女が右側頭部に怪我を負った。[26]ふざけていて転んだのかもしれない。友だちが投げた石が運悪く当たったのかもしれない。部族の一人が――あるいは近隣部族の誰かが――彼女の頭に意図的に石を打ちつけたのかもしれない。いずれにせよ、彼女が重傷を負ったことが化石から分かる。頭部にそんな損傷を受ければおびただしい出血があったに違いないが、彼女は生き延びた。傷が癒えるまで、誰かが手当てをしたに違いない。

二〇一一年、中国科学院の呉秀傑は中国南部で発見された三十万年近く前の頭骨の分析結果を発表した。[27]この頭骨にも、頭頂部に打撃を受けてから治癒した痕があった。その後も、呉と中国科学院の研究者らによって、頭部に激しい暴力を受けた跡のある化石が四十体分以上発見された。[28]ところが、ほとんどの場合、被害者は生き延び、怪我から回復していた。他人の助けがなければそれは不可能だっただろう。

利他行動の証拠

人間は排他的な生き物だ。チンパンジーとほぼ同じように、人間の利他的行為は、同族と見なした相手に限定されることが多い。「他者」と見なした相手には激しい暴行を加えることもある。財産や縄張りを奪うためという場合もあるが、単に自分とは違う神を拝んでいるからとか、肌の色や言葉や信条が違うからというだけの場合もある。たしかに人間は互いに協力することが得意だが、人間が最も得意とすることの一つは、多くの人間を殺すという目的で協力し合うことなのだ[29]。『2001年宇宙の旅』の棍棒を振りかざす類人猿にしろ、「大型動物の肉を食べたいという欲望こそ、人類進化の駆動力の一つだった」という、誤りであるにもかかわらずいまだにはびこっている「人類＝ハンター」説にしろ、人類の過去に関してこれまで構築されてきた物語においては、人間の否定しがたい暴力的・攻撃的傾向が支配的だった。だが、進化の旅は人類にたぐいまれな共感能力をも与えた。往々にして、われわれは人間の善なる本性に目を向けることなく、（呉が発見した、頭に重傷を負っても他人の援助のおかげで生き延びられた四十体のホミニンが物語るように）対立と共感はつながっているという事実を無視してきた[30]。

「激しい怒りに駆られていても、オーガズムを感じていても、心臓は大体同じように動いている」とスタンフォード大学の行動生物学者ロバート・サポルスキーは『行動——最善の自己と最悪の自己の生物学』の中で述べている[31]。「愛の逆は憎しみではない。愛の逆は無関心なのだ」。だが、ホミニンの化石記録のなかから見えてくるものは無関心ではない。

三百六十六万年前のラエトリの足跡を思い出してみよう。いちばん小さな個体はひどく足を引きずって歩いていたようだ。彼女の片足は進行方向から三十度近く曲がっていた。だが、彼女は一人ではなかった。助けてくれる仲間と一緒に歩いていた[32]。

ルーシーにも助けてくれる仲間がいたに違いない。彼女の大腿骨には、臀筋が付着していた箇所に感染を起こしていた痕がある[33]。体側に深く刺さったトゲが原因だったかもしれない。肉食獣の牙から必死に逃げようとして、腱が骨から断裂してしまったのかもしれない。肉食獣からは逃れられたが、股関節を傷め、足を引きずるようになったのかもしれない。

ルーシーは背骨にも問題を抱えていた[34]。まだ若かったのに、四つの椎骨に、脊椎が変形するショイエルマン病の患者に似た変形が見られるのである。椎骨の変形によってルーシーは腰が曲がっていたかもしれないし、だとすれば歩行能力にも問題があっただろう。古人類学のアイコン的存在のルーシーだが、その人生は過酷だったのだ。

さらに過酷だったのが、ルーシーの種アウストラロピテクス・アファレンシスの出産だった。

私は二〇一七年に、人類学者のナタリー・ローディシナ、カレン・ローゼンバーグ、ウェンダ・トレバタンと共同でアウストラロピテクス・アファレンシスの出産の再現を試みた[35]。

ルーシーの骨盤の形状から考えて、アウストラロピテクスの赤ん坊は大半の類人猿とは違い、顔を前（母親の腹側）に向けて生まれてくることはできなかっただろう、とわれわれは結論づけた。アウストラロピテクスの胎児は回旋しながら産道に入っただろう。骨盤闊部まで到達した胎児は、回旋を続けて両肩を通過させなければならなかった。われわれのシミュレーションでは、百八十度回旋して完全に裏返る必要はないとの結果が出たが、それでも胎児は後ろ向き（前方後頭位。母親の背側に顔を向けている胎位）で生まれてくる必要があった。現在、人間の赤ん坊のほとんどがこの胎位で生まれる。ルーシーの種にとって、一人での出産は危険だっただろう。

古人類学者にとっては、これは、「ルーシーには介助者がいた」ことを意味する。助産師は少なくとも三百二十万年前のアウストラロピテクスの時代にはすでに存在したに違いない。ローゼンバーグが書いているように、「助産師は世界最古の職業[36]」なのである。

骨盤が広いために胎児が回旋しないで産道を通過できるチンパンジーはふつう、一頭で出産する。

これに対して、チンパンジーと同じく広い骨盤を持つボノボの場合は必ずしもそうとは限らない。二〇一八年、フランス・リヨン大学のポスドク研究者エリサ・デムルーは飼育下のボノボ三頭の出産観察記録を発表した[37]。赤ん坊が生まれるとき、他のメスたちは出産に付き添い、生まれてきた赤ん坊を抱き上げることで出産の介助までした。その数年前には、ドイツ・ライプツィヒのマックス・プランク進化人類学研究所のパメラ・ハイディ・ダグラスがコンゴ民主共和国の森林で野生のボノボの珍しい日中の出産を目撃している。そのときも、他のメスたちが付き添っていた。

ヒト、チンパンジー、ボノボという近縁種の中で、チンパンジーだけが仲間外れである。チンパンジーは進化の過程で、出産行動を社会的行動から単独行動へと変化させたのかもしれない。だとすれば、ヒト、チンパンジー、ボノボの共通祖先が現在のヒトやボノボと同じような出産行動を取っていた可能性は充分ある。おそらく、二足歩行ホミニンは、身体的理由によって出産時の介助が必要になる以前から、出産時に社会的サポートを受けていたのだろう。二足歩行に伴う骨盤の変化によって胎児は回旋しながら産道を通過せざるを得なくなったが、そのような出産が可能だったのは、出産時にメス同士で助け合うことがすでにホミニンに定着していたからこそだったのだろう。

出産の介助が先か難産が先かは「卵が先かニワトリが先か」のような問題ではあるが、論理的な結論としては、介助が先ということになるだろう。

二足歩行と共感

二足歩行は、社会的な種としての人類の進化に密接に結びついている。二足歩行ホミニンが出産を介助していただけでなく、食物を探す母親に代わって子どもの面倒も見てやっていたことをうかがわせる証拠が発見されている。彼らはコミュニティを形成し、子どもたちが脳の発達に応じて群れのルールを学ぶあいだ、その中で子どもたちを守り育てた。逃げるには足が遅すぎ、攻撃を一人で撃退するにはひ弱すぎるホミニンが生き延びるためには、協力し合うしかなかった。

幼児が自分を危険から守ってくれる人が近くにいることを確信し、おぼつかない足どりで大胆にも最初の一歩を踏み出すように、われわれは信頼、寛容、協力というこの古来の基礎を当たり前のことだと思っている。われわれは無意識に周囲の人と歩調を合わせている。数百万年もの間、人類はそうやって歩いてきたのだ。

二足歩行は共感力とともに進化し、技術の発達を推進した。知性と二足歩行が、最終的に現代医学や病院や車椅子や義肢をもたらしたのだ[38]。共感力のある社会的なサルが二足歩行するようになったことが、アメリカの三百万人近い障害者に「歩かないこと」を可能にしたのだ。

霊長類学者フランス・ドゥ・ヴァールは、共感は「身体の同期」によって始まると書いている[39]。周りの人と歩調を合わせれば、お互いの身になって考えずにはいられない。

二足歩行と社会的傾向とを関連付けて考えることも、他の多くの説と同じくダーウィンに由来する。一八七一年に彼はこう書いている。

身体的な大きさや力に関しては、人間がチンパンジーのような小さな種から進化したのか、それともゴリラのような大きな種から進化したのかは分からない。したがって、人間が祖先よりも強大化したのか弱小化したのかは不明である。しかし、大きくて力が強く、獰猛な動物、つまり、ゴリラのようにあらゆる敵から自分の身を守ることのできる動物はおそらく社会的動物にはならなかっただろうということは心に留めておく必要がある。そのような動物は決して、共感や同胞愛といった高い精神的性質を持つには至らなかっただろう。であるから、人間が比較的弱い生物から進化したとすれば、それは人間にとって大きな利点となったかもしれない[40]。

ダーウィンの言っていることは大局的には正しいのだが、この一節には事実誤認がある。チンパンジーは小さく弱い動物ではない。チンパンジーは非常に強い動物である。ゴリラはダーウィンの記述ほど獰猛ではないし、社会性もある。さらに、思いやりのある社会的な種を「弱い」と考えるのは間違っている。

悪名高いギャング、アル・カポネは、「私の親切さを弱さと取り違えるな」と言ったという[41]。これとほとんど同じ「絶対に、私の親切さを弱さと取り違えないでほしい」という言葉は、ダライ・ラマのものとされている[42]。この言葉は、人間の行動の特筆すべき柔軟性を見事に言い表している。われわれは平和的にして暴力的な、協力的にして利己的な、共感的にして冷淡な生き物なのだ。ドゥ・ヴァールは、「われわれは二本の足で歩く。社会的な足と、利己的な足で」と書いている[43]。

われわれはともすれば人間の利己的傾向にばかり目を向け、人間の社会性を当たり前のものとして見過ごしがちである。寛大な行為、思いやりにあふれた行為、親切な行為、人生を一変させるような行為が毎日何百万件もおこなわれているが、それは大して注目を浴びることもない。だが、誰かが人間の善なる側面から逸脱して利己的で暴力的な行為に及べば、それは異常なことなのでニュースネタになる。

二十四時間ニュースチャンネルから流れる残虐行為のニュースに慣れているわれわれは、人間がどれほど協力的で寛容になれるかを見落としてしまいがちになる。助け合うことは人間にはたやすいことなのだ。あとから来る人のためにドアを押さえてあげること、路上の物乞いに釣り銭をめぐむこと、人と料理をシェアするためにお皿を回すこと。こんなことは日常茶飯事だ。人間の優しさは、二足歩行と同じように当たり前のことなのだ。

忘れてはならないのは、協力したり共感を示したりする生物は決してわれわれヒトと祖先のホミニンだけではないことだ。社会的結合を維持するためのこうした行為は、動物界に広く見られる。たとえば、アリやミツバチは人間よりも遙かに完全かつ効率的に協力する。共感力はゾウ、イルカ、イヌなどさまざまな種で観察されている。

そして、ヒトの近縁種である類人猿には、人間の思いやりの心のようなものが見られる。

一九七四年、オクラホマ霊長類研究所で飼われていた三歳のチンパンジー、ペニーが展示場を囲む堀に落ち、溺れそうになった。それを見た九歳のメス、ワショー（ペニーとの血縁関係はない）は、電気柵を飛び越えてペニーを堀から引っ張り上げた[44]。一九九六年、シカゴ近郊ブルックフィールド動物園で飼育されていたメスのニシローランドゴリラ、ビンティ・ジュアは、展示場の柵の内側に転落した三歳児を優しく抱え上げると安全な場所まで運んだ。二〇二〇年始めには、腰まで水に浸かった男性に一頭のオランウータンが救いの手を差し伸べているところが撮影された。大型類人猿の中で最も共感的で利他的な種として知られているボノボは、日常的に、そして知らない者同士でも食べ物を分け合っている。

人類の系統の中で協力と利他的行為の芽が成長し、花開くために必要だったのは、二足歩行することによって生まれた大問題だった。

二〇一一年、古人類学者ドン・ジョハンソンとリチャード・リーキーは、神経外科医で医療ジャーナリストのサンジェイ・グプタとともにニューヨーク・アメリカ自然史博物館の公開イベントに出演した。ジョハンソンとリーキーが一緒に講演するのは、一九八一年以来のことだった。当時アフリカで一緒に発掘していた化石の解釈を巡って、リーキーが怒りにまかせて席を蹴ったのだ。だが、三十年の時を経て古人類学界の二人の重鎮はすっかり丸くなり、ともにキャリアを回顧できるまでになっていた。

質疑応答のコーナーでグプタが、「ヒトを人間らしくさせたものは何だと思いますか」と質問した。リーキーはまず、一九九三年の飛行機事故で両足を失ったときのことを、それから、義足で歩いている現在の生活について話した。

二本足の生物が両足を失ったら、どうしようもありません。……失ったのが片足だったとしても、両足がないのと変わりありません。これに対して、チンパンジーやヒヒやライオンやイヌ、つまり四本足の動物は一本失っても充分やっていけます。だから、ヒトが二足歩行するようになったとき、結合的相互作用や社会的相互作用の持つ意味や価値はそれまでとはまったく違うものになったのです。二足歩行するようになった霊長類は、二足歩行に加えて、利他的行為や社会的つながりに対する考え方を変えなければ生き残れなかっただろうと思います。[45]

だとすれば、人間の性質の最もミステリアスな側面、つまり利他的に行動する能力は、危険な世界で生きる二足歩行動物の脆弱さから生まれたのだと言えよう。そう、われわれにとって生き延びることは戦いだった。われわれの多くにとって、これからも戦いであり続けるだろう。だが、二足歩行ホミニンの子孫として、われわれの進化の旅は続く。共感力と協力と寛容さは、二足歩行という人類独特の移動形態と歩調を合わせて進化してきたのだから。

ヒトが共感能力を持った社会的なサルの子孫でなかったら、人類の試みは不可能だっただろう。寛容と協力と思いやりという能力を発達させた系統からしか、二足歩行は進化し得なかっただろう。完全に利己的に振る舞う傾向があり、群れの仲間に対して非寛容な、あまりに攻撃的なサルにとって、二足歩行は絶滅への道となったことだろう。

カール・セーガンは、自分の原作を映画化した『コンタクト』に寄せて、人類についてこう書いている。「人間は興味深い種だ。興味深い混合物だ。美しい夢を思い描くこともできれば、恐ろしい悪夢を生み出すこともできる。人間は自分を寄る辺なき孤独な存在と感じているが、そうではない。あらゆる探索の結果、われわれは、この虚無感を和らげてくれるものを一つだけ発見した。それは、お互いの存在なのだ[46]」

数百万年という時間と何十回もの進化の実験を経て、われわれ現生人類は地球最後の二足歩行するサルとなった。ヒトという一個の種として、不確かで不安な時代へと歩みを進めていくわれわれにとって、人類が歩んできた道のりを肩越しに振り返ってみることは役に立つ。われわれはともに遙かな旅をしてきたし、多くのことを克服してきたのだ。

今こそ、祖先たちの骨が伝えてくれる教訓を受け入れ、人類の起源の新たな物語を構築すべき時だ。そこにはこう書かれている。この二足歩行する特別なサルが繁栄してきたのはおもに、その共感し、許容し、協力する能力のおかげなのだ、と。

謝辞

わが愛しの二足歩行動物、ベンとジョシーへ。きみたちがいなければ、この本を書くことはなかった。父さんがこの本を一生懸命書いていたあいだの、きみたちの辛抱強さとユーモアと愛とアドバイスに感謝する。子どもたち、それぞれ自分の道を行きなさい。でも、いつでもきょうだいで助け合ってほしい。きみたちの歩み出す道が、幸福と今より公正な世界へと続いていきますように。そして、エリンへ。きみはいつでも私を信じ、私を元気づけてくれた。ともに歩むパートナーとして、きみ以上の人がいるとは想像もつかない。

ありがたいことに、私には、この本を書き上げるまで励ましてくれた愛する家族がいる。リッチ、メル、ディーナ、クリス、母さん、ジニーおばさん、メアリおばさん、キティ、ダドゥー、パトリシア、ミカイラ、マイク、ロリー、アダム、アシュリー、アレックス、リリアン、ジェイク、エラ、アンソニー、イアン、ジェームソン、ワイアット、ありがとう。わが愛しの四足歩行動物、ルナへ。執筆に四苦八苦しているとき、長時間の散歩につきあってくれてありがとう。

小学六年生の時、担任の先生にしかられ、罰として、罫線の入った黄色い紙に教科書を一字一句書き写すようにと言い渡されたことがあった。父は、悪さをした子どもは罰を受けるべきだ、という考えに基本的に賛成だった。だが、私がどんな判決を受けたのかを話すと、父の顔色が変わった。父は学校に連絡し、息子に違う罰を与えてくださいと言った。父にとって、書くことは罰ではなく、プレゼントだった。父の言ったとおりだ。父さん、この本を隅から隅まで、しかも何度も読んでくれてありがとう。父さんが何度もアドバイスしてくれたおかげで、自分らしい表現を見つけることができた。この本を書いている間、文章を書くことや科学について父さんと話ができて、本当に楽しかった。

わがエージェント、エヴィタスのエズモンド・ハームスワースは、私よりもずっと先に本書の完成を信じてくれた。ボストン大学でランチをともにしてくれて、いろいろと知恵を貸してくれてありがとう。エヴィタスのチーム、チェルシー・ヘラー、エリン・ファイルズ、サラ・レヴィット、シェネル・エキシ＝モリング、マギー・クーパーの仕事ぶりは素晴らしかった。一緒に作業できて楽しかった。

ハーパーコリンズの才能あふれる編集者ゲイル・ウィンストン、アリシア・タン、サラ・ホーゲン、ベッカ・パットマン、ニコラス・デイヴィース、そしてハーパーコリンズのみなさん全員のおかげで、本書の完成までのすべての段階が楽しい体験になった。みなさんとぜひまた一緒に仕事がしたい。フレッド・ウィーマーには、その綿密で手際のいい校閲に感謝している。

私が今日あるのは、そして科学者・科学コミュニケーターとして私が現在していることのすべては、ルーシー・カーシュナーとローラ・マクラッチのおかげだ。科学、科学リテラシー、博物館教育、ラエトリ、アフリカ、アナーバー、アクトン等々、私という人間を形づくった場所や理念を包含しているベン図のすべてが重なり合う部分に、ルーシー、あなたがいる。ローラ、あなたは科学と人生においてこの上ない助言者だった。二〇〇三年に私を採用してくれたことに、そして変わらぬご指導と友情に感謝します。

貴重な時間を割いて自分の研究について話してくれた多くの科学者、ライター、講師、研究者のみなさん――カレン・アドルフ、ゼレー・アレムセゲド、フータン・アシュラフィアン、ケイ・ベーレンスマイヤー、リレー・ブラック、マデライネ・ベーメ、グレッグ・ブラートマン、ミシェル・ブリュネ、クリス・カンピサーノ、スサーナ・カルヴァーリョ、ラーマ・チェラッパ、ハビーバ・チャーチャー、ザック・コフラン、オマール・コスティリヤ＝レイエス、エリサ・デムルー、トッド・ディソテル、ホリー・ダンスワース、カーク・エリクソン、ディーン・フォーク、シモーヌ・ジル、ヨハネス・ハイレ＝セラシエ、カリーナ・ハーン、ショーン・ハロヴィッチ、ウィル・ハーコート＝スミス、ソニア・ハーマンド、カタリナ・ハルバティ、ポール・ヘクト、アマンダ・ヘンリー、キム・ヒル、ケン・ホルト、ジョナサン・ハースト、クリスティーン・ジャニス、スティーヴン・キング、ジョン・キングストン、ブルース・ラティマー、イ＝ミン・リー、サリー・ル・ページ、ダン・リーバーマン、ペイジ・マディソン、アントニア・マルチック、エリー・マクナット、アン・マクティアナン、フレドリック・マンティ、ステファニー・メリロ、ジョーン・モンテペア、スティーブン・ムーア、W・スコット・パーソンズ、ベンテ・クラールルント・ペデルセン、マーティン・ピックフォード、ハーマン・ポンツァー、ステファニー・ポッツェ、リディア・パイン、デーブ・ライクレン、フィル・リッジス、ティム・ライアン、ブリジット・セヌ、ライザ・シャピロ、サンドラ・シェフェルバイン、スコット・シンプソン、タニア・スミス、マイケル・スターン、イアン・タッターソル、ランドール・トンプソン、エリック・トリンカウス、ペッグ・ヴァン・アンデル、ミシェル・ヴォス、カーラ・ウォール＝シェフラー、キャロル・ウォード、アナ・ウォレナー、ジャクリーン・ワーニモント、ジェニファー・ウーブ、キャサリン・ホイットカム、バーナード・ウッド、リンゼー・ザノ、ベルン・ツィプフェル、アリ・ジボトフスキー――に感謝申し上げる。うっかりしてどなたかを忘れていたらお許しください。

研究室や発掘現場や手術室や動物園を私のために開放してくれた研究者のみなさん――カレン・アドルフ、マデライネ・ベーメ、オマール・コスティリャ＝レイエス、トッド・ディソテル、ポール・ヘクト、ジョナサン・ハースト、ナサニエル・キッチェル、チャールズ・ムシバ、マーティン・ピックフォード、フィル・リッジス、マイケル・スターン、カーラ・ウォール＝シェフラー、リンゼー・ザノ――に特別な感謝の言葉を。古人類学者ベルン・ツィプフェル、リー・バーガー、チャールズ・ムシバ、ヨハネス・ハイレ＝セラシエには特に感謝している。あなたがたの研究は私に気づきを与えてくれます。あなたがたの友情にはさらに大きな意味があります。本書を読んで訂正や推敲を手伝ってくれた友人、家族、同僚――ナサニエル・キッチェル、シモーヌ・ジル、カレン・アドルフ、デーブ・ライクレン、ブライアン・ヘア、スコット・シンプソン、ブレーン・マレー、シャーリー・ルービン、メラニー・デシルヴァ、ポール・ヘクト、アダム・ヴァン・アースデール、カーラ・ウォール＝シェフラー、リンゼー・ザノ――に感謝の言葉を。

ありがたいことに、私はダートマス大学人類学部の協力的で優秀で思いやりのある同僚に恵まれている。常に適切な問題を提起してくれ、世界に対する飽くなき好奇心で気づきを与えてくれた、ネイト・ドミニーとゼーン・セイヤーには特に感謝している。本書は、ダートマス大学のラーニング・デザイン・チームの援助による公開オンライン講座「二足歩行：直立二足歩行の科学」の書籍化である。アダム・ネメロフ、ソイヤー・ブロードリー、ジョシュ・キム、マイク・グーズワードに特に御礼申し上げる。

学生たちにも感謝している。彼らは注目と質問によって常に緊張感を保たせてくれた。数が多すぎていちいち挙げることはできないが、本書の多くのアイディアは、ウースター州立大学とボストン大学とダートマス大学の教え子たちとの会話から生まれたものだ。教え子たちは、大学院生も学部生も、新鮮な観察眼と素晴らしい洞察力を駆使して絶えず私の説に論駁を挑んでいる。エリー・マクナット、ケイト・ミラー、ルーク・ファニン、アンジャリ・プラバット、シャロン・クオ、イブ・ボイル、ゼーン・スワンソン、コレー・ジル、ジャネル・ウイ、エイミー・Y・チャン、どうもありがとう。

最後に、アレックス・クラクストンに特別な感謝の言葉を捧げたい。アルコサウルスやさまざまなホミニンや初期ほ乳類やアンドリュー・サルクスが登場する本のファクトチェックをするのに、あなた以上のスキルと知識を持った人はいません。あなたの知識の広さと飽くなき好奇心には感心するばかりです。あなたの処女作を読むのを楽しみにしています。

二足歩行の進化とそれが人類に及ぼした影響について現在分かっていることをできるだけ正確に伝えるべく最大限努力したつもりだが、本書のどこかに誤りが必ず紛れ込んでいるはずだ。すべての誤りの責任は私にある。

注

序論

（1） Duncan Minshull, *The Vintage Book of Walking* (London: Vintage, 2000), 1.

（2）"New Jersey Division of Fish & Wildlife," 最終更新日：二〇一七年十月十日。https://www.njfishandwildlife.com/bearseas16_harvest.htm.

（3） Daniel Bates, "EXCLUSIVE: Hunter Who Shot Pedals the Walking Bear with Crossbow Bolt to the Chest Is Given Anonymity over Death Threats," *Daily Mail*, November 3, 2016, https://www.dailymail.co.uk/news/article-3898930/Hunter-shot-Pedals-bear-crossbow-bolt-chest-boasting-three-year-mission-given-anonymity-death-threats.html.

（4） "Pedals Bipedal Bear Sighting," 最終更新日：二〇一六年六月二十二日。https://www.youtube.com/watch?v=MkHHyGRSRw.

（5） "New Jersey's Walking Bear Mystery Solved," August 8, 2014, https://www.youtube.com/watch?v=kcIkQaLJ9r8&t=3s.

（6） Frans de Waal, *Mama's Last Hug: Animal Emotions and What They Tell Us About Ourselves* (New York: W. W. Norton, 2019)〔『ママ、最後の抱擁　わたしたちに動物の情動がわかるのか』柴田裕之訳、紀伊國屋書店〕参照。ハグするチンパンジーの映像：https://www.youtube.com/watch?v=INa-oOAexno.

（7） "Gorilla Walks Upright," CBS, January 28, 2011, https://www.youtube.com/watch?v=B3nhz0FBHXs. "Gorilla Strolls on Hind Legs," NBC, January 27, 2011, http://www.nbcnews.com/id/wbna41292533#XllgdpNKhQI. "Walking Gorilla Is a YouTube Hit," BBC News, January 27, 2011, https://www.bbc.co.uk/news/uk-england-12303651.

（8） "Strange Sight: Gorilla Named Louis Walks like a Human at Philadelphia Zoo," CBS News, March 18, 2018, https://www.youtube.com/watch?v=TD25aORZjnc. 私は二〇一九年二月にアンバムに、同年十月にルイスに会いにいき、知識豊富な飼育担当者から貴重な話を聞き、人類の堂々たる親戚を観察する素晴らしい時間を過ごすことができた。午前中、数時間かけて彼らを観察したが、二頭とも、囲いの中をあちこちナックルウォークで移動するばかりだった。二足歩行する様子は一度も見ることができなかった。彼らよりさらに楽々と二足歩行する類人猿でも、二本足で歩くのはほんの時たまに過ぎない。

（9） "Things You Didn't Know a Dog Could Do on Two Legs," Oprah.com, https://www.oprah.com/spirit/faith-the-walking-dog-video.

（10） "Bipedal Walking Octopus," January 28, 2007, https://www.youtube.com/watch?v=E1iWzYMYyGE.

第一部　二足歩行の起源

（1） Ovid, *Metamorphoses, Book One*, trans. Rolfe Humphries (Bloomington: Indiana University Press, 1955)〔『変身物語』中村善

也訳、岩波文庫など〕.

第一章　人間の歩き方

（1）Paul Salopek, "To Walk the World: Part One," December 2013, https://www.nationalgeographic.com/magazine/2013/12/out-of-eden.

（2）Diogenes Laërtius, *The Lives and Opinions of Eminent Philosophers*, trans. C. D. Yonge (London: G. Bell & Sons, 1915), 231〔『ギリシア哲学者列伝』加来彰俊訳、岩波文庫〕.

（3）「歩くこと」に関する表現や慣用句は、以下の著作にも列挙されている。Rebecca Solnit, *Wanderlust: A History of Walking* (New York: Penguin Books, 2000)〔『ウォークス　歩くことの精神史』東辻賢治郎訳、左右社〕. Antonia Malchik, *A Walking Life* (New York: Da Capo Press, 2019), 4. Geoff Nicholson, *The Lost Art of Walking* (New York: Riverhead Books, 2008), 17, 21-22.Joseph Amato, *On Foot: A History of Walking* (New York: NYU Press, 2004), 6. Robert Manning and Martha Manning, *Walks of a Lifetime* (Falcon Guides, 2017).

（4）アメリカの平均的な健常者は一日に五千歩あまり歩く。アメリカ人の平均寿命は七十九歳だから、平均的アメリカ人は生涯におよそ一億五千万歩歩く計算になる。およそ二千歩で一マイル（約一・六キロメートル）なので、これを距離で表すと七万五千マイル（約十二万七百キロメートル）足らずとなる。地球の外周は二万五千マイル（約四万二百三十三キロメートル）足らずだから、平均的アメリカ人は生涯に地球を三周するだけの距離を歩くことになる。

（5）John Napier, "The Antiquity of Human Walking," *Scientific American* 216, no. 4 (April 1967), 56-66.

（6）Timothy M. Griffin, Neil A. Tolani, and Rodger Kram, "Walking in Simulated Reduced Gravity: Mechanical Energy Fluctuations and Exchange," *Journal of Applied Physiology* 86, no. 1 (1999), 383-390.

（7）Dan Quarrell, "How Fast Does Usain Bolt Run in MPH/KM per Hour? Is He the Fastest Recorded Human Ever? 100m Record?" Eurosport.com, https://www.eurosport.com/athletics/how-fast-does-usain-bolt-run-in-mph-km-per-hour-is-he-the-fastest-recorded-human-ever-100m-record_sto5988142/story.shtml.

（8）チーターの最高速度は時速七十マイル（約百十三キロメートル）と言われることが多いが、これまでのチーターの最速記録は時速六十四マイル（約百三キロメートル）である。N. C. C. Sharp, "Timed Running Speed of a Cheetah (Acinonyx jubatus)," *Journal of Zoology* 241, no. 3 (1997), 493-494.

（9）"Accidents or Unintentional Injuries," Centers for Disease Control and Prevention, National Center for Health Statistics, January 20, 2017, https://www.cdc.gov/nchs/fastats/accidental-injury.htm.

（10）ヒトは類人猿の仲間である。われわれヒトは、ヒト科と呼ばれる、大型・果実食・無尾の霊長類に属している。ヒト科にはゴリラ、チンパンジー、ボノボ、オランウータン、ギボンが含まれる。ヒト科動物を表すのに「類人猿」という簡単な名称を使う場合があるが、われわれヒトとわれわれ以外のヒト科動物（類人猿）を区別する名称があると便利である。そのため、私自身はヒトは実際には類人猿だと認めているが、本書では「類人猿」という語をヒト以外のヒト科動物という意味で使用することにする。本書で「類人猿」と言う場合には、チンパンジー、ゴリラ、ボノボ、オランウータン、ギボンを意味している。

（11）ダーウィンはここで、manという単語を「人類」という意味で使っている。本書を通じて、このような意味でmanという語を使うのは、このダーウィンの言葉のような引用文中のみである。それ以外はすべて、「男性」という意味で使用している。manは、全人類を表現するための有用なもしくは包括的な単語ではない。人類学者Sally Linton (Slocum)は、「女性は採集者：人類学における男性バイアス」（"Woman the Gatherer: Male Bias in Anthropology," in *Toward an Anthropology of Women*, ed. Rayna R. Reiter [New York: Monthly Review Press, 1975]）という論文の中で「人類という種の半数を除外する理論はバランスを欠いている」と述べているが、人類全体を表すためにmanという語を使うことにもこれと同様の問題がある。

（12）ダーウィンは『人間の由来』の一九九ページに、「人類の初期の祖先はアフリカ大陸に生息していた可能性がやや高いように思われる」と書いている。続けて彼は、「だがそれについてあれこれ考えても無駄である」と述べている。

（13）一八六四年、アイルランドの地質学教授ウィリアム・キングが、ドイツ・ネアンデル谷のフェルトホーファー洞窟で発見された部分骨格を絶滅した人類の新種として記述し、ホモ・ネアンデルタレンシスと命名した。それまでにも、ネアンデルタール人の化石はベルギーやジブラルタル半島でも発見されていた。一八六四年にダーウィンもジブラルタルで発見されたネアンデルタール人の化石を手にしているが、その重要性を正しく理解することはなかった。当時、クロマニヨン人（ホモ・サピエンス）もすでに知られていた（発見は一八六八年）。

（14）ダートがタウング・チャイルドを発見した詳しい経緯については、Raymond Dart, *Adventures with the Missing Link* (New York: Harper & Brothers, 1959)〔『ミッシング・リンクの謎』山口敏訳、みすず書房〕およびLydia Pyne, *Seven Skeletons* (New York: Viking, 2016)〔『7つの人類化石の物語　古人類界のスターが生まれるまで』藤原多伽夫訳、白揚社〕参照。かいつまんで言うと、ダートが受け持っていた唯一の女子学生ジョゼフィン・サーモンズが、家族ぐるみの友人E・G・イゾドの家でヒヒの頭骨の化石を見つけた。イゾドは、南アフリカ・タウングのバクストン採石場で石灰を採掘していたノーザン石灰会社の取締役だった。ヒヒの化石がマントルピースに飾られていたか、机上でペーパーウェイト代わりに使われていたかという点でダートとパインの記述は異なっているが、いずれにせよ、サーモンズはその化石を持ち帰ってダートに見せた。化石に興味を持ったダートは、他にも採石場で発見された化石があれば送ってほしいとイゾドに頼んだ。著作の中でダートは、タウング・チャイルドの入った箱が到着したその日、友人の結婚式の司会をするためにタキシード姿だったと回想している。

（15）一九三一年、ダートは、古生物学者の意見を仰ぐべく、タウング・チャイルドをロンドンまで持っていった。ある日、タウング・チャイルドの入った木箱をダートから預かった妻のドーラが、アパートに帰る途中、タクシーの中に箱を置き忘れてしまった。タクシーはタウング・チャイルドを乗せたまま、ロンドン中を走り回った。その日の夜、ようやく箱に気づいた運転手は箱を開けて仰天した。子どもの頭蓋骨が入っている！　運転手はあわてて警察に届け出た。ドーラも箱を置き忘れたことに気づいてロンドン市警察に出向き、貴重な化石を取り戻すことができた。ぎりぎりセーフだった。

（16）タウングの正確な地質年代は分かっていない。マッキーは二百八十万〜二百六十万年前としている。クーンらの最近の研究では、三百三万〜二百五十八万年前とされている。Jeffrey K. McKee, "Faunal Dating of the Taung Hominid Fossil Deposit," *Journal of Human Evolution* 25, no. 5 (1993), 363-376. Brian F. Kuhn et al., "Renewed Investigations at Taung: 90 Years After the Discovery of *Australopithecus africanus*," *Palaeontologica africana* 51 (2016), 10-26.

（17）Raymond A. Dart, "*Australopithecus africanus*: The Man-Ape of South Africa", *Nature* 115 (1925), 195-199.

（18）Robyn Pickering and Jan D. Kramers, "Reappraisal of the Stratigraphy and Determination of New U-Pb Dates for the Sterkfontein Hominin Site, South Africa," *Journal of Human Evolution* 59, no. 1 (2010), 70-86.

（19）Raymond A. Dart, "The Makapansgat Proto-human *Australopithecus prometheus*," *American Journal of Physical Anthropology* 6, no. 3 (1948), 259-284.

（20）Raymond A. Dart, "The Predatory Implemental Technique of *Australopithecus*," *American Journal of Physical Anthropology* 7, no. 1 (1949), 1-38.「オステオドントケラティック」という用語は、一九五七年に発表された論文の中で使われている。

（21）ダートは軍医としてロイヤル・プリンス・アルフレッド病院で勤務したのち大尉に昇進し、オーストラリア軍医療隊に配属された（一九一八－一九一九年）。したがって、戦争の惨禍を目の当たりにしたことはあったと思われるが、戦闘行為に立ち会ったことはなかったし、第一次世界大戦中の体験について手がかりになるようなことは何も書き残していない。Phillip V. Tobias, "Dart, Raymond Arthur (1893-1988)," *Australian Dictionary of Biography*, vol. 17 (2007) 参照。

（22）Robert Ardrey, *African Genesis* (New York: Atheneum, 1961).

（23）フィリップ・トバイアスは二〇一二年に亡くなるまで現役の研究者として輝かしい業績を残した。スタークフォンテーン洞窟で発掘をおこない、ルイス・リーキーと共同でホモ・ハビリスの命名者となり、リー・バーガー（本書第七章と第九章で重要な役割を演じる古人類学者）を指導した。トバイアスは南ア国内からアパルトヘイト反対の声を上げ、すべての南ア国民に平等な権利をと抗議集会で訴えた。私が会った頃には、元々小柄な彼はさらに数インチ背が縮み、杖をついて歩いていた。賢明にして親切な彼は、まさに古人類学界のヨーダだった。

（24）学名は、属名の頭文字を大文字で、種名を小文字で書き、イタリック体で表記する。したがって、現生人類は*Homo sapiens*となる。タウング・チャイルドは*Australopithecus africanus*である。何度も何度も「アウストラロピテクス・〜」と繰り返さずに済むように学名を短縮するときの正式な方法は、属名の頭文字と種名を組み合わせる書き方である。これに従えば、現生人類は*H. sapiens*、タウング・チャイルドは*A. africanus*となる。だが、本書では学名をさらに縮めるために属名を省き、「アフリカヌス」「アファレンシス」「サピエンス」のように表記している。このような書き方は学術的には正しいとは言えないが、読みやすさのためには分類学上の正式な表記法を曲げることも必要だと考える。

（25） John T. Robinson, "The Genera and Species of the Australopithecinae," *American Journal of Physical Anthropology* 12, no. 2 (1954), 181-200. ロナルド・クラークは、「リトルフット」の愛称を持つ部分骨格（標本番号StW 573）を新種であるとして、アウストラロピテクス・プロメテウスの名を復活させた。しかし、これには異論もあり、スタークフォンテーン洞窟およびマカパンスガット洞窟で発見された化石が同一の種に属しているのか、二つの別々の種に属しているのかについてはまだ結論が出ていない。Ronald J. Clarke, "Excavation, Reconstruction and Taphonomy of the StW 573 *Australopithecus prometheus* Skeleton from Sterkfontein Caves, South Africa," *Journal of Human Evolution* 127 (2019), 41-53. Ronald J. Clarke and Kathleen Kuman, "The Skull of StW 573, a 3.67 Ma *Australopithecus prometheus* Skeleton from Sterkfontein Caves, South Africa," *Journal of Human Evolution* 134 (2019), 102634 参照。

（26） Charles K. Brain, "New Finds at the Swartkrans Australopithecine Site," *Nature* 225 (1970), 1112-1119.

（27） 私が訪れた当時、そこはトランスバール博物館と呼ばれていた。トランスバールは、一九一〇年から一九九四年まで、プレトリア（行政上の首都）やヨハネスブルグが含まれる州の名称だった。アパルトヘイト政策を採っていた政権が倒れると、その地域はハウテン州（ソト語で「黄金の場所」の意）と改称された。博物館は二〇一〇年に「ディツォング博物館」（ディツォングはツワナ語で「遺産の場所」の意）と改称された。

（28） ステファニー・ポッツェは二〇一六年にディツォング博物館を辞め、現在はカリフォルニア州ロサンゼルスのラブレアタールピッツ博物館の主席研究員である。

（29） SK 48は、パラントロプス・ロブストスの頭骨の化石である。骨のすき間に石灰岩が入り込んでいるため、重い。一九四九年にブルームとJ・T・ロビンソンによってスワートクランズ洞窟で発見された。Sts 5（愛称は「ミセス・プレス」）は、一九四七年にブルームとロビンソンによってスタークフォンテーン洞窟で発見された。大人のアウストラロピテクス・アフリカヌスの、最も保存状態のいい頭骨の一つである。

（30） 標本番号はSK 349。

（31） Charles K. Brain, *The Hunters or the Hunted?: An Introduction to African Cave Taphonomy* (Chicago: University of Chicago Press, 1981). Donna Hart and Robert W. Sussman, *Man the Hunted: Primates, Predators, and Human Evolution* (New York: Basic Books, 2005)〔『ヒトは食べられて進化した』伊藤伸子訳、化学同人〕も参照。

（32） Matt Carmill, "Human Uniqueness and Theoretical Content in Paleoanthropology," *International Journal of Primatology* 11 (1990), 173-192.

第二章 Tレックスとカロライナの虐殺者と最初の二足歩行動物

（1） George Orwell, *Animal Farm* (London: Secker & Warburg, 1945)〔『動物農場』山形浩生訳、ハヤカワepi文庫など〕.

（2） Hang-Jae Lee, Yuong-Nam Lee, Anthony R. Fiorillo, and Junchang Lü, "Lizards Ran Bipedally 110 Million Years Ago," *Scientific Reports* 8, no. 2617 (2018), https://doi.org/10.1038/s41598-018-20809-z. 足跡の年代は一億二千八百万～一億一千万年前。

（3） David S. Berman et al., "Early Permian Bipedal Reptile," *Science* 290, no. 5493 (2000), 969-972. 二〇一九年にドイツで発見された*Cabarzia trostheidei*はエウディバムスよりも千五百万年古い。Frederik Spindler, Ralf Werneburg, and Jörg W. Schneider, "A New Mesenosaurine from the Lower Permian of Germany and the Postcrania of Mesenosaurus: Implications for Early Amniote Comparative Osteology," *Paläontologische Zeitschrift* 93 (2019), 303-344.

（4） Axel Janke and Ulfur Arnason, "The Complete Mitochondrial Genome of *Alligator mississippiensis* and the Separation Between Recent Archosauria (Birds and Crocodiles)," *Molecular Biology and Evolution* 14, no. 12 (1997), 1266-1272 および Richard E. Green et al., "Three Crocodilian Genomes Reveal Ancestral Patterns of Evolution Among Archosaurs," *Science* 346, no. 6215 (2014), 1254449 参照。ある古生物学者は、鳥類とワニ類が近縁であることは比較解剖学者や古生物学者の間では古くから知られている事実であり、DNA分析によって新たに分かったというわけではない、と指摘している。Robert L. Carroll, *Vertebrate Paleontology and Evolution* (New York: W. H. Freeman, 1988) 参照。

（5） "God Must Exist . . . Because the Crocoduck Doesn't," *Nightline Face-off with Martin Bashir*, ABC News, https://www.youtube.com/watch?v=a0DdgSDan9c. だが、皮肉なことに、二〇〇〇年代初めに発見された白亜紀のワニにはアヒルのようなくちばしがあった。そのくちばしを使って、アヒルのように水をすくって餌を探していたものと思われる。このワニは*Anatosuchus*と命名されたが、これは「クロコダック」という意味である（訳注：「アヒル」を意味するラテン語Anasと「ワニ」を意味するギリシャ語souchosを組み合わせたもの）。Paul Sereno, Christian A. Sidor, Hans C. E. Larsson, and Boubé Gado, "A New Notosuchian from the Early Cretaceous of Niger," *Journal of Vertebrate Paleontology* 23, no. 2 (2003), 477-482.

（6） Lindsay E. Zanno, Susan Drymala, Sterling J. Nesbitt, and Vincent P. Schneider, "Early Crocodylomorph Increases Top Tier Predator Diversity During Rise of Dinosaurs," *Scientific Reports* 5 (2015), 9276. Susan M. Drymala and Lindsay E. Zanno, "Osteology of *Carnufex carolinensis* (Archosauria: Pseudosuchia) from the Pekin Formation of North Carolina and Its Implications for Early Crocodylomorph Evolution," *PLOS ONE* 11, no. 6 (2016), e0157528 も参照。

（7） 韓国の研究チームが、韓国の一億六百万年前の地層に残されていた二足歩行ワニの足跡化石を記述した論文を二〇二〇年に発表している。Kyung Soo Kim, Martin G. Lockley, Jong Deock Lim, Seul Mi Bae, and Anthony Romilio, "Trackway Evidence for Large Bipedal Crocodylomorphs from the Cretaceus of Korea," *Scientific Reports* 10, no. 8680 (2020) 参照。

（8） Riley Black (formerly Brian Switek), *My Beloved Brontosaurus* (New York: Scientific American / Farrar, Straus & Giroux, 2013)〔『愛しのブロントサウルス　最新科学で生まれ変わる恐竜たち』桃井緑美子訳、白揚社〕.

（9） 古生物学者スティーブ・ブルサッテは著作の中で、古生物学者サラ・バーチの、ティラノサウルス・レックスの前肢は「殺すための付属物」だったという説を取り上げている。ティラノサウルスの前肢は、巨大な食肉搬送用フックのように獲物を押さえ込んで逃がさないようにするために使われていたのだろう。Steve Brusatte, *The Rise and Fall of the Dinosaurs: A New History of a Lost World* (New York: William Morrow, 2018), 215〔『恐竜の世界史　負け犬が覇者となり、絶滅するまで』黒川耕大訳、みすず書房〕.

（10） W. Scott Persons and Philip J. Currie, “The Functional Origin of Dinosaur Bipedalism: Cumulative Evidence from Bipedally Inclined Reptiles and Disinclined Mammals,” *Journal of Theoretical Biology* 420, no. 7 (2017), 1-7. 私の問い合わせに対してパーソンズはメールで、「尾を動かす筋肉が大きいのは二足歩行恐竜だけの特徴ではありません（この特徴はほとんどすべての恐竜に当てはまります）。しかし、尾の筋肉が大きいということは、その動物が俊足へと進化する場合には自然に二足歩行になる傾向があることを意味しています」と説明してくれた。つまり、尾の筋肉のおかげで後肢のほうが前肢よりも力強くなるのである。俊足の恐竜にとって、尾の筋肉の力を最大化するためには後肢は長いほうが、前肢は邪魔にならないように短いほうが有利なため、自然選択はそのような方向に働く。

（11） Tレックスはハリウッド映画で描かれるほどには俊足ではなかったかもしれない。Brusatte, *The Rise and Fall of the Dinosaurs*, 210-212〔『恐竜の世界史』〕参照。

（12） 類人猿のような肩の可動性を収束進化によって獲得した、南米のクモザル科のサルは例外である。クモザル科には、クモザル、ホエザル、ウーリーモンキー、ムリキが含まれる。

（13） 当時はオーストラリア、タスマニア、ニューギニアは地続きだった。この巨大な大陸はサフル大陸と呼ばれている。

（14） Robert McN. Alexander and Alexandra Vernon, “The Mechanics of Hopping by Kangaroos (Macropodidae),” *Journal of Zoology* 177, no. 2 (1975), 265-303.

（15） これを書いてから発見したのだが、リレー・ブラックが「ほ乳類の化石ベストテン」を挙げたブログの中で、アンドリューサルクスのことを「ネバーエンディング・ストーリーに登場するグモルクのリアルバージョン」と書いていた。https://www.tor.com/2015/01/04/ten-fossil-mammals-as-awesome-as-any-dinosaur-2 参照。ブラックによれば、これこそジョークの収束進化の実例だとのこと。

（16） Christine M. Janis, Karalyn Buttrill, and Borja Figueirido, “Locomotion in Extinct Giant Kangaroos: Were Sthenurines Hop-Less Monsters?” *PLOS ONE* 9, no. 10 (2014), e109888.

（17） Aaron B. Camens and Trevor H. Worthy, “Walk Like a Kangaroo: New Fossil Trackways Reveal a Bipedally Striding

Macropod in the Pliocene of Central Australia," *Journal of Vertebrate Paleontology* (2019), 72.

(18) ある研究チームは、アルゼンチン・ペフエンコで発見された足跡を、メガテリウムが二本足でゆっくりと歩いていた証拠だと考えている。R. Ernesto Blanco and Ada Czerwonogora, "The Gait of *Megatherium* CUVIER 1796 (Mammalia, Xenarthra, Megatheriidae)," *Senckenbergiana Biologica* 83, no. 1 (2003), 61-68. 別の研究チームは、この足跡を別種の巨大ナマケモノ *Neomegatherichnum pehuencoensis* のものだとしている。Silvia A. Aramayo, Teresa Manera de Bianco, Nerea V. Bastianelli, and Ricardo N. Melchor, "Pehuen Co: Updated Taxonomic Review of a Late Pleistocene Ichnological Site in Argentina," *Palaeogeography, Palaeoclimatology, Palaeoecology* 439 (2015), 144-165.

(19) Mark Grabowski and William L. Jungers, "Evidence of a Chimpanzee-Sized Ancestor of Humans but a Gibbon-Sized Ancestor of Apes," *Nature Communications* 8, no. 880 (2017).

第三章 「人類が直立したわけ」と二足歩行に関するその他の「なぜなぜ物語」

(1) Jonathan Kingdon, *Lowly Origin: Where, When, and Why Our Ancestors First Stood Up* (Princeton, NJ: Princeton University Press, 2003), 16.

(2) Plato, *The Symposium*, trans. Christopher Gill (New York: Penguin Classics, 2003)〔『饗宴』中澤務訳、光文社古典新訳文庫など〕.

(3) Russell H. Tuttle, David M. Webb, and Nicole I. Tuttle, "Laetoli Footprint Trails and the Evolution of Hominid Bipedalism," in *Origine(s) de la Bipédie chez les Hominidés*, ed. Yves Coppens and Brigitte Senut (Paris: Éditions du CNRS, 1991), 187-198.

(4) ネイピアは一九六四年に、「時折二足歩行することは、霊長類においてはほぼ決まり事である」と書いている。John R. Napier, "The Evolution of Bipedal Walking in the Hominids," *Archives de Biologie (Liège)* 75 (1964), 673-708. つまり、二足歩行の能力は一定程度あるが、頻繁に二足歩行する動機がないということである。古生物学者マイク・ローズも、人類と類人猿の共通祖先は時折二足歩行していたのだから、問題は、ホミニンにおいてその頻度が高まったのはなぜかということなのだ、と述べている。Michael D. Rose, "The Process of Bipedalization in Hominids," in *Origine(s) de la Bipédie chez les Hominidés*, eds. Yves Coppens and Brigitte Senut (Paris: Éditions du CNRS, 1991), 37-48. 人類学者ジョン・マークスも、人類と類人猿の違いは二足歩行するかどうかではなく、常時二足歩行するかどうかなのだと指摘している。彼は、「行動は形態に先行する」と主張することによって、二足歩行の起源を幾分ラマルク流に説明している。Jon Marks, "Genetic Assimilation in the Evolution of Bipedalism," *Human Evolution* 4, no. 6 (1989), 493-499. タトルも、すべての類人猿が時折二足歩行することを考えれば「二足歩行の起源はホミニンの出現より早いと言える」と主張している。Russell H. Tuttle, "Evolution of Hominid Bipedalism and Prehensile Capabilities," *Philosophical Transactions of the Royal Society of London B* 292, no. 1057 (1981), 89-

94.
（5） タトルはさまざまな仮説にユニークなあだ名をつけている。「ずるずる歩き」「トレンチコート」「ずぶぬれ」「つきまとい」「やる気満々」「四本足より二本足」「発展家はさらに先を目指す」「上昇志向」「痛いところを狙え」等々。Tuttle, Webb, and Tuttle, "Laetoli Footprint Trails," 187-198.
（6） Jean-Baptiste Lamarck, *Zoological Philosophy, or Exposition with Regard to the Natural History of Animals* (Paris: Musée d'Histoire Naturelle, 1809).
（7） Nina G. Jablonski and George Chaplin, "Origin of Habitual Terrestrial Bipedalism in the Ancestor of the Hominidae," *Journal of Human Evolution* 24, no. 4 (1993), 259-280.
（8） A. Kortlandt, "How Might Early Hominids Have Defended Themselves Against Large Predators and Food Competitors?" *Journal of Human Evolution* 9, no. 2 (1980), 79-112.
（9） Kevin D. Hunt, "The Evolution of Human Bipedality: Ecology and Functional Morphology," *Journal of Human Evolution* 26, no. 3 (1994), 183-202. Craig B. Stanford, *Upright: The Evolutionary Key to Becoming Human* (New York: Houghton Mifflin Harcourt, 2003)〔『直立歩行　進化への鍵』長野敬・林大訳、青土社〕. Craig B. Stanford, "Arboreal Bipedalism in Wild Chimpanzees: Implications for the Evolution of Hominid Posture and Locomotion," *American Journal of Physical Anthropology* 129, no. 2 (2006), 225-231.
（10） Richard Wrangham, Dorothy Cheney, Robert Seyfarth, and Esteban Sarmiento, "Shallow-Water Habitats as Sources of Fallback Foods for Hominins," *American Journal of Physical Anthropology* 140, no. 4 (2009), 630-642.
（11） Sir Alister Hardy, "Was Man More Aquatic in the Past?" *New Scientist* (March 17, 1960). Elaine Morgan, *The Aquatic Ape: A Theory of Human Evolution* (New York: Stein & Day, 1982)〔『人は海辺で進化した　人類進化の新理論』望月弘子訳、どうぶつ社〕. Elaine Morgan, *The Aquatic Ape Hypothesis: The Most Credible Theory of Human Evolution* (London: Souvenir Press, 1999)〔『人類の起源論争　アクア説はなぜ異端なのか?』望月弘子訳、どうぶつ社〕. Morgan's TED Talk, "I Believe We Evolved from Aquatic Apes," TED.com, https://www.ted.com/talks/elaine_morgan_i_believe_we_evolved_from_aquatic_apes. David Attenborough, "The Waterside Ape," BBC Radio, https://www.bbc.co.uk/programmes/b07v0hhm. Marc Verhaegen, Pierre-François Puech, and Stephen Munro, "Aquarboreal Ancestors?" *Trends in Ecology & Evolution* 17, no. 5 (2002), 212-217. Algis Kuliukas, "Wading for Food the Driving Force of the Evolution of Bipedalism?" *Nutrition and Health* 16, no. 4 (2002), 267-289 も参照。
（12） 「水生類人猿」仮説は、データの不足分を執拗な販促キャンペーンでカバーしている。信奉者らはツイッター、メール、ユーチューブのコメント欄、アマゾンのカスタマーレビューを駆使してこの仮説の売り込みに余念がない。たとえば、二足歩行の起源の説明として「水生類人猿」仮説を採用していない、教科書を初めとする著作には軒並み、二つ星の辛口アマゾン・カスタマーレビューが大量に投稿されている。私が「水生類人猿」仮説を信じていないという理由で、本書も、あるレビュアーから確実に二つ星評価を喰らうことだろう。そう、信奉者らはこの仮説をまさに「信じて」いるのだ。この仮説から導き出される予測が確固たるエビデンスによって裏づけられるのであれば、私は喜んでそれを支持する。だが、水生類人猿の信奉者らは、水生類人猿仮説を検証可能な仮説としてきちんと構成して学界に反論を試みるのではなく、学界を脅して自分の考えを押しつけようとする。彼らは自分の主張に都合のいいデータをつまみ食いし、筋の通った批判は無視あるいは攻撃する。つまり、彼らには科学をおこなう意志がないのである。「水生類人猿」仮説批判については、John H. Langdon, “Umbrella Hypotheses and Parsimony in Human Evolution: A Critique of the Aquatic Ape Hypothesis,” *Journal of Human Evolution* 33, no. 4 (1997), 479-494 参照。

(13) Björn Merker, “A Note on Hunting and Hominid Origins,” *American Anthropologist* 86, no. 1 (1984), 112-114. Kingdon, *Lowly Origin* (2003). R. D. Guthrie, “Evolution of Human Threat Display Organs,” *Evolutionary Biology* 4, no. 1 (1970), 257-302. David R. Carrier, “The Advantage of Standing Up to Fight and the Evolution of Habitual Bipedalism in Hominins,” *PLOS ONE* 6, no. 5 (2011), e19630. Uner Tan, “Two Families with Quadrupedalism, Mental Retardation, No Speech, and Infantile Hypotonia (Uner Tan Syndrome Type-II): A Novel Theory for the Evolutionary Emergence of Human Bipedalism,” *Frontiers in Neuroscience* 8, no. 84 (2014), 1-12. Anthony R. E. Sinclair, Mary D. Leakey, and M. Norton-Griffiths, “Migration and Hominid Bipedalism,” *Nature* 324 (1986), 307-308. Edward Reynolds, “The Evolution of the Human Pelvis in Relation to the Mechanics of the Erect Posture,” *Papers of the Peabody Museum of American Archaeology and Ethnology* 11 (1931), 255-334. Isabelle C. Winder et al., “Complex Topography and Human Evolution: The Missing Link,” *Antiquity* 87, no. 336 (2013), 333-349. Milford H. Wolpoff, *Paleoanthropology* (New York: McGraw-Hill College, 1998). Sue T. Parker, “A Sexual Selection Model for Hominid Evolution,” *Human Evolution* 2 (1987), 235-253. Adrian L. Melott and Brian C. Thomas, “From Cosmic Explosions to Terrestrial Fires,” *Journal of Geology* 127, no. 4 (2019), 475-481.

(14) Carolyn Brown, “IgNobel (2): Is That Ostrich Ogling Me?” *Canadian Medical Association Journal* 167, no. 12 (2002), 1348 も参照。

(15) そして、それらに懐疑的にならざるを得ない理由もまだある。ケン・セイヤーズとC・オーウェン・ラブジョイは二〇〇八年に発表した論文の中で、類人猿の二足歩行を援用してホミニンの二足歩行の起源を論じるのは誤りだと述べている。類人猿が二足歩行する理由と、ホミニンが二足歩行を始めた理由が同じであるはずがない。もし同じであるなら、類人猿も常時二足歩行するようになったはずではないか、と。Ken Sayers and C. Owen Lovejoy, “The Chimpanzee Has No Clothes: A Critical Examination of *Pan troglodytes* in Models of Human Evolution,” *Current Anthropology* 49, no. 1 (2008), 87-114.

(16) インタビュー後まもなく、ディソテルはマサチューセッツ大学に移った。

(17) ここに「完全に」という語を入れた理由は、種形成が短期間で起きることは滅多になく、系統の分岐とは、緩慢で不分明なプロセス（二つの系統が生殖的に分離するまで、交雑が起き続ける）であることが多いからである。Nick Patterson, Daniel J. Richter, Sante Gnerre, Eric S. Lander, and David Reich, "Genetic Evidence for Complex Speciation of Humans and Chimpanzees," *Nature* 441 (2006), 1103-1108. Alywyn Scally et al., "Insights into Hominid Evolution from the Gorilla Genome Sequence," *Nature* 483 (2012), 169-175 参照。さらに、「ヒトとチンパンジーが分岐し始めたのはもっと古い（千二百万年前）」とする説にも配慮した。この説に従えば、サルと類人猿が分岐したのは漸新世初期（訳注：およそ三千四百万年前）ということになるが、これは化石記録と一致しない。サルと類人猿の共通祖先が二千九百万年前に生息していたことが化石記録から分かっている。

(18) 人類学者ヘンリー・マクヘンリーとピーター・ロッドマンは、二足歩行とは「類人猿が生活できない場所での類人猿の生活様式」だと述べている。Roger Lewin, "Four Legs Bad, Two Legs Good," *Science* 235 (1987), 969-971.

(19) Peter E. Wheeler, "The Evolution of Bipedality and Loss of Functional Body Hair in Hominids," *Journal of Human Evolution* 13, no. 1 (1984), 91-98. Peter E. Wheeler, "The Thermoregulatory Advantages of Hominid Bipedalism in Open Equatorial Environments: The Contribution of Increased Convective Heat Loss and Cutaneous Evaporative Cooling," *Journal of Human Evolution* 21, no. 2 (1991), 107-115.

(20) Michael D. Sockol, David A. Raichlen, and Herman Pontzer, "Chimpanzee Locomotor Energetics and the Origin of Human Bipedalism," *Proceedings of the National Academy of Sciences* 104, no. 30 (2007), 12265-12269.

(21) 二〇〇七年に発表されたソッコルらのオリジナル論文には、「チンパンジーは人間の四倍のエネルギーを消費した」と述べられている。その後、この数字は「二倍」に変更された。Herman Pontzer, David A. Raichlen, and Michael D. Sockol, "The Metabolic Cost of Walking in Humans, Chimpanzees, and Early Hominins," *Journal of Human Evolution* 56, no. 1 (2009), 43-54. Herman Pontzer, David A. Raichlen, and Peter S. Rodman, "Bipedal and Quadrupedal Locomotion in Chimpanzees," *Journal of Human Evolution* 66 (2014), 64-82 参照。

(22) Herman Pontzer, "Economy and Endurance in Human Evolution," *Current Biology* 27, no. 12 (2017), R613-R621. Lewis Halsey and Craig White, "Comparative Energetics of Mammalian Locomotion: Humans Are Not Different," *Journal of Human Evolution* 63, no. 5 (2012), 718-722 参照。

(23) Susana Carvalho et al., "Chimpanzee Carrying Behaviour and the Origins of Human Bipedality," *Current Biology* 22, no. 6 (2012), R180-R181. チンパンジーの好物として挙げた「アフリカン・ウォールナッツ」とは、実は、アブラヤシの実 (*Elaeis guineensis*) とガボンナッツ (*Coula edulis*) という二種類のナッツである。

（24） Gordon W. Hewes, "Food Transport and the Origin of Hominid Bipedalism," *American Anthropology* 63, no. 4 (1961), 687-710. Gordon W. Hewes, "Hominid Bipedalism: Independent Evidence for the Food-Carrying Theory," *Science* 146, no. 3642 (1964), 416-418.

（25） C. Owen Lovejoy, "The Origin of Man," *Science* 211, no. 4480 (1981), 341-350. C. Owen Lovejoy, "Reexamining Human Origins in Light of *Ardipithecus ramidus*," *Science* 326, no. 5949 (2009), 74-74e8.

（26） Lori Hager, *Women in Human Evolution* (New York: Routledge, 1997) 参照。

（27） Nancy Tanner and Adrienne Zihlman, "Women in Evolution, Part I: Innovation and Selection in Human Origins," *Signs* 1, no. 3 (1976), 585-608. Adrienne Zihlman, "Women in Evolution, Part II: Subsistence and Social Organization Among Early Hominids," *Signs* 4, no. 1 (1978), 4-20. Nancy M. Tanner, *On Becoming Human* (Cambridge: Cambridge University Press, 1981).

（28） Thibaud Gruber, Zanna Clay, and Klaus Zuberbühler, "A Comparison of Bonobo and Chimpanzee Tool Use: Evidence for a Female Bias in the *Pan* Lineage," *Animal Behaviour* 80 no. 6 (2010), 1023-1033. 実際、Frans de Waal, *The Ape and the Sushi Master: Cultural Reflections of a Primatologist* (New York: Basic Books, 2008)〔『サルとすし職人 〈文化〉と動物の行動学』西田利貞・藤井留美訳、原書房〕. Klaree J. Boose, Frances J. White, and Audra Meinelt, "Sex Differences in Tool Use Acquisition in Bonobos (*Pan paniscus*)," *American Journal of Primatology* 75, no. 9 (2013), 917-926 で紹介されている、革新的技術を持つ類人猿の多くはメスである。セネガルのフォンゴリでは、チンパンジー（ほとんどがメス）が尖った棒を使って狩りをする様子が観察されている。Jill D. Pruetz et al., "New Evidence on the Tool-Assisted Hunting Exhibited by Chimpanzees (*Pan troglodytes verus*) in a Savannah Habitat at Fongcli, Sénégal," *Royal Society of Open Science* 2 (2015), 140507.

第四章　ルーシーの祖先

（1） Charles Darwin, *The Descent of Man, and Selection in Relation to Sex*, vol. I (London: John Murray, 1871), 199〔『人間の由来』長谷川眞理子訳、講談社学術文庫など〕.

（2） デュボアの見解自体は正しかったが、彼がそう判断した根拠は間違っていたようだ。クリス・ラフらはデュボアがトリニールで発見した大腿骨を二〇一五年に再調査し、「この大腿骨は頭骨よりもずっと新しい。これはホモ・サピエンスのものであると思われる」と結論づけた。しかし、デュボアは一九〇〇年にトリニールでさらに四点の大腿骨を発見し、それらについて一九三〇年代に記述している。ラフらの再調査の結果、それらはホモ・エレクトスの解剖学的特徴と一致することが判明した。こうして、デュボアの見解の正しさは彼がのちに発見した大腿骨によって証明されているものの、彼が「ピテカントロプス・エレクトスは二足歩行していた」と結論づけた際に根拠としたものはホモ・サピエンスの大腿骨だったことが明らかになった。

Christopher B. Ruff, Laurent Puymerail, Roberto Macchiarelli, Justin Sipla, and Russell L. Ciochon, "Structure and Composition of the Trinil Femora: Functional and Taxonomic Implications," *Journal of Human Evolution* 80 (2015), 147-158.

（3） Pat Shipman, *The Man Who Found the Missing Link: Eugène Dubois and His Lifelong Quest to Prove Darwin Right* (Cambridge, MA: Harvard University Press, 2002).

（4） ラシャペルオーサン洞窟で発見されたネアンデルタール人は高齢で、死亡時に関節炎を患っていた。生前、たしかに彼は腰を屈めていたが、それはネアンデルタール人という種が完全な直立姿勢をとれなかったからではなく、関節炎で腰が曲がるまで彼が長生きしたせいだった。

（5） 当時、ドナルド・ジョハンソンはクリーブランド自然史博物館に所属していた。本書で人物紹介をする際には、大体において、当時のではなく現在の肩書きを掲載している。

（6） 本書には偉大な業績を挙げた研究者の名前が数多く登場する。しかし、科学の偉業が一人の力で成し遂げられることは少ない。本書で取り上げている研究や発見にはすべて、大人数のチームが関わっている。本書の注には、五人以上の執筆者が関わっている論文に使用される"et al.,"という用語が百二十回以上登場する。ロバート・サポルスキーは、最近の著書 *Behave* の脚注に次のように書いている。「〈誰それによる研究〉と私が書く場合、実際にはそれは、誰それとそのポスドク、技術者、学生、各地の協力者から成るチームの長年にわたる研究、という意味なのだ。誰それの名前だけを挙げるのは単に簡潔さのためであって、その誰それが一人でそれをすべて成し遂げたという意味ではない。科学とは、完全にチームによるプロセスなのだ」。まったく同感である。

（7） Donald C. Johanson, *Lucy: The Beginnings of Humankind* (New York: Simon & Schuster, 1981)〔『ルーシー　謎の女性と人類の進化』渡辺毅訳、どうぶつ社〕.

（8） John Kappelman et al., "Perimortem Fractures in Lucy Suggest Mortality from Fall out of Tall Tree," *Nature* 537 (2016), 503-507 参照。

（9） 脊柱のS字カーブと二足歩行の関係は複雑である。ヒトの赤ん坊の脊柱は、生まれたときすでに幾分S字カーブを描いている。Elie Choufani et al., "Lumbosacral Lordosis in Fetal Spine: Genetic or Mechanic Parameter," *European Spine Journal* 18, no. 9 (2009), 1342-1348 参照。赤ん坊が歩き始める年齢に達すると、脊柱のS字カーブはより明確になる。M. Maurice Abitbol, "Evolution of the Lumbosacral Angle," *American Journal of Physical Anthropology* 72, no. 3 (1987), 361-372. しかし、この変化は、歩き始めるかどうかとは無関係に起きるようだ。歩けない子どもの脊柱にもS字カーブは生じる。Sven Reichmann and Thord Lewin, "The Development of the Lumbar Lordosis," *Archiv für Orthopädische und Unfall-Chirurgie, mit Besonderer Berücksichtigung der Frakturenlehre und der Orthopädisch-Chirurgischen Technik* 69 (1971), 275-285.

（10） 臀部の筋肉にはもう一つ、これらよりもずっと大きい大臀筋がある。

（11）C. Owen Lovejoy, "Evolution of Human Walking," *Scientific American* (November 1988), 118-125.「腰骨が体側に位置している」とは、腸骨が体側にまで回り込む形になっているという意味である。類人猿の腸骨は平らなので、腸骨は背面に向いている。

（12）Christine Tardieu, "Ontogeny and Phylogeny of Femoro-Tibial Characters in Humans and Hominid Fossils: Functional Influence and Genetic Determinism," *American Journal of Physical Anthropology* 110, no. 3 (1999), 365-377.

（13）標本番号はA.L. 129-1。ルーシーとは違う個体の膝である。発見の経緯と膝の解剖学的構造の重要性については、Johanson, *Lucy: The Beginnings of Humankind.* Donald C. Johanson and Maurice Taieb, "Plio-Pleistocene Hominid Discoveries in Hadar, Ethiopia," *Nature* 260 (1976), 293-297 参照。

（14）頭部が実は見つかっている可能性もある。フランシス・サッカレーは、Sts 5（ミセス・プレス。第一章の注29参照）が実は部分骨格Sts 14の頭部である可能性を指摘している。彼は、ミセス・プレスは若いオスだとも述べている。Francis Thackeray, Dominique Gommery, and Jose Braga, "Australopithecine Postcrania (Sts 14) from the Sterkfontein Caves, South Africa: The Skeleton of 'Mrs Ples'?" *South African Journal of Science* 98, no. 5-6 (2002), 211-212. あわせてAlejandro Bonmatí, Juan-Luis Arsuaga, and Carlos Lorenzo, "Revisiting the Developmental Stage and Age-at-Death of the 'Mrs. Ples' (Sts 5) and Sts 14 Specimens from Sterkfontein (South Africa): Do They Belong to the Same Individual?" *Anatomical Record* 291, no. 12 (2008), 1707-1722も参照。

（15）これに気づいたのは、二〇一五年冬に共同授業を受け持ってもらったボストン大学の地質学者アンディ・クルツのおかげである。

（16）年代測定法としては、ここに紹介したカリウム・アルゴン法の他に、アルゴン40とアルゴン39を用いる、より高精度のアルゴン・アルゴン法がある。

（17）Robert C. Walter, "Age of Lucy and the First Family: Single-Crystal 40Ar/39Ar Dating of the Denen Dora and Lower Kada Hadar Members of the Hadar Formation, Ethiopia," *Geology* 22, no. 1 (1994), 6-10.

（18）Juliet Eilperin, "In Ethiopia, Both Obama and Ancient Fossils Get a Motorcade," *Washington Post*, July 27, 2015.

（19）Meave G. Leakey, Craig S. Feibel, Ian McDougall, and Alan Walker, "New Four-Million-Year-Old Hominid Species from Kanapoi and Allia Bay, Kenya," *Nature* 376 (1995), 565-571.

（20）Brigitte Senut et al., "First Hominid from the Miocene (Lukeino Formation, Kenya)," *Comptes Rendus de l'Académie des Sciences- Series IIA- Earth and Planetary Science* 332, no. 2 (2001), 137-144.

（21）二〇一九年秋、私はセヌとピックフォードの研究室でオロリン・トゥゲネンシスの化石の型取りレプリカ標本を調査した。最も保存状態のいい大腿骨には、直立歩行ホミニンのあらゆる特徴が認められた。この大腿骨だけでも、セヌやピックフォードと同様に私も「オロリンは二足歩行していた」と結論づけただろう。オロリンの他の部分も早く見たいものだと切に思う。

(22) Ann Gibbons, *The First Human: The Race to Discover Our Earliest Ancestors* (New York: Anchor Books, 2007)〔『最初のヒト』河合信和訳、新書館〕参照。オロリンの化石にまつわるごたごたを最もよく言い表しているのは、最古のホミニンの大腿骨を発見したときの気持ちについてブリジット・セヌが述べた、「私はマーティンに言ったんです。それを湖に捨ててしまいましょう、トラブルの元になるだけだからって」（ギボンズの前掲書一九五ページより）という言葉かもしれない。

(23) 二〇一八年、私はオロリンの化石を保有しているケニア地域社会博物館館長ユースタス・ギトンガに連絡を取り、オロリンの化石を調査させてほしいと頼んだ。「オロリンの化石の現物は新基本合意の詳細がまとまるまでお見せできません」という回答だった。ギトンガの言う基本合意とは、ケニア地域社会博物館とバリンゴ郡政府との間の合意のことである。ギトンガによれば、バリンゴ郡政府は外国人研究者らが以前の基本合意に違反したと感じているという。

(24) Yohannes Haile-Selassie, "Late Miocene Hominids from the Middle Awash, Ethiopia," *Nature* 412 (2001), 178-181.

(25) Michel Brunet et al., "A New Hominid from the Upper Miocene of Chad, Central Africa," *Nature* 418 (2002), 145-151. Patrick Vignaud et al., "Geology and Palaeontology of the Upper Miocene Toro-Menalla Hominid Locality, Chad," *Nature* 418 (2002), 152-155.

(26) Milford Wolpoff, Brigitte Senut, Martin Pickford, and John Hawks, "Palaeoanthropology (Communication Arising): *Sahelanthropus* or '*Sahelpithecus*'?" Nature 419 (2002), 581-582. Brunet et al., "Reply," Nature 419 (2002), 582. Milford Wolpoff, John Hawks, Brigitte Senut, Martin Pickford, and James Ahern, "An Ape or *the* Ape: Is the Toumaï Cranium TM 266 a Hominid?" *PaleoAnthropology* (2006), 36-50.

(27) Christoph P. E. Zollikofer et al., 'Virtual Cranial Reconstruction of *Sahelanthropus tchadensis*," *Nature* 434 (2005), 755-759. Franck Guy et al., "Morphological Affinities of the *Sahelanthropus tchadensis* (Late Miocene Hominid from Chad) Cranium," *Proceedings of the National Academy of Sciences* 105, no. 52 (2005), 18836-18841.

(28) ただし、発見当時、それは霊長類の大腿骨とは特定されていなかった。二〇〇四年、当時ポワティエ大学の大学院生だったオード・バージレットは、トロス・メナラ地区から発見された動物の化石を調査していたとき、その大腿骨を大型霊長類のものと特定した。その地域で知られている大型霊長類はサヘラントロプス・チャデンシスのみである。二〇一八年、バージレットと彼女の元指導教官ロベルト・マキアレッリは、その大腿骨の研究結果をパリ人類学会に提出しようとしたが、学会は論文の要旨を却下した。この決定は古人類学界全体の顰蹙を買った。Ewen Callaway, "Controversial Femur Could Belong to Ancient Human Relative," *Nature* 553 (2018), 391-392 参照。二〇二〇年九月、フランク・ガイらはその大腿骨を記述した査読前論文原稿を発表した。査読済みの論文も近いうちに発表されるという。

(29) Robert Broom, "Further Evidence on the Structure of the South African Pleistocene Anthropoids," *Nature* 142 (1938), 897-

899. それから十年以上のち、ブルームとその教え子J・T・ロビンソンは次のように書いている。「われわれは最近、南アフリカで立てつづけに重要な発見をしてきたので、一年あるいは二年以内に報告書を発表することはかなり困難である。北半球でしばしばおこなわれているように発表を何年も差し控えることもできるし、予備的な記述を発表し、不充分な記述だとの批判に身をさらすこともできよう。われわれは、たとえ不充分な記述であろうと発表し、われわれの発見したものを他の研究者に知らせることのほうが、十年以上もそれを秘密にしておくよりは遙かに好ましいと考える」。Robert Broom and John T. Robinson, "Brief Communications: Notes on the Pelves of the Fossil Ape-Men," *American Journal of Physical Anthropology* 8, no. 4 (1950), 489-494. この論文の発表から四ヶ月後、ブルームは八十四歳でこの世を去った。

(30) ボーン・クローンズ社という教材会社が、公表された計測値と写真を元にしてアルディピテクスとサヘラントロプスの彫刻のレプリカ標本を製作した。これが現在、実践教育の唯一の教材なので、人類学者の多くはこのレプリカを購入している。頭骨のレプリカ一個が二百ドルから五百ドルほどである。われわれとしては、そのカネで、実物から型を取ったレプリカをチャドやエチオピアから取り寄せたいところだが、現在のところはその選択肢はない。私はアルディピテクス・ラミダスの足の化石の実物とサヘラントロプスの化石の型取りレプリカをこの目で見ているので言えるのだが、ボーン・クローンズ社製のレプリカは（苦心作ではあるのだが）ひどく不正確だし、ある意味、誤解を与えかねないとさえ言える。たとえば、実際のサヘラントロプスの頭蓋はボーン・クローンズ社製レプリカよりもおよそ二十パーセント大きい。

(31) Daniel E. Lieberman, *The Story of the Human Body: Evolution, Health, and Disease* (New York: Pantheon, 2013), 33〔『人体600万年史　科学が明かす進化・健康・疾病』上下、塩原通緒訳、ハヤカワ・ノンフィクション文庫〕. 彼は、「アルディピテクス、サヘラントロプス、オロリンの化石を全部一緒にしても、ショッピングバッグ一つに収まってしまう」と書いている。「どころかまだ余裕でたくさんモノが入る」の部分は私の加筆である。

第五章　アルディとドナウ川の神

(1) Rick Gore, "The Dawn of Humans: The First Steps," *National Geographic* (February 1997), 72-99.

(2) Tim D. White, Gen Suwa, and Berhane Asfaw, "*Australopithecus ramidus*, a New Species of Early Hominid from Aramis, Ethiopia," *Nature* 371 (1994), 306-312. タイプ標本（歯のセット）は現地の住人ガダ・ハメドによって発見された。

(3) Tim D. White, Gen Suwa, and Berhane Asfaw, "Corrigendum: *Australopithecus ramidus*, a New Species of Early Hominid from Aramis, Ethiopia," *Nature* 375 (1995), 88.

(4) Rex Dalton, "Oldest Hominid Skeleton Revealed," *Nature* (October 1, 2009). Donald Johanson and Kate Wong, *Lucy's Legacy: The Quest for Human Origins* (New York: Broadway Books, 2010), 154.

(5) Giday WoldeGabriel et al., "The Geological, Isotopic, Botanical, Invertebrate, and Lower Vertebrate Surroundings of *Ardi-*

pithecus ramidus," *Science* 326, no. 5949 (2009), 65-65e5. 古人類学に関する多くの一見シンプルな言葉と同じように、この一文にも多くの反対意見がある。研究者の中には、アラミスはホワイトらが言うほど森林に覆われた土地ではなかったと主張する人もいる。Thure E. Cerling et al., "Comment on the Paleoenvironment of *Ardipithecus ramidus*," *Science* 328, no. 5982 (2010), 1105. さらに、アルディピテクス・ラミダスの第二の化石が発見されたエチオピア・ゴナは森林というよりむしろ草原だったと思われる。これは、アルディピテクスがさまざまな環境に適応できたことを示している。Sileshi Semaw et al., "Early Pliocene Hominids from Gona, Ethiopia," *Nature* 433 (2005), 301-305. 興味深いのは、（より草原に近い環境だった）ゴナのアルディピテクスのほうが（より森林に近い環境だった）アラミスのアルディピテクスよりも二足歩行に適した（つまり、よりヒトに近い）骨格を有していたように見えることである。Scott W. Simpson, Naomi E. Levin, Jay Quade, Michael J. Rogers, and Sileshi Semaw, "*Ardipithecus ramidus* Postcrania from the Gona Project Area, Afar Regional State, Ethiopia," *Journal of Human Evolution* 129 (2019), 1-45.

（6）これは化石そのものの状態のこと。生前のアルディの骨密度はルーシーと同等だっただろう。

（7）このプロジェクトは一九八一年に故J・デズモンド・クラークによって立ち上げられた。共同ディレクターにはアスフォーの他に、地質学者ギデイ・ウォルドガブリエルと考古学者ヨナス・ベイエネがいる。

（8）二〇一九年、ケース・ウェスタン・リザーブ大学のスコット・シンプソンらがエチオピア・ゴナで発見されたアルディピテクスの部分骨格の分析結果を発表した。私はこの化石の実物を調べたことはないが、この個体のほうがアルディよりもさらに二足歩行に適応していたように思われる。もしこれが事実であれば、この時点（四百四十万年前）においてはアルディピテクスの二足歩行能力にばらつきがあったことになる。自然選択が二足歩行への適応度がより高い個体に対して有利に働き、ついには、条件的二足歩行のアルディピテクスから常時二足歩行のアルディピテクスへの進化が起きたのかもしれない。

（9）このような人類進化の図は、ザリンガーよりずっと昔からある。ベンジャミン・ウォーターハウス・ホーキンスは、Thomas Henry Huxley, *Evidence as to Man's Place in Nature* (London: Williams & Norgate, 1863) に、直立した現生類人猿の骨格を描いている。同様の図は、William K. Gregory, "The Upright Posture of Man: A Review of Its Origin and Evolution," *Proceedings of the American Philosophical Society* 67, no. 4 (1928), 339-377 にも掲載されている。Raymond Dart, *Adventures with the Missing Link* (New York: Harper & Brothers, 1959)〔『ミッシング・リンクの謎』〕の表紙裏にも同様の図が描かれている。

（10）C. Owen Lovejoy, Gen Suwa, Scott W. Simpson, Jay H. Matternes, and Tim D. White, "The Great Divides: *Ardipithecus ramidus* Reveals the Postcrania of Our Last Common Ancestors with African Apes," *Science* 326, no. 5949 (2009), 73-106. Tim D. White, C. Owen Lovejoy, Berhane Asfaw, Joshua P. Carlson, and Gen Suwa, "Neither Chimpanzee Nor Human, *Ardipithecus* Reveals the Surprising Ancestry of Both," *Proceedings of the National Academy of Sciences* 112, no. 16 (2015), 4877-4884.

（11）この興味深い類人猿の発見者は、私のミシガン大時代の恩師ローラ・マクラッチである。Laura MacLatchy, "The Oldest

Ape," *Evolutionary Anthropology* 13, no. 3 (2004), 90-103 参照。

(12) James T. Kratzer et al., "Evolutionary History and Metabolic Insights of Ancient Mammalian Uricases," *Proceedings of the National Academy of Sciences* 111, no. 10 (2014), 3763-3768. ただし、クラッツァーらの見解と私の意見の間には重要な違いがある。クラッツァーらはウリカーゼ変異を「アフリカの類人猿がヨーロッパから赤道アフリカに戻ることができた理由」の説明として利用しているが、私は、アフリカの類人猿はこの変異のおかげでヨーロッパに生息できるようになったと考えている。尿酸には、飢餓状態にあるときでも血圧を制御し安定させる効果があるというエビデンスもある。Benjamin De Becker, Claudio Borghi, Michel Burnier, and Philippe van de Borne, "Uric Acid and Hypertension: A Focused Review and Practical Recommendations," *Journal of Hypertension* 37, no. 5 (2019), 878-883.

(13) Matthew A. Carrigan et al., "Hominids Adapted to Metabolize Ethanol Long Before Human-Directed Fermentation," *Proceedings of the National Academy of Sciences* 112, no. 2 (2015), 458-463. アイアイのアルコール代謝については、Samuel R. Gochman, Michael B. Brown, and Nathaniel J. Dominy, "Alcohol Discrimination and Preferences in Two Species of Nectar-Feeding Primate," *Royal Society Open Science* 3 (2016), 160217 参照。

(14) Madelaine Böhme et al., "A New Miocene Ape and Locomotion in the Ancestor of Great Apes and Humans," *Nature* 575 (2019), 489-493.

(15) Scott A. Williams et al., "Reevaluating Bipedalism in *Danuvius*," *Nature* 586 (2020), E1-E3. Madelaine Böhme, Nikolai Spassov, Jeremy M. DeSilva, and David R. Begun, "Reply to: Reevaluating Bipedalism in *Danuvius*," *Nature* 586 (2020), E4-E5 参照。

(16) Dudley J. Morton, "Evolution of the Human Foot. II," *American Journal of Physical Anthropology* 7 (1924), 1-52. Russell H. Tuttle, "Darwin's Apes, Dental Apes, and the Descent of Man," *Current Anthropology* 15, no. 4 (1974), 389-426. Russell H. Tuttle, "Evolution of Hominid Bipedalism and Prehensile Capabilities," *Philosophical Transactions of the Royal Society of London B* 292, no. 1057 (1981), 89-94 も参照。

(17) 生物学者ウォレン・ブロッケルマンから直接話を聞いた。

(18) Carol V. Ward, Ashley S. Hammond, J. Michael Plavcan, and David R. Begun, "A Late Miocene Partial Pelvis from Hungary," *Journal of Human Evolution* 136 (2019), 102645. 一般的には認められていないものの、オレオピテクスも二足歩行だったと言う研究者もいる。最近発表された、オレオピテクスの化石に関するある論文は、胴部の解剖学的特徴からオレオピテクスは「現生大型類人猿よりも確実に二足歩行能力が高かった」ものと思われると述べている。Ashley S. Hammond et al., "Insights into the Lower Torso in Late Miocene Hominoid *Oreopithecus bambolii*," *Proceedings of the National Academy of Sciences* 117, no. 1 (2020), 278-284 参照。

(19) たとえば、Kevin E. Langergraber et al., "Generation Times in Wild Chimpanzees and Gorillas Suggest Earlier Divergence

Times in Great Ape and Human Evolution," *Proceedings of the National Academy of Sciences* 109, no. 39 (2012), 15716-15721.

（20） アーロン・フィラーは二〇〇七年に発表した著作の中で、二足歩行の起源は類人猿の系統が誕生した二千万年前にまで遡るという仮説を提唱した。その根拠として彼はモロトピテクスの脊柱を挙げている。しかし、モロトピテクスの大腿骨や股関節には二足歩行を示唆する特徴は見られない。Aaron G. Filler, *The Upright Ape: A New Origin of the Species* (Newburyport, MA: Weiser, 2007)〔『類人猿を直立させた小さな骨　人類進化の謎を解く』日向やよい訳、東洋経済新報社〕.

（21） Susannah K. S. Thorpe, Roger L. Holder, and Robin H. Crompton, "Origin of Human Bipedalism as an Adaptation for Locomotion on Flexible Branches," *Science* 316 (2007), 1328-1331.

（22） Leif Johannsen et al., "Human Bipedal Instability in Tree Canopy Environments Is Reduced by 'Light Touch' Fingertip Support," *Scientific Reports* 7, no. 1 (2017), 1-12. こうした、軽く触れる行動は先祖たちの餌探しにも役立ったかもしれない。ダートマス大学の人類学者ナサニエル・ドミニーは、われわれ人間が食料品店で果物を握って熟れ具合を調べるのとまったく同じように、チンパンジーもイチジクにそっと触れて食べ頃かどうかを判断していることを発見した。指の長いチンパンジーにそれができるなら、手の構造がよりヒトに近い最初期の二足歩行ホミニンも、木の上を歩いて果実を探すときに同じことをしていただろう。Nathaniel J. Dominy et al., "How Chimpanzees Integrate Sensory Information to Select Figs," *Interface Focus* 6 (2016).

（23） 私が心から尊敬する多くの研究者がこの「二足歩行の起源＝ナックルウォーク」仮説を支持している。デビッド・ピルビーム、ダン・リーバーマン、デビッド・ストレート、スコット・ウィリアムズ、コディ・プラングらは、大型類人猿と人類の最後の共通祖先はナックルウォークする背中の短い類人猿だったとしてこの仮説を支持している。たとえば、David R. Pilbeam and Daniel E. Lieberman, "Reconstructing the Last Common Ancestor of Chimpanzees and Humans," in *Chimpanzees and Human Evolution*, ed. Martin N. Muller, Richard W. Wrangham, and David R. Pilbeam (Cambridge, MA: Belknap Press of Harvard University Press, 2017), 22-141 などを参照。ナックルウォーク説の最も強力な証拠は手首に見られる。手首の骨の数はほとんどの霊長類で九個（片手）だが、ヒトとアフリカの類人猿には八個しかない。ゴリラ、チンパンジー、ボノボ、ヒトでは中心骨と舟状骨が癒合して一つの骨になっているためである。そのほうがナックルウォークする際に手首が安定するため、この癒合が起きたものと思われる。この事実は、大型類人猿とヒトの最後の共通祖先がナックルウォークしていたという仮説の有力な根拠となる。Caley M. Orr, "Kinematics of the Anthropoid Os Centrale and the Functional Consequences of the Scaphoid-Centrale Fusion in African Apes and Humans," *Journal of Human Evolution* 114 (2018), 102-117. Thomas A. Püschel, Jordi Marcé-Nogué, Andrew T. Chamberlain, Alaster Yoxall, and William I. Sellers, "The Biomechanical Importance of the Scaphoid-Centrale Fusion During Simulated Knuckle-Walking and Its Implications for Human Locomotor Evolution," *Scientific Reports* 10, 3526 (2020), 1-10 参照。一方、手首の骨はランダムに癒合したに過ぎず、樹上性の類人猿にとってこれは

自然選択的に有利でも不利でもない中立的な変化だった（ゴリラやチンパンジーはその後、その変化を活かしてナックルウォークを発達させた）と解釈することもできる。私自身は現在、「二足歩行の起源＝長い背中を持つ樹上性の類人猿」仮説を支持しているが、この論争がどのように展開していくか、今後どのような化石が発見されるか楽しみである。

（24）どう判断したらいいのかまだ分からないという理由で本書ではあえて取り上げなかったのだが、クレタ島で六百万年近く前の二足歩行動物の足跡化石が発見されている。この足跡化石はまだ評価が定まっていないが、本当に六百万年前のものと証明されれば、ヒトとアフリカ類人猿の最後の共通祖先がアフリカで暮らすようになってからも、二足歩行する類人猿がヨーロッパに生息し続けていたことになる。Gerard D. Gierliński et al., "Possible Hominin Footprints from the Late Miocene (c. 5.7 Ma) of Crete?" *Proceedings of the Geologists' Association* 128, no. 5-6 (2017), 697-710.

第二部　人間の特徴

（1）Erling Kagge, *Walking: One Step at a Time* (New York: Pantheon, 2019), 157.

第六章　太古の足跡

（1）John Keats, Harry Buxton Forman, and Horace Elisha Scudder, *The Complete Poetical Works and letters of John Keats* (Boston: Houghton Mifflin, 1899), 246.

（2）現地のマサイ族はこの地域をオラエトレと呼ぶ。

（3）裸足で暮らす人々の足の裏は、厚いたこによって保護されている（たこによって足の感覚が損なわれることはない）。だが、トゲは女の子の土踏まずに刺さっていた。土踏まずにはたこはできない。たこの形成については、Nicholas B. Holowka et al., "Foot Callus Thickness Does Not Trade Off Protection for Tactile Sensitivity During Walking," *Nature* 571 (2019), 261-264 参照。

（4）マサチューセッツ州ボックスバラの中学科学教師ペッグ・ヴァン・アンデルはラエトリの足跡化石について子ども向けの本を書くため取材を始め、生前のアンドリュー・ヒルにインタビューした。そのインタビューの中で、ヒルはこの雨粒の跡のことやライエルの『地質学の原理』との関連に言及している。

（5）Mary D. Leakey and Richard L. Hay, "Pliocene Footprints in the Laetolil Beds at Laetoli, Northern Tanzania," *Nature* 278 (1979), 317-323. Mary Leakey, "Footprints in the Ashes of Time," *National Geographic* 155, no. 4 (1979), 446-457. Michael H. Day and E. H. Wickens, "Laetoli Pliocene Hominid Foctprints and Bipedalism," *Nature* 286 (1980), 385-387. Mary D. Leakey and Jack M. Harris, eds., *Laetoli: A Pliocene Site in Northern Tanzania* (Oxford: Oxford University Press, 1987). Tim D. White and Gen Suwa, "Hominid Footprints at Laetoli: Facts and Interpretations," *American Journal of Physical Anthropology*

72, no. 4 (1987), 485-514. Neville Agnew and Martha Demas, "Preserving the Laetoli Footprints," *Scientific American* 279, no. 3 (1998), 44-55 参照。ラエトリの火山灰の出所は近くのサディマン火山だと一般に考えられてきたが、最近になって疑問視されている。現在、火山灰の出所は不明である。Anatoly N. Zaitsev et al., "Stratigraphy, Mineralogy, and Geochemistry of the Upper Laetolil Tuffs Including a New Tuff 7 Site with Footprints of *Australopithecus afarensis*, Laetoli, Tanzania," *Journal of African Earth Sciences* 158 (2019), 103561 参照。

（6）Mary Leakey, *Disclosing the Past: An Autobiography* (New York: Doubleday, 1984). Virginia Morell, *Ancestral Passions: The Leakey Family and the Quest for Humankind's Beginnings* (New York: Simon & Schuster, 1995).

（7）G遺跡の発見と発掘には、他に、ティム・ホワイト、ロン・クラーク、マイケル・デイ、ルイーズ・ロビンスという著名な研究者が関わっている。

（8）Matthew R. Bennett, Sally C. Reynolds, Sarita Amy Morse, and Marcin Budka, "Laetoli's Lost Tracks: 3D Generated Mean Shape and Missing Footprints," *Scientific Reports* 6 (2016), 21916 参照。チャールズ・ムシバは、ラエトリG遺跡の足跡の主は四人いるかもしれないとしている。

（9）Kevin G. Hatala, Brigitte Demes, and Brian G. Richmond, "Laetoli Footprints Reveal Bipedal Gait Biomechanics Different from Those of Modern Humans and Chimpanzees," *Proceedings of the Royal Society of London B: Biological Sciences* 283, no. 1836 (2016), 20160235 参照。

（10）その足跡をつけたのが子どものアウストラロピテクス・アファレンシスだったのか、それとも他種のホミニンだったのかを明らかにするため、現在、A遺跡の足跡を分析中である。

（11）曲目が「ウォーク・オブ・ライフ」（ダイアー・ストレイツ）、「ラヴ・ウォークス・イン」（ヴァン・ヘイレン）、「ウォーキング・オン・ア・シン・ライン」（ヒューイ・ルイス）、「ウォーキング・オン・サンシャイン」（カトリーナ&ザ・ウェイヴス）、「ウォーク・ディス・ウェイ」（もちろん、ランDMCのカバーバージョンで）だったら、「二足歩行プレイリスト」になるところだった。

（12）Louis S. B. Leakey, Phillip V. Tobias, and John R. Napier, "A New Species of the Genus *Homo* from Olduvai Gorge," *Nature* 202, no. 4927 (1964), 7-9.

（13）Sonia Harmand et al., "3.3-Million-Year-Old Stone Tools from Lomekwi 3, West Turkana, Kenya," *Nature* 521 (2015), 310-315.

（14）Zeresenay Alemseged et al., "A Juvenile Early Hominin Skeleton from Dikika, Ethiopia," *Nature* 443 (2006), 296-301. Jeremy M. DeSilva, Corey M. Gill, Thomas C. Prang, Miriam A. Bredella, and Zeresenay Alemseged, "A Nearly Complete Foot from Dikika, Ethiopia, and Its Implications for the Ontogeny and Function of *Australopithecus afarensis*," *Science Advances* 4, no. 7 (2018), eaar7723.

(15) Shannon P. McPherron et al., "Evidence for Stone-Tool-Assisted Consumption of Animal Tissues Before 3.39 Million Years Ago at Dikika, Ethiopia," *Nature* 466 (2010), 857-860.

(16) Baroness Jane Van Lawick-Goodall, *My Friends the Wild Chimpanzees* (Washington, DC: National Geographic Society, 1967), 32.

(17) David L. Reed, Jessica E. Light, Julie M. Allen, and Jeremy J. Kirchman, "Pair of Lice Lost or Parasites Regained: The Evolutionary History of Anthropoid Lice," *BMC Biology* 5, no. 7 (2007). 論文のタイトルに注目。

(18) Rebecca Sear and David Coall, "How Much Does Family Matter? Cooperative Breeding and the Demographic Transition," *Population and Development Review* 37, no. s1 (2011), 81-112 参照。

(19) この「共同育児」仮説は、サラ・ハーディの名著 Sarah Hrdy, *Mothers and Others: The Evolutionary Origins of Mutual Understanding* (Cambridge, MA: Belknap Press, 2009) の中で提唱された。

(20) Jeremy M. DeSilva, "A Shift Toward Birthing Relatively Large Infants Early in Human Evolution," *Proceedings of the National Academy of Sciences* 108, no. 3 (2011), 1022-1027.「アウストラロピテクスは共同育児していた」という仮説から予測できることの一つに、離乳時期がある。大型類人猿の授乳期間は四年以上である。オランウータンは七年以上。対して、狩猟採集民族の授乳期間は一〜四年である。ヒトが早期に離乳することができる理由の一つは、食べ物を分け合うことのできる他人がコミュニティ内部に存在することである。最近、アウストラロピテクスの幼児の歯に含まれる同位体を分析した結果、彼らの離乳時期も早かったことが分かった。これは、初期人類が共同育児していたことを示す独立した証拠である。Théo Tacail et al., "Calcium Isotopic Patterns in Enamel Reflect Different Nursing Behaviors Among South African Early Hominins," *Science Advances* 5, no. 8 (2019), eaax3250. Renaud Joannes-Boyau et al., "Elemental Signatures of Australopithecus africanus Teeth Reveal Seasonal Dietary Stress," *Nature* 572 (2019), 112-116.

(21) これは、アウストラロピテクス・アファレンシスの炭素同位体が広範囲の値を示すことからも明らかである。Jonathan G. Wynn et al., "Diet of *Australopithecus afarensis* from the Pliocene Hadar Formation, Ethiopia," *Proceedings of the National Academy of Sciences* 110, no. 26 (2013), 10495-10500.

(22) Daniel E. Lieberman, *The Story of the Human Body: Evolution, Health, and Disease* (New York: Pantheon, 2013)〔『人体600万年史』〕参照。

(23) Jane Goodall, *The Chimpanzees of Gombe: Patterns of Behavior* (Cambridge, MA: Harvard University Press, 1986), 555-557〔『野生チンパンジーの世界』杉山幸丸・松沢哲郎監訳、ミネルヴァ書房〕. Jane Goodall, "Tool-Using and Aimed Throwing in a Community of Free-Living Chimpanzees," *Nature* 201 (1964), 1264-1266. William J. Hamilton, Ruth E. Buskirk, and William H. Buskirk, "Defensive Stoning by Baboons," *Nature* 256 (1975), 488-489. Martin Pickford, "Matters Arising: Defensive Stoning

by Baboons (Reply)," *Nature* 258 (1975), 549-550.

(24) Yohannes Haile-Selassie, Stephanie M. Melillo, Antonino Vazzana, Stefano Benazzi, and Timothy M. Ryan, "A 3.8-Million-Year-Old Hominin Cranium from Woranso-Mille, Ethiopia," *Nature* 573 (2019), 214-219.

(25) William H. Kimbel, Yoel Rak, and Donald C. Johanson, *The Skull of* Australopithecus afarensis (Oxford: Oxford University Press, 2004).

(26) 成長期の子どもの脳が消費するエネルギーはさらに多く、身体全体が消費するエネルギーの四十パーセントである。Christopher W. Kuzawa et al., "Metabolic Costs and Evolutionary Implications of Human Brain Development," *Proceedings of the National Academy of Sciences* 111, no. 36 (2014), 13010-13015.

(27) Herman Pontzer, "Economy and Endurance in Human Evolution," *Current Biology* 27, no.12 (2017), R613-R621 参照。

(28) Philipp Gunz et al., "*Australopithecus afarensis* Endocasts Suggest Apelike Brain Organization and Prolonged Brain Growth," *Science Advances* 6, no. 14 (2020), eaaz4729. 実際には、スミスはディキカ・チャイルドの年齢を「三歳五ヶ月」どころか日数で表している。彼女の死亡時の日齢は八百六十一日だった。本書で取り上げた他の多くの研究と同じく、これも大人数のチームによる努力の賜である。タニア・スミスが調査したスキャン画像を作成したのはポール・タフォローとアデリーヌ・ルキャベク。ディキカ・チャイルドの脳を復元したのはフィリップ・グンツ。そして、そもそもこの化石を発見したのは、もちろんゼレー・アレムセゲドである。

第七章　一マイル歩く方法は一つではない

(1) Ann Gibbons, "Skeletons Present an Exquisite Paleo-Puzzle," *Science* 333, no. 6048 (2011), 1370-1372. ブルース・ラティマーの個人的な発言。

(2) これは、古人類学をポピュラーにすることによって次世代の研究者を鼓舞する探検家にして冒険者、という意味である。そうしたいい意味でのインディ・ジョーンズなのであって、ハリソン・フォード演じるキャラクターの、女好きで墓泥棒的な一面とは無関係である。

(3) この興味深い発見の経緯は、バーガーの二冊の著作に詳しく語られている。Lee Berger and Marc Aronson, *The Skull in the Rock: How a Scientist, a Boy, and Google Earth Opened a New Window on Human Origins* (Washington, DC: National Geographic Children's Books, 2012). Lee Berger and John Hawks, *Almost Human: The Astonishing Tale of* Homo naledi *and the Discovery That Changed Our Human Story* (Washington, DC: National Geographic, 2017).

(4) Ericka N. L'Abbé et al., "Evidence of Fatal Skeletal Injuries on Malapa Hominins 1 and 2," *Scientific Reports* 5, no. 15120 (2015).

(5) Robyn Pickering et al., "*Australopithecus sediba* at 1.977 Ma and Implications for the Origins of the Genus *Homo*," *Science* 333, no. 6048 (2011), 1421-1423.

(6) Lee Berger et al., "*Australopithecus sediba*: A New Species of *Homo*-Like Australopith from South Africa," *Science* 328, no. 5975 (2010), 195-204.

(7) バーガーの研究室で黒い布に覆われていた化石の実物を見ていたはずの私が改めてレプリカを見てその解剖学的構造に驚いたというのはどういうことなのだろうと不思議に思っている読者のために、ここで説明しておく必要があるだろう。オリジナルの化石の足と足首の骨（脛骨、距骨、踵骨）は、まだくっつきあったまま母岩に埋もれている。これをクリスティアン・カールソンがマイクロCTスキャンし、何時間ものうんざりするようなコンピュータ作業の末にデジタル処理によって一つ一つの骨に分解した。二〇一〇年春にバーガーとツィプフェルから送られてきたのは、これを3Dプリントしたものだった。

(8) John T. Robinson, *Early Hominid Posture and Locomotion* (Chicago: University of Chicago Press, 1972). また、ロビンソンはアフリカヌスをホモ属に分類している。仮にこれが採用されれば、ホミニンの名称に大混乱を引き起こすだろう。アフリカヌスはアウストラロピテクス属のタイプ種なのだから。

(9) William E. H. Harcourt-Smith and Leslie C. Aiello, "Fossils, Feet, and the Evolution of Human Bipedal Locomotion," *Journal of Anatomy* 204, no. 5 (2004), 403-416.

(10) Bernhard Zipfel et al., "The Foot and Ankle of *Australopithecus sediba*," *Science* 333, no. 6048 (2011), 1417-1420. 本書で取り上げている他の論文と同様、これもチームによる研究である。おもな関係者はロバート・キッド、クリスティアン・カールソン、スティーブ・チャーチル、リー・バーガーである。

(11) Jeremy M. DeSilva et al., "The Lower Limb and Mechanics of Walking in *Australopithecus sediba*," *Science* 340, no. 6129 (2013), 1232999.

(12) Jeremy M. DeSilva et al., "Midtarsal Break Variaticn in Modern Humans: Functional Causes, Skeletal Correlates, and Paleontological Implications," *American Journal of Physical Anthropology* 156, no. 4 (2015), 543-552.

(13) Amey Y. Zhang and Jeremy M. DeSilva, "Computer Animation of the Walking Mechanics of *Australopithecus sediba*," *PaleoAnthropology* (2018), 423-432. Sally Le Page tweet of *sediba* walking: https://twitter.com/sallylepage/status/1088364360857198598.

(14) William H. Kimbel, "Hesitation on Hominin History," *Nature* 497 (2013), 573-574.「バカ歩き省」のコントは、https://www.dailymotion.com/video/x2hwqki で視聴できる。また、Erin E. Butler and Nathaniel J. Dominy, "Peer Review at the Ministry of Silly Walks," *Gait & Posture* (February 26, 2020) は、バカ歩き省職員とプーディー氏の歩き方を見事に分析している。

(15) Marion Bamford et al., "Botanical Remains from a Coprolite from the Pleistocene Hominin Site of Malapa, Sterkfontein

Valley, South Africa," *Palaeontologica Africana* 45 (2010), 23-28.

（16） 長い腕が木に上るための適応であることは説明するまでもないが、すくめた肩に関しては説明が必要かもしれない。ケビン・ハントは、幅の狭いすくめた肩は、前肢で枝にぶら下がる類人猿にとって重心を安定させるのに役立つだろうと述べている。Kevin D. Hunt, "The Postural Feeding Hypothesis: An Ecological Model for the Evolution of Bipedalism," *South African Journal of Science* 92 (1996), 77-90.

（17） Amanda G. Henry et al., "The Diet of *Australopithecus sediba*," *Nature* 487 (2012), 90-93.

（18） Yohannes Haile-Selassie et al., "New Species from Ethiopia Further Expands Middle Pliocene Hominin Diversity," *Nature* 521 (2015), 483-488.

（19） ラティマーの発言は、John Mangels, "New Human Ancestor Walked and Climbed 3.4 Million Years Ago in Lucy's Time, Cleveland Team Finds (Video)," *Cleveland Plain Dealer* (March 28, 2012), https://www.cleveland.com/science/2012/03/new_human_ancestor_walked_and.html からの引用。

（20） Yohannes Haile-Selassie et al., "A New Hominin Foot from Ethiopia Shows Multiple Pliocene Bipedal Adaptations," *Nature* 483 (2012), 565-569. しかし、ハイレ＝セラシエがブルテレの足とアウストラロピテクス・デイレメダとを直接結びつけていないことは述べておく必要がある。これは第三の、まだ命名されていないホミニンのものかもしれないのである。

第八章　広がるホミニン

（1） Jack Kerouac, *On the Road* (New York: Viking Press, 1957), 26〔『オン・ザ・ロード』青山南訳、河出文庫など〕.

（2） マルコ・ポーロは十三世紀にイタリアからシルクロードをとおって中国まではるばる七千五百マイル（約一万二千キロメートル）の旅をした。ドマニシは彼がたどったルート上にある。彼が滞在したという証拠はないが、ヨーロッパとアジアとを繋ぐ交易路の要衝であり、最終的にモンゴル帝国に吸収されたドマニシには多くの旅人が訪れていた。旅を続けてジャワ島にまで行ったポーロは、そこで一角獣を見たと述べている。「この国には野生の象がいる。また、象に近い大きさの一角獣が数多くいる。水牛のような毛、象のような足を持ち、額の真ん中には一本の角が生えている。角は黒く、非常に太い。彼らは角で危害を加えることはない。恐ろしいのはその舌である。というのも、その舌は、長く硬いトゲで覆われているからである（彼らを怒らせると、膝で押しつぶされ、やすりのような舌で舐め回される）。頭はイノシシに似ていて、その頭はいつも下を向いている。沼地やぬかるみを好む。これは実に醜い獣で、処女の膝に捕らえられるという伝説の一角獣とは似ても似つかないものだ。実際、これはわれわれが想像していたものとはまったく違う」。ポーロが『東方見聞録』にこのように記述している一角獣とは、もちろんサイのことである。

（3） Leo Gabunia and Abesalom Vekua, "A Plio-Pleistocene Hominid from Dmanisi, East Georgia, Caucasus," *Nature* 373 (1995),

509-512.

（4） Zhaoyu Zhu et al., "Hominin Occupation of the Chinese Loess Plateau Since About 2.1 Million Years Ago," *Nature* 559 (2018), 608-612.

（5） Fred Spoor et al., "Implications of New Early *Homo* Fossils from Ileret, East of Lake Turkana, Kenya," *Nature* 448 (2007), 688-691. フレドリック・マンティの現在の肩書きはケニア国立博物館の地球科学部部長。

（6） Alan Walker and Pat Shipman, *The Wisdom of the Bones: In Search of Human Origins* (New York: Vintage, 1997)〔『人類進化の空白を探る』河合信和訳、朝日選書〕.

（7） Walker and Shipman, *The Wisdom of the Bones*, 12〔『人類進化の空白を探る』〕.

（8） これについては不確定要素がある。まず、ナリオコトメ・ボーイの死亡時の年齢である。ほとんどの研究者が歯の分析による最新の測定法で割り出された比較的若い年齢を採用しているものの、死亡時推定年齢にはかなりの幅がある（七・六～八・八歳とするものから、十五歳とするものまである）。死亡時の身長に関しては、測定法によって、四フィート八インチ（約百四十二センチメートル）から五フィート三インチ（約百六十センチメートル）までの幅がある。さらに、ホモ・エレクトスに思春期の成長スパートがあったかどうかという問題もある。ナリオコトメ・ボーイが大人になったときの身長は、五フィート四インチ（約百六十三センチメートル）から六フィート（約百八十三センチメートル）あまりまでの間ということになる。Ronda R. Graves, Amy C. Lupo, Robert C. McCarthy, Daniel J. Wescott, and Deborah L. Cunningham, "Just How Strapping Was KNM-WT 15000?" *Journal of Human Evolution* 59, no. 5 (2010), 542-554. Chris Ruff and Alan Walker, "Body Size and Body Shape" in *The Nariokotome* Homo erectus *Skeleton*, ed. Alan Walker and Richard Leakey (Cambridge, MA: Harvard University Press, 1993), 234-265 参照。

（9） Christopher W. Kuzawa et al., "Metabolic Costs and Evolutionary Implications of Human Brain Development," *Proceedings of the National Academy of Sciences* 111, no. 36 (2014), 13010-13015.

（10） Henry M. McHenry, "Femoral Lengths and Stature in Plio-Pleistocene Hominids," *American Journal of Physical Anthropology* 85, no. 2 (1991), 149-158. マヌエル・ウィルとジェイ・T・ストックは、KNM-ER 1808 の身長を、これよりやや低い五フィート八インチ（約百七十三センチメートル）と見積もっている。Manuel Will and Jay T. Stock, "Spatial and Temporal Variation of Body Size Among Early *Homo*," *Journal of Human Evolution* 82 (2015), 15-33. ある研究チームは足跡のサイズから、ホモ・エレクトスの身長の範囲を五フィート（約百五十二センチメートル）～六フィート（約百八十三センチメートル）あまりと推定している。Heather L. Dingwall, Kevin G. Hatala, Roshna E. Wunderlich, and Brian G. Richmond, "Hominin Stature, Body Mass, and Walking Speed Estimates Based on 1.5-Million-Year-Old Fossil Footprints at Ileret, Kenya," *Journal of Human Evolution* 64, no. 6 (2013), 556-568.

（11） Matthew R. Bennett et al., "Early Hominin Foot Morphology Based on 1.5-Million-Year- Old-Footprints from Ileret, Kenya," *Science* 323, no. 5918 (2009), 1197-1201. Kevin G. Hatala et al., "Footprints Reveal Direct Evidence of Group Behavior and Locomotion in *Homo erectus*," *Scientific Reports* 6 (2016), 28766.

（12） Dennis M. Bramble and Daniel E. Lieberman, "Endurance Running and the Evolution of *Homo*," *Nature* 432 (2004), 345-352.

（13） Chris Carbone, Guy Cowlishaw, Nick J. B. Isaac, and J. Marcus Rowcliffe, "How Far Do Animals Go? Determinants of Day Range in Mammals," *American Naturalist* 165, no. 2 (2005), 290-297.

（14） ホミニンのユーラシア大陸進出を促進する状況作りに環境がどんな役割を果たしたのかを考える必要がある。地球規模で乾燥化と寒冷化――およびそれに伴う草原の拡大――が起きたことを示す証拠がある。この乾燥化と寒冷化の原因の一つは、二百八十万年前にパナマ地峡が形成され、大西洋と太平洋が物理的に隔てられたことによって海流が変化したことだった。Aaron O'Dea et al., "Formation of the Isthmus of Panama," *Science Advances* 2, no. 8 (2016), e1600883. Steven M. Stanley, *Children of the Ice Age: How a Global Catastrophe Allowed Humans to Evolve* (New York: Crown, 1996) 参照。

（15） 過去七十五万年間に八回の氷期があったことが分かっている。EPICA community members, "Eight Glacial Cycles from an Antarctic Ice Core," *Nature* 429 (2004), 623-628.

（16） Isidro Toro-Moyano et al., "The Oldest Human Fossil in Europe, from Orce (Spain)," *Journal of Human Evolution* 65, no. 1 (2013), 1-9. Eudald Carbonell et al., "The First Hominin of Europe," Nature 452 (2008), 465-469. José María Bermúdez de Castro et al., "A Hominid from the Lower Pleistocene of Atapuerca, Spain: Possible Ancestor to Neandertals and Modern Humans," *Science* 276, no. 5317 (1997), 1392-1395.

（17） Leslie C. Aiello and Peter Wheeler, "The Expensive-Tissue Hypothesis: The Brain and the Digestive System in Human and Primate Evolution," *Current Anthropology* 36, no. 2 (1995), 199-221.

（18） Richard Wrangham, *Catching Fire: How Cooking Made Us Human* (New York: Basic Books, 2009)〔『火の賜物　ヒトは料理で進化した』依田卓巳訳、NTT出版〕。このエレガントな仮説の唯一の問題点は年代である。火の使用を示す最古の証拠は百五十万年前のものだが、化石証拠は少なくとも二百万年前には脳の容積が増え始めていたことを示している。となると真実は、人類が火を使用し始めたのが現在見つかっている証拠の年代よりも古いか、初期のホモ属の脳が大きくなり始めた理由を調理で説明することに無理があるかのどちらかである。古生物学的・考古学的証拠から最終的に後者に落ち着くことになったとしても、火の使用と調理によって更新世のホモ属の脳容積増加が持続（おそらくは加速）したことはほぼ確実である。

（19） Richard Wrangham and Rachel Carmody, "Human Adaptation to the Control of Fire," *Evolutionary Anthropology* 19, no. 5 (2010), 187-199 参照。

（20） Dennis M. Bramble and David R. Carrier, "Running and Breathing in Mammals," *Science* 219, no. 4582 (1983), 251-256. Robert

R. Provine, "Laughter as an Approach to Vocal Evolution: The Bipedal Theory," *Psychonomic Bulletin & Review* 24 (2017), 238-244参照。

(21) Morgan L. Gustison, Aliza le Rouz, and Thore J. Bergman, "Derived Vocalizations of Geladas (*Theropithecus gelada*) and the Evolution of Vocal Complexity in Primates," *Philosophical Transactions of the Royal Society B* 367, no. 1597 (2012) 参照。発声と歩行の間にあるこの関係は、かなり広い範囲に当てはまるのではないだろうか。たとえば、鳥類は非常に多彩な声を使い分けることができる。胸の筋肉が水の浮力を受けているクジラやイルカといった水生動物も、複雑な情報伝達システムを持っている。

(22) アメリカでも中国でも、幼児の歩き始めと発語には（それが何歳何ヶ月で起きるかにかかわらず）関連が認められる。Minxuan He, Eric A. Walle, and Joseph J. Campos, "A Cross-National Investigation of the Relationship Between Infant Walking and Language Development," *Infancy* 20, no. 3 (2015), 283-305.

(23) Amélie Beaudet, "The Emergence of Language in the Hominin Lineage: Perspectives from Fossil Endocasts," *Frontiers in Human Neuroscience* 11 (2017), 427. Dean Falk, "Interpreting Sulci on Hominin Endocasts: Old Hypotheses and New Findings," *Frontiers in Human Neuroscience* 8 (2014), 134参照。KNM-ER 1470が証明しているように、これは初期のホモ属には確実に当てはまる。 Dean Falk, "Cerebral Cortices of East African Early Hominids," *Science* 221, no. 4615 (1983), 1072-1074.

(24) Ignacio Martínez et al., "Auditory Capacities in Middle Pleistocene Humans from the Sierra de Atapuerca in Spain," *Proceedings of the National Academy of Sciences* 101, no. 27 (2004), 9976-9981. Ignacio Martínez et al., "Communicative Capacities in Middle Pleistocene Humans from the Sierra de Atapuerca in Spain," *Quaternary International* 295 (2013), 94-101. Ignacio Martínez et al., "Human Hyoid Bones from the Middle Pleistocene Site of the Sima de los Huesos (Sierra de Atapuerca, Spain)," *Journal of Human Evolution* 54, no. 1 (2008), 118-124. Johannes Krause et al., "The Derived *FOXP2* Variant of Modern Humans Was Shared with Neandertals," *Current Biology* 17, no. 21 (2007), 1908-1912参照。あわせてElizabeth G. Atkinson et al., "No Evidence for Recent Selection of *FOXP2* Among Diverse Human Populations," *Cell* 174, no. 6 (2018), 1424-1435も参照。

(25) Nick Ashton et al., "Hominin Footprints from Early Pleistocene Deposits at Happisburgh, UK," *PLOS ONE* 9, no. 2 (2014), e88329.

(26) Jérémy Duveau, Gilles Berillon, Christine Verna, Gilles Laisné, and Dominique Cliquet, "The Composition of a Neandertal Social Group Revealed by the Hominin Footprints at Le Rozel (Normandy, France)," *Proceedings of the National Academy of Sciences* 116, no. 39 (2019), 19409-19414.

(27) David Reich et al., "Genetic History of an Archaic Hominin Group from Denisova Cave in Siberia," *Nature* 468 (2010), 1053-

1060. Fahu Chen et al., "A Late Middle Pleistocene Denisovan Mandible from the Tibetan Plateau," *Nature* 569 (2019), 409-412.

第九章　中つ国への移住

（1）J. R. R. Tolkien, *Lord of the Rings: The Fellowship of the Ring* (London: George Allen & Unwin, 1954)〔『指輪物語　旅の仲間』上下、瀬田貞二・田中明子訳、評論社文庫〕中の詩 "All That Is Gold Does Not Glitter" より。

（2）山頂の岩に氷河で削られた痕がないため、山頂の氷は薄かったものと思われる。

（3）Eva K. F. Chan et al., "Human Origins in a Southern African Palaeo-Wetland and First Migrations," *Nature* 575 (2019), 185-189.

（4）Carina M. Schlebusch et al., "Southern African Ancient Genomes Estimate Modern Human Divergence to 350,000 to 260,000 Years Ago," *Science* 358, no. 6363 (2017), 652-655.

（5）Alison S. Brooks et al., "Long-Distance Stone Transport and Pigment Use in the Earliest Middle Stone Age," *Science* 360, no. 6384 (2018), 90-94.

（6）Katerina Harvati et al., "Apidima Cave Fossils Provide Earliest Evidence of *Homo sapiens* in Eurasia," *Nature* 571 (2019), 500-504. Israel Hershkovitz et al., "The Earliest Modern Humans Outside Africa," *Science* 359, no. 6374 (2018), 456-459.

（7）Richard E. Green et al., "Analysis of One Million Base Pairs of Neanderthal DNA," *Nature* 444 (2006), 330-336. Lu Chen, Aaron B. Wolf, Wenqing Fu, Liming Li, and Joshua M. Akey, "Identifying and Interpreting Apparent Neanderthal Ancestry in African Individuals," *Cell* 180, no. 4 (2020), 677-687.

（8）Chris Clarkson et al., "Human Occupation of Northern Australia by 65,000 Years Ago," *Nature* 547 (2017), 306-310.

（9）Steve Webb, Matthew L. Cupper, and Richard Robins, "Pleistocene Human Footprints from the Willandra Lakes, Southeastern Australia," *Journal of Human Evolution* 50, no. 4 (2006), 405-413.

（10）Jenna T. Kuttruff, S. Gail DeHart, and Michael J. O'Brien, "7500 Years of Prehistoric Footwear from Arnold Research Cave, Missouri," *Science* 281, no. 5373 (1998), 72-75 の参考文献を参照。

（11）Erik Trinkaus, "Anatomical Evidence for the Antiquity of Human Footwear Use," *Journal of Archaeological Science* 32, no. 10 (2005), 1515-1526. Erik Trinkaus and Hong Shang, "Anatomical Evidence for the Antiquity of Human Footwear: Tianyuan and Sunghir," *Journal of Archaeological Science* 35, no. 7 (2008), 1928-1933.

（12）Duncan McLaren et al., "Terminal Pleistocene Epoch Human Footprints from the Pacific Coast of Canada," *PLOS ONE* 13, no. 3 (2018), e0193522. Karen Moreno et al., "A Late Pleistocene Human Footprint from the Pilauco Archaeological Site,

Northern Patagonia, Chile," *PLOS ONE* 14, no. 4 (2019), e0213572.

(13) Paige Madison, "Floresiensis Family: Legacy & Discovery at Liang Bua," April 26, 2018, http://fossilhistorypaige.com/2018/04/lunch-liang-bua の記述を参考にした。

(14) Peter Brown et al., "A New Small-Bodied Hominin from the Late Pleistocene of Flores, Indonesia," Nature 431 (2004), 1055-1061.

(15) William L. Jungers et al., "The Foot of *Homo floresiensis*," *Nature* 459 (2009), 81-84.

(16) Florent Détroit et al., "A New Species of *Homo* from the Late Pleistocene of the Philippines," *Nature* 568 (2019), 181-186.

(17) このあたりの経緯は、Lee Berger and John Hawks, *Almost Human: The Astonishing Tale of* Homo naledi *and the Discovery That Changed Our Human Story* (Washington, DC: National Geographic, 2017) に詳しく述べられている。

(18) Lee R. Berger et al., "*Homo naledi*, a New Species of the Genus *Homo* from the Dinaledi Chamber, South Africa," *eLife* 4 (2015), e09560. ホモ・ナレディの化石は、ライジングスター洞窟系の第二室で発見された。John Hawks et al., "New Fossil Remains of *Homo naledi* from the Lesedi Chamber, South Africa," *eLife* 6 (2017), e24232. 南アフリカ・マラパ洞窟から発見されたアウストラロピテクス・セディバと同様、ホモ・ナレディの化石も3Dスキャンされている。デジタルモデルは www.morphosource.org で閲覧可能である。

(19) Paul H. G. M. Dirks et al., "The Age of *Homo naledi* and Associated Sediments in the Rising Star Cave, South Africa," *eLife* 6 (2017), e24231.

(20) イアン・タッターソルはホモ・サピエンスだけが生き残ったのは象徴的行動能力を獲得したおかげだとしている。Ian Tattersall, *Masters of the Planet* (New York: Palgrave Macmillan, 2012) 参照。パット・シップマンは、イヌを家畜化したことがホモ・サピエンスを有利にした（特に、ネアンデルタール人に対して）と考えている。Pat Shipman, *The Invaders: How Humans and Their Dogs Drove Neanderthals to Extinction* (Cambridge, MA: Belknap Press of Harvard University Press, 2015)〔『ヒトとイヌがネアンデルタール人を絶滅させた』河合信和監訳・柴田譲治訳、原書房〕参照。

第三部　人生の歩み

(1) Walt Whitman, "Song of the Open Road," in *Leaves of Grass* (Self-published, 1856).

第十章　最初の一歩

(1) Wenda Trevathan and Karen Rosenberg, eds., *Costly and Cute: Helpless Infants and Human Evolution* (Santa Fe: University of New Mexico Press, published in association with School for Advanced Research Press, 2016) 参照。

（2） Andrew N. Meltzoff and M. Keith Moore, "Imitation of Facial and Manual Gestures by Human Neonates," *Science* 198, no. 4312 (1977), 75-78 参照。

（3） ジェン・グンター博士は、この動画をメディアがセンセーショナルに取り上げたことをブログで批判している。Dr. Jen Gunter, "A Newborn Baby in Brazil Didn't Walk, Journalists Made a Story of a Normal Reflex. That's Wrong," May 30, 2017, https://drjengunter.com/2017/05/30/a-newborn-baby-in-brazil-didnt-walk-journalists-made-a-story-of-a-normal-reflex-thats-wrong.

（4） Albrecht Peiper, *Cerebral Function in Infancy and Childhood* (New York: Consultants Bureau, 1963)〔『乳幼児期の脳の機能 よくわかる乳幼児期の発達』三宅良昌訳、新興医学出版社〕.

（5） Alessandra Piontelli, *Development of Normal Fetal Movements: The First 25 Weeks of Gestation* (Milan: Springer-Verlag Italia, 2010).

（6） Nadia Dominici et al., "Locomotor Primitives in Newborn Babies and Their Development," *Science* 334, no. 6058 (2011), 997-999.

（7） Philip Roman Zelazo, Nancy Ann Zelazo, and Sarah Kolb, " 'Walking' in the Newborn," *Science* 176, no. 4032 (1972), 314-315.

（8） 実は、この「むっちりとした足」が「歩行反射」が実際の歩行に移行するのを（平均で）1年遅らせるのに1役買っているのかもしれない。Esther Thelen and Donna M. Fisher, "Newborn Stepping: An Explanation for a 'Disappearing' Reflex," *Developmental Psychology* 18, no. 5 (1982), 760-775 参照。

（9） 何をもって自力歩行と見なすかについては厳密な基準がある。歩き始めの定義としては、「連続五歩歩く」「立ち止まったり転んだりしないで十フィート（約三メートル）歩くことができる」などがある。

（10） しかし、ゲゼルはドイツ系の赤ん坊のデータのみを収集し、一人親家庭の赤ん坊は除外したようである。このような偏りのあるデータから国民の平均を推定するのは不適切と言わざるを得ない。

（11） Beth Ellen Davis, Rachel Y. Moon, Hari C. Sachs, and Mary C. Ottolini, "Effects of Sleep Position on Infant Motor Development," *Pediatrics* 102, no. 5 (1998), 1135-1140.

（12） Kathryn B. H. Clancy and Jenny L. Davis, "Soylent Is People, and WEIRD Is White: Biological Anthropology, Whiteness, and the Limits of the WEIRD," *Annual Review of Anthropology* 48 (2019), 169-186.

（13） Kim Hill and A. Magdalena Hurtado, *Ache Life History* (New York: Routledge, 1996), 153-154.

（14） Hill and Hurtado, *Ache Life History*, 154.

（15） Hillard Kaplan and Heather Dove, "Infant Development Among the Ache of Eastern Paraguay," *Developmental Psychology* 23, no. 2 (1987), 190-198.

(16) Karen Adolph and Scott R. Robinson, "The Road to Walking: What Learning to Walk Tells Us About Development," in *Oxford Handbook of Developmental Psychology*, ed. Philip David Zelazo (Oxford: Oxford University Press, 2013) の参考文献を参照。Lana B. Karasik, Karen E. Adolph, Catherine S. Tamis-LeMonda, and Marc H. Bornstein, "WEIRD Walking: Cross-Cultural Research on Motor Development," *Behavioral and Brain Sciences* 33, no. 2-3 (2010), 95-96.

(17) Oskar G. Jenni, Aziz Chaouch, Jon Caflisch, and Valentin Rousson, "Infant Motor Milestones: Poor Predictive Value for Outcome of Healthy Children," *Acta Paediatrica* 102, no. 4 (2013), e181-e184. Graham K. Murray, Peter B. Jones, Diana Kuh, and Marcus Richards, "Infant Developmental Milestones and Subsequent Cognitive Function," *Annals of Neurology* 62, no. 2 (2007), 128-136.

(18) Trine Flensborg-Madsen and Erik Lykke Mortensen, "Infant Developmental Milestones and Adult Intelligence: A 34-Year Follow-Up," *Early Human Development* 91, no. 7 (2015), 393-400. Akhgar Ghassabian et al., "Gross Motor Milestones and Subsequent Development," *Pediatrics* 138, no. 1 (2016), e20154372.

(19) Joseph J. Campos et al., "Travel Broadens the Mind," *Infancy* 1, no. 2 (2000), 149-219.

(20) Alex Ireland, Adrian Sayers, Kevin C. Deere, Alan Emond, and Jon H. Tobias, "Motor Competence in Early Childhood Is Positively Associated with Bone Strength in Late Adolescence," *Journal of Bone and Mineral Research* 31, no. 5 (2016), 1089-1098. この研究チームは二〇一七年に、歩き始めの遅れが六十〜六十四歳時の低骨密度の予測因子となることを発見した。Alex Ireland et al., "Later Age at Onset of Independent Walking Is Associated with Lower Bone Strength at Fracture-Prone Sites in Older Men," *Journal of Bone and Mineral Research* 32, no. 6 (2017), 1209-1217. Charlotte L. Ridgway et al., "Infant Motor Development Predicts Sports Participation at Age 14 Years: Northern Finland Birth Cohort of 1966," *PLOS ONE* 4, no. 8 (2009), e6837.

(21) Jonathan Eig, *Ali: A Life* (Boston: Houghton Mifflin Harcourt, 2017),11.James S. Hirsch, *Willie Mays: The Life, the Legend* (New York: Scribner, 2010), 13. Andrew S. Young, *Black Champions of the Gridiron* (New York: Harcourt, Brace & World, 1969). Martin Kessler, "Kalin Bennett Has Autism- and He's a Div. I Basketball Player," *Only a Game*, WBUR, June 21, 2019, https://www.wbur.org/onlyagame/2019/06/21/kent-state-kalin-bennett-basketball-autism.

(22) Adolph and Robinson, "The Road to Walking" の参考文献参照。

(23) Adolph and Robinson, "The Road to Walking," 410.

(24) Antonia Malchik, *A Walking Life* (New York: Da Capo Press, 2019), 25.

(25) Lana B. Karasik, Karen E. Adolph, Catherine S. Tamis-LeMonda, and Alyssa L. Zuckerman, "Carry On: Spontaneous Object Carrying in 13-Month-Old Crawling and Walking Infants," *Developmental Psychology* 48, no. 2 (2012), 389-397. Carli M.

Heiman, Whitney G. Cole, Do Kyeong Lee, and Karen E. Adolph, "Object Interaction and Walking: Integration of Old and New Skills in Infant Development," *Infancy* 24, no. 4 (2019), 547-569.

(26) Justine E. Hoch, Sinclaire M. O'Grady, and Karen E. Adolph, "It's the Journey, Not the Destination: Locomotor Exploration in Infants," *Developmental Science* (2018), e12740 参照。

(27) Miriam Norris, Patricia J. Spaulding, and Fern H. Brodie, *Blindness in Children* (Chicago: University of Chicago Press, 1957).

(28) Karen E. Adolph et al., "How Do You Learn to Walk? Thousands of Steps and Dozens of Falls per Day," *Psychological Science* 23, no. 11 (2012), 1387-1394.

(29) Adolph, "How Do You Learn to Walk?"

(30) David Sutherland, Richard Olshen, Edmund Biden, and Marilynn Wyatt, *The Development of Mature Walking* (London: Mac Keith Press, 1988).

(31) Jeremy M. DeSilva, Corey M. Gill, Thomas C. Prang, Miriam A. Bredella, and Zeresenay Alemseged, "A Nearly Complete Foot from Dikika, Ethiopia, and Its Implications for the Ontogeny and Function of *Australopithecus afarensis*," *Science Advances* 4, no. 7 (2018), eaar7723. Craig A. Cunningham and Sue M. Black, "Anticipating Bipedalism: Trabecular Organization in the Newborn Ilium," *Journal of Anatomy* 214, no. 6 (2009), 817-829.

(32) 二足歩行による負荷に骨がどのように反応するかについては、動物実験による研究結果もある。一九三九年に両前足のないヤギが生まれ、後ろ足で飛び跳ねて歩くようになった。一歳の時に事故で死んだそのヤギをユトレヒト大学の比較解剖学者エーバーハルト・ヨハネス・シュライパーが解剖したところ、二足歩行の結果と考えられる変形が背骨、骨盤、後肢に認められた。Everhard J. Slijper, "Biologic-Anatomical Investigations on the Bipedal Gait and Upright Posture in Mammals, with Special Reference to a Little Goat, Born Without Forelegs," *Proceedings of the Koninklijke Nederlandse Akademie van Wetenschappen* 45 (1942), 288-295. 一九九〇年代には、日本の研究チームが二足歩行するよう訓練された一頭のアカゲザルを使って骨格の変化を調べている。アカゲザルにはヒトのような腰椎前彎が現れたが、ヒトの場合には椎骨と椎間板がくさび形になることによって腰椎が前彎するのに対してアカゲザルの場合は変化したのは椎間板だけだった。Masato Nakatsukasa, Sugio Hayama, and Holger Preuschoft, "Postcranial Skeleton of a Macaque Trained for Bipedal Standing and Walking and Implications for Functional Adaptation," *Folia Primatologica* 64, no. 1-2 (1995), 1-29. 二〇二〇年にはストーニー・ブルック大学のガブリエル・ルッソが器具を装着して二足歩行させたラットを使って比較実験をおこなっている。二足歩行ラットは四足歩行ラットと比較して大後頭孔の位置が前寄りで下肢関節が大きく、腰椎前彎が見られた。Gabrielle A. Russo, D'Arcy Marsh, and Adam D. Foster, "Response of the Axial Skeleton to Bipedal Loading Behaviors in an Experimental Animal Model," *Anatomical Record* 303, no. 1 (2020), 150-166.

(33) 幼児は類人猿が立ち上がったときのように腰と膝を曲げてがに股で歩くが、チンパンジーの歩き方はヒトとは逆向きに発達するように思われる。チンパンジーが最も頻繁に二足歩行するのは幼児期（〇・一〜五歳）である。幼児期のチンパンジーが二足歩行する頻度は大人の三倍であり、二足歩行している時間は一日の六パーセントを占めている。Lauren Sarringhaus, Laura MacLatchy, and John Mitani, "Locomotor and Postural Development of Wild Chimpanzees," *Journal of Human Evolution* 66 (2014), 29-38.

(34) Christine Tardieu, "Ontogeny and Phylogeny of Femoro-Tibial Characters in Humans and Hominid Fossils: Functional Influence and Genetic Determinism," *American Journal of Physical Anthropology* 110, no. 3 (1999), 365-377.

(35) Yann Glard et al., "Anatomic Study of Femoral Patellar Groove in Fetus," *Journal of Pediatric Orthopaedics* 25, no. 3 (2005), 305-308.

(36) Karen E. Adolph, Sarah E. Berger, and Andrew J. Leo, "Developmental Continuity? Crawling, Cruising, and Walking," *Developmental Science* 14, no. 2 (2011), 306-318. Adolph and R. Robinson, "The Road to Walking" の参考文献参照。

第十一章　出産と二足歩行

(1) Lucille Clifton, "Homage to My Hips," *Two-Headed Woman* (Amherst: University of Massachusetts Press, 1980).

(2) Alexander Marshack, "Exploring the Mind of Ice Age Man," *National Geographic* 147, no. 1 (1975), 85. Francesco d'Errico, "The Oldest Representation of Childbirth," in *An Enquiring Mind: Studies in Honor of Alexander Marshack*, ed. Paul G. Bahn (Oxford and Oakville, CT: American School of Prehistoric Research, 2009), 99-109.

(3) ただし、Pamela Heidi Douglas, "Female Sociality During the Daytime Birth of a Wild Bonobo at Luikotale, Democratic Republic of Congo," *Primates* 55, no. 4 (2014), 533-542 参照。サルでも、出産の介助が観察された例がある。これについては、Bin Yang, Peng Zhang, Kang Huang, Paul A. Garber, and Bao-Guo Li, "Daytime Birth and Postbirth Behavior of Wild *Rhinopithecus roxellana* in the Qinling Mountains of China," *Primates* 57, no. 2 (2016), 155-160. Wei Ding, Le Yang, and Wen Xiao, "Daytime Birth and Parturition Assistant Behavior in Wild Black-and-White Snub-Nosed Monkeys (*Rhinopithecus bieti*) Yunnan, China," *Behavioural Processes* 94 (2013), 5-8 参照。

(4) 日本の研究チームが、チンパンジーの出産がこのような経過をたどらない場合もあることを指摘している。Satoshi Hirata, Koki Fuwa, Keiko Sugama, Kiyo Kusunoki, and Hideko Takeshita, "Mechanism of Birth in Chimpanzees: Humans Are Not Unique Among Primates," *Biology Letters* 7, no. 5 (2011), 686-688. あわせて James H. Elder and Robert M. Yerkes, "Chimpanzee Births in Captivity: A Typical Case History and Report of Sixteen Births," *Proceedings of the Royal Society of London B* 120, no. 819 (1936), 409-421 も参照。

(5) Karen Rosenberg, "The Evolution of Modern Human Childbirth," *Yearbook of Physical Anthropology* 35, no. S15 (1992), 89-124.

(6) 出産の経過には個人差がある。Dana Walrath, "Rethinking Pelvic Typologies and the Human Birth Mechanism," *Current Anthropology* 44, no. 1 (2003), 5-31 参照。

(7) Wilton M. Krogman,"The Scars of Human Evolution," *Scientific American* 185, no. 6 (1951), 54-57.

(8) Christine Berge, Rosine Orban-Segebarth, and Peter Schmid, "Obstetrical Interpretation of the Australopithecine Pelvic Cavity," *Journal of Human Evolution* 13, no. 7 (1984), 573-587. Robert G. Tague and C. Owen Lovejoy, "The Obstetric Pelvis of A.L. 288-1 (Lucy)," *Journal of Human Evolution* 15, no. 4 (1986), 237-255. Jeremy M. DeSilva, Natalie M. Laudicina, Karen R. Rosenberg, and Wenda R. Trevathan, "Neonatal Shoulder Width Suggests a Semirotational, Oblique Birth Mechanism in *Australopithecus afarensis*," *Anatomical Record* 300, no. 5 (2017), 890-899.

(9) Cara M. Wall-Scheffler, Helen K. Kurki, and Benjamin M. Auerbach, *The Evolutionary Biology of the Human Pelvis: An Integrative Approach* (Cambridge: Cambridge University Press, 2020).

(10) Jennifer Ackerman, "The Downside of Upright," *National Geographic* 210, no. 1 (2006), 126-145.

(11) Lewis Carroll, *Alice's Adventures in Wonderland* (New York: Macmillan, 1865)〔『不思議の国のアリス』高山宏訳、亜紀書房など〕.

(12) Wenda R. Trevathan, *Human Birth: An Evolutionary Perspective* (New York: Aldine de Gruyter, 1987). Karen R. Rosenberg and Wenda R. Trevathan, "Bipedalism and Human Birth: The Obstetrical Dilemma Revisited," *Evolutionary Anthropology* 4, no. 5 (1995), 161-168. Karen R. Rosenberg and Wenda R. Trevathan, "The Evolution of Human Birth," *Scientific American* 285, no. 5 (2001), 72-77. Wenda R. Trevathan, *Ancient Bodies, Modern Lives* (Oxford: Oxford University Press, 2010). さらに、助産術は、単に生まれてくる赤ん坊を取り上げるだけの行為ではない。デラウェア大学看護学部教授デラ・キャンベルは六百人の出産データを収集した。親しい女性の友人や家族に付き添われていた産婦は全体の半数だった。もう半数は付き添いがなかった。付き添いの女性（ドゥーラと呼ばれることが多い）がいた産婦の陣痛は一時間以上短かった。ドゥーラの付き添いは産婦だけでなく赤ん坊にも好ましい影響を及ぼしていた。新生児の健康状態を数字で表すアプガー・スコアは、ドゥーラに付き添われて生まれた赤ん坊のほうが高かった。トロント大学名誉教授エレン・ホドネットは、世界中の一万五千例の出産を分析した二十二の論文を再分析した。イランでもナイジェリアでもボツワナでもアメリカでも、産婦が社会的サポートを受けた場合のほうが陣痛は短くなり、医療を必要とする事態や緊急帝王切開のリスクも低かった。人体は出産時の介助に生理的に適応しているため、こうした介助者が出産時の事故のリスクを下げるのである。Della Campbell, Marian F. Lake, Michele Falk, and Jeffrey R. Backstrand, "A Randomized Control Trial of Continuous Support in Labor by a Lay Doula," *Journal of Obstetric,*

Gynecologic & Neonatal Nursing* 35, no. 4 (2006), 456-464 および Ellen D. Hodnett, Simon Gates, G. Justus Hofmeyr, and Carol Sakala, "Continuous Support for Women During Childbirth," *Cochrane Database of Systematic Reviews* 7 (2013) 参照。ミネソタ大学公衆衛生学部教授ケイティ・コジマニルによる研究も参照。

(13) Angela Garbes, *Like a Mother: A Feminist Journey Through the Science and Culture of Pregnancy* (New York: HarperCollins, 2018), 101.

(14) "Maternal Mortality," World Health Organization, September 19, 2019, https://www.who.int/news-room/fact-sheets/detail/maternal-mortality.

(15) Elizabeth O'Casey, "42nd Session of the UN Human Rights Council. General Debate Item 3," United Nations Human Rights Council, September 9-27, 2019.

(16) Max Roser and Hannah Ritchie, "Maternal Mortality," *Our World in Data*, https://ourworldindata.org/maternal-mortality# および "List of Countries by Age at First Marriage," Wikipedia, https://en.wikipedia.org/wiki/List_of_countries_by_age_at_first_marriage の生データを使用した。

(17) Donna L. Hoyert and Arialdi M. Miniño, "Maternal Mortality in the United States: Changes in Coding, Publication, and Data Release, 2018," *National Vital Statistics Report* 69, no. 2 (2020), 1-16. GBD 2015 Maternal Mortality Collaborators, "Global, Regional, and National Levels of Maternal Mortality, 1990-2015: A Systematic Analysis for the Global Burden of Disease Study 2015," *The Lancet* 388 (2016), 1775-1812.

(18) Sherwood L. Washburn, "The New Physical Anthropology," *Transactions of the New York Academy of Sciences* 13, no. 7 (1951), 298-304.

(19) Sherwood L. Washburn, "Tools and Human Evolution," *Scientific American* 203, no. 3 (1960), 62-75.

(20) Yuval Noah Harari, *Sapiens: A Brief History of Humankind* (New York: HarperCollins, 2015), 10〔『サピエンス全史　文明の構造と人類の幸福』上下、柴田裕之訳、河出書房新社〕.

(21) Holly Dunsworth, Anna G. Warrener, Terrence Deacon, Peter T. Ellison, and Herman Pontzer, "Metabolic Hypothesis for Human Altriciality," *Proceedings of the National Academy of Sciences* 109, no. 38 (2012), 15212-15216. ダンスワースはこれをEGG（エネルギー論〈Energetics〉、成長〈Growth〉、妊娠期間〈Gestation〉の頭字語）仮説と呼んでいる。

(22) Jeremy M. DeSilva and Julie J. Lesnik, "Brain Size at Birth Throughout Human Evolution: A New Method for Estimating Neonatal Brain Size in Hominins," *Journal of Human Evolution* 55, no. 6 (2008), 1064-1074.

(23) Herman T. Epstein, "Possible Metabolic Constraints on Human Brain Weight at Birth," *American Journal of Physical Anthropology* 39, no. 1 (1973), 135-136 参照。

（24） Anna Warrener, Kristi Lewton, Herman Pontzer, and Daniel Lieberman, "A Wider Pelvis Does Not Increase Locomotor Cost in Humans, with Implications for the Evolution of Childbirth," *PLOS ONE* 10, no. 3 (2015), e0118903.

（25） Frank W. Marlowe, "Hunter-Gatherers and Human Evolution," *Evolutionary Anthropology* 14, no. 2 (2005), 54-67. Charles E. Hilton and Russell D. Greaves, "Seasonality and Sex Differences in Travel Distance and Resource Transport in Venezuelan Foragers," *Current Anthropology* 49, no. 1 (2008), 144-153.

（26） Katherine K. Whitcome, Liza J. Shapiro, and Daniel E. Lieberman, "Fetal Load and the Evolution of Lumbar Lordosis in Bipedal Hominins," *Nature* 450 (2007), 1075-1078. くさび形をした腰椎の数が男性より多いことに加えて、各腰椎間の関節面の角度も女性のほうが大きい。このことが、より大きくカーブしていることで故障を起こしやすい背中を安定させているものと考えられる。

（27） Cara Wall-Scheffler, "Energetics, Locomotion, and Female Reproduction: Implications for Human Evolution," *Annual Review of Anthropology* 41 (2012), 71-85. Cara M. Wall-Scheffler and Marcella J. Myers, "The Biomechanical and Energetic Advantage of a Mediolaterally Wide Pelvis in Women," *Anatomical Record* 300, no. 4 (2017), 764-775.

（28） Cara M. Wall-Scheffler, K. Geiger, and Karen L. Steudel-Numbers, "Infant Carrying: The Role of Increased Locomotor Costs in Early Tool Development," *American Journal of Physical Anthropology* 133, no. 2 (2007), 841-846.

（29） Wall-Scheffler and Myers, "The Biomechanical and Energetic Advantage of a Mediolaterally Wide Pelvis in Women." Katherine K. Whitcome, E. Elizabeth Miller, and Jessica L. Burns, "Pelvic Rotation Effect on Human Stride Length: Releasing the Constraint of Obstetric Selection," *Anatomical Record* 300, no. 4 (2017), 752-763. Laura T. Gruss, Richard Gruss, and Daniel Schmid, "Pelvic Breadth and Locomotor Kinematics in Human Evolution," *Anatomical Record* 300, no. 4 (2017), 739-751. Yoel Rak, "Lucy's Pelvic Anatomy: Its Role in Bipedal Gait," *Journal of Human Evolution* 20, no. 4 (1991), 283-290. も参照。

（30） Jonathan C. K. Wells, Jeremy M. DeSilva, and Jay T. Stock, "The Obstetric Dilemma: An Ancient Game of Russian Roulette, or a Variable Dilemma Sensitive to Ecology?" *Yearbook of Physical Anthropology* 149, no. S55 (2012), 40-71.

（31） Christopher B. Ruff, "Climate and Body Shape in Hominid Evolution," *Journal of Human Evolution* 21, no. 2 (1991), 81-105. Laura T. Gruss and Daniel Schmitt, "The Evolution of the Human Pelvis: Changing Adaptations to Bipedalism, Obstetrics, and Thermoregulation," *Philosophical Transactions of the Royal Society B* 370, no. 1663 (2015). Lia Betti, "Human Variation in Pelvic Shape and the Effects of Climate and Past Population History," *Anatomical Record* 300, no. 4 (2017), 687-697 の再分析も参照。

（32） これに対して、Anna Warrener, Kristin Lewton, Herman Pontzer, and Daniel Lieberman, "A Wider Pelvis Does Not Increase Locomotor Cost in Humans, with Implications for the Evolution of Childbirth," *PLOS ONE* 10, no. 3 (2015), e0118903 は、女

性のほうが前十字靱帯を断裂することが多いのは男性よりも筋力が弱いからだという仮説を立てている。その一因は、若いときにスポーツを奨励される度合いに男女差があることにもあるかもしれない。

（33） Mary Lloyd Ireland, “The Female ACL: Why Is It More Prone to Injury?” *Orthopedic Clinics of North America* 33, no. 4 (2002), 637-651 の、外反膝と前十字靱帯断裂のリスクとの関係を参照。

（34） Wenda Trevathan, “Primate Pelvic Anatomy and Implications for Birth,” *Philosophical Transactions of the Royal Society B* 370, no. 1663 (2015). あわせて Alik Huseynov et al., “Developmental Evidence for Obstetric Adaptation of the Human Female Pelvis,” *Proceedings of the National Academy of Sciences* 113, no. 19 (2016), 5227-5232 も参照。

（35） Donna Mazloomdoost, Catrina C. Crisp, Steven D. Kleeman, and Rachel N. Pauls, “Primary Care Providers' Experience, Management, and Referral Patterns Regarding Pelvic Floor Disorders: A National Survey,” *International Urogynecology Journal* 29, no. 1 (2018), 109-118 およびその参考文献を参照。

（36） キプチョゲは二〇一九年に二時間を切っているが、これは非公式記録である。

（37） “Marathon World Record Progression,” Wikipedia, https://en.wikipedia.org/wiki/Marathon_world_record_progression より。

（38） Hailey Middlebrook, “Woman Wins 50K Ultra Outright, Trophy Snafu for Male Winner Follows,” *Runner's World*, August 15, 2019, https://www.runnersworld.com/news/a28688233/ellie-pell-wins-green-lakes-endurance-run-50k 参照。

（39） たとえば、John Temesi et al., “Are Females More Resistant to Extreme Neuromuscular Fatigue?” *Medicine & Science in Sports & Exercise* 47, no. 7 (2015), 1372-1382 を参照。

（40） Rebecca Solnit, *Wanderlust: A History of Walking* (New York: Penguin Books, 2000), 43〔『ウォークス』〕.

（41） Holly Dunsworth, “The Obstetrical Dilemma Unraveled,” in *Costly and Cute: Helpless Infants and Human Evolution*, ed. Wenda Trevathan and Karen Rosenberg (Santa Fe: University of New Mexico Press, published in association with School for Advanced Research Press, 2016), 29 参照。

第十二章　歩き方はみな違う

（1） William Shakespeare, *The Tempest*, www.shakespeare.mit.edu/tempest/full.html.

（2） James E. Cutting and Lynn T. Kozlowski, “Recognizing Friends by Their Walk: Gait Perception Without Familiarity Cues,” *Bulletin of the Psychonomic Society* 9, no. 5 (1977), 353-356.

（3） Sarah V. Stevenage, Mark S. Nixon, and Kate Vince, “Visual Analysis of Gait as a Cue to Identity,” *Applied Cognitive Psychology* 13, no. 6 (1999), 513-526. Fani Loula, Sapna Prasad, Kent Harber, and Maggie Shiffrar, “Recognizing People from Their Movement,” *Journal of Experimental Psychology: Human Perception and Performance* 31, no. 1 (2005), 210-220. Noa

Simhi and Galit Yovel, "The Contribution of the Body and Motion to Whole Person Recognition," *Vision Research* 122 (2016), 12-20.

(4) Carina A. Hahn and Alice J. O'Toole, "Recognizing Approaching Walkers: Neural Decoding of Person Familiarity in Cortical Areas Responsive to Faces, Bodies, and Biological Motion," *NeuroImage* 146 (2017), 859-868.

(5) 「歩き方」からは少しずれるが、こんな実験結果がある。ベアトリス・ド・ゲルダーらは二〇〇五年に、友好的な表情を浮かべて威嚇的なジェスチャーをしている人物像とその逆（威嚇的な表情をうかべて友好的なジェスチャーをしている）の人物像を被験者に見せ、第一印象が表情とボディランゲージのどちらに左右されるかを調べた。その結果は私には意外だった。顔の表情よりもボディランゲージに左右される被験者のほうが多かったのである。Hanneke K. M. Meeren, Corné C. R. J. van Heijnsbergen, and Beatrice de Gelder, "Rapid Perceptual Integration of Facial Expression and Emotional Body Language," *Proceedings of the National Academy of Sciences* 102, no. 45 (2005), 16518-16523.

(6) Shaun Halovic and Christian Kroos, "Not All Is Noticed: Kinematic Cues of Emotion-Specific Gait," *Human Movement Science* 57 (2018), 478-488. Claire L. Roether, Lars Omlor, Andrea Christensen, and Martin A. Giese, "Critical Features for the Perception of Emotion from Gait," *Journal of Vision* 9, no. 6 (2009), 1-32. さらに、この問題に関する基礎研究である Joann M. Montepare, Sabra B. Goldstein, and Annmarie Clausen, "The Identification of Emotions from Gait Information," *Journal of Nonverbal Behavior* 11, no. 1 (1987), 33-42 も参照。

(7) John C. Thoresen, Quoc C. Vuong, and Anthony P. Atkinson, "First Impressions: Gait Cues Drive Reliable Trait Judgements," *Cognition* 124, no. 3 (2012), 261-271.

(8) Angela Book, Kimberly Costello, and Joseph A. Camilleri, "Psychopathy and Victim Selection: The Use of Gait as a Cue to Vulnerability," *Journal of Interpersonal Violence* 28, no. 11 (2013), 2368-2383.

(9) ブックは論文の中で Ronald M. Holmes and Stephen T. Holmes, *Serial Murder* (Thousand Oaks, CA: Sage, 2009) を引用している。

(10) Omar Costilla-Reyes, Ruben Vera-Rodriguez, Patricia Scully, and Krikor B. Ozanyan, "Analysis of Spatio-Temporal Representations for Robust Footstep Recognition with Deep Residual Neural Networks," *IEEE Transactions on Pattern Analysis and Machine Intelligence* 41, no. 2 (2018), 285-296.

(11) Joe Verghese et al., "Abnormality of Gait as a Predictor of Non-Alzheimer's Dementia," *New England Journal of Medicine* 347, no. 22 (2002), 1761-1768. Louis M. Allen, Clive G. Ballard, David J. Burn, and Rose Anne Kenny, "Prevalence and Severity of Gait Disorders in Alzheimer's and Non-Alzheimer's Dementias," *Journal of the American Geriatrics Society* 53, no. 10 (2005), 1681-1687.

(12) Jim Giles, "Cameras Know You by Your Walk," *New Scientist* (September 19, 2012), https://www.newscientist.com/article/mg21528835-600-cameras-know-you-by-your-walk. Joseph Marks, "The Cybersecurity 202: Your Phone Could Soon Recognize You Based on How You Move or Walk," *Washington Post* (February 26, 2019), https://www.washingtonpost.com/news/powerpost/paloma/the-cybersecurity-202/2019/02/26/the-cybersecurity-202-your-phone-could-soon-recognize-you-based-on-how-you-move-or-walk/5c744b9b1b326b71858c6c39.

(13) Ari Z. Zivotofsky and Jeffrey M. Hausdorff, "The Sensory Feedback Mechanisms Enabling Couples to Walk Synchronously: An Initial Investigation," *Journal of Neuroengineering and Rehabilitation* 4, no. 28 (2007), 1-5. このチームのさらに最近の研究については、Ari Z. Zivotofsky, Hagar Bernad-Elazari, Pnina Grossman, and Jeffrey M. Hausdorff, "The Effects of Dual Tasking on Gait Synchronization During Over-Ground Side-by-Side Walking," *Human Movement Science* 59 (2018), 20-29 を参照。

(14) Niek R. van Ulzen, Claudine J. C. Lamoth, Andreas Daffertshofer, Gün R. Semin, and Peter J. Beek, "Characteristics of Instructed and Uninstructed Interpersonal Coordination While Walking Side-by-Side," *Neuroscience Letters* 432, no. 2 (2008), 88-93.

(15) Claire Chambers, Gaiqing Kong, Kunlin Wei, and Konrad Kording, "Pose Estimates from Online Videos Show That Side-by-Side Walkers Synchronize Movement Under Naturalistic Conditions," *PLOS ONE* 14, no. 6 (2019), e0217861.

(16) Stephen King（キングはこの作品をリチャード・バックマンというペンネームで書いている）, *The Long Walk* (New York: Signet Books, 1979)〔『死のロングウォーク』沼尻素子訳、扶桑社〕. 私はキングにメールを送り、「参加者を時速三マイルで歩かせるより時速四マイルで歩かせたほうがホラー度が高くなることを、当時大学生という若さでどうして知っていたのですか」と尋ねた。そんなことは知らなかった、時速四マイルが平均的な歩行速度だと勘違いしていた、とのことだった。

(17) Robert V. Levine and Ara Norenzayan, "The Pace of Life in 31 Countries," *Journal of Cross-Cultural Psychology* 30, no. 2 (1999), 178-205. レバインとノーレンザヤンは、平均速度が三つの変数——その国の平均気温、経済力、一般的な文化（個人主義的か集団主義的か）——の影響を受けるという興味深い事実を発見した。強い経済と個人主義的価値観を有する寒冷な気候の国の国民は平均歩行速度が速いという。

(18) Michaela Schimpl et al., "Association Between Walking Speed and Age in Healthy, Free-Living Individuals Using Mobile Accelerometry–A Cross-Sectional Study," *PLOS ONE* 6, no. 8 (2011), e23299.

(19) Janelle Wagnild and Cara M. Wall-Scheffler, "Energetic Consequences of Human Sociality: Walking Speed Choices Among Friendly Dyads," *PLOS ONE* 8, no. 10 (2013), e76576. Cara Wall-Scheffler and Marcella J. Myers, "Reproductive Costs for Everyone: How Female Loads Impact Human Mobility Strategies," *Journal of Human Evolution* 64, no. 5 (2013), 448-456.

(20) Geoff Nicholson, *The Lost Art of Walking* (New York: Riverhead Books, 2008), 14.

第十三章　運動がつくりだす長寿物質

（1）George M. Trevelyan, *Clio, a Muse: And Other Essays Literary and Pedestrian* (London: Longmans, Green, 1913).

（2）Katy Bowman, *Move Your DNA: Restore Your Health Through Natural Movement* (Washington State: Propriometrics Press, 2014).

（3）Habiba Chirchir et al., "Recent Origin of Low Trabecular Bone Density in Modern Humans," *Proceedings of the National Academy of Sciences* 112, no. 2 (2015), 366-371. 私の問い合わせに対してチャーチャーはメールで、サンプル間の時間的隔たりが大きいため、骨格が華奢になった正確な時期は現時点では確定できないと回答した。

（4）Timothy M. Ryan and Colin N. Shaw, "Gracility of the Modern *Homo sapiens* Skeleton Is the Result of Decreased Biomechanical Loading," *Proceedings of the National Academy of Sciences* 112, no. 2 (2015), 372-377. これらの結果は、その後まもなくチャーチャーの研究でも確認されている。Habiba Chirchir, Christopher B. Ruff, Juho-Antti Junno, and Richard Potts, "Low Trabecular Bone Density in Recent Sedentary Modern Humans," *American Journal of Physical Anthropology* 162, no. 3 (2017), 550-560. 本章で言う骨密度とは、単位面積あたりの骨量のことである。

（5）Daniela Grimm et al., "The Impact of Microgravity on Bone in Humans," *Bone* 87 (2016), 44-56. あわせて Riley Black (formerly Brian Switek), *Skeleton Keys: The Secret Life of Bone* (New York: Riverhead Books, 2019), 108〔『骨が語る人類史』大槻敦子訳、原書房〕も参照。

（6）Steven C. Moore et al., "Leisure Time Physical Activity of Moderate to Vigorous Intensity and Mortality: A Large Pooled Cohort Analysis," *PLOS Medicine* 9, no. 11 (2012), e1001335.

（7）Ulf Ekelund et al., "Physical Activity and All-Cause Mortality Across Levels of Overall and Abdominal Adiposity in European Men and Women: The European Prospective Investigation into Cancer and Nutrition Study (EPIC)," *American Journal of Clinical Nutrition* 101, no. 3 (2015), 613-621.

（8）Bente Klarlund Pedersen, "Making More Minds Up to Move," *TEDx Copenhagen*, September 18, 2012, https://tedxcopenhagen.dk/talks/making-more-minds-move.

（9）"Breast Cancer Facts & Figures 2019-2020," American Cancer Society (Atlanta: American Cancer Society, Inc., 2019). "Breast Cancer," World Health Organization, https://www.who.int/cancer/detection/breastcancer/en/index1.html.

（10）Janet S. Hildebrand, Susan M. Gapstur, Peter T. Campbell, Mia M. Gaudet, and Alpa V. Patel, "Recreational Physical Activity and Leisure-Time Sitting in Relation to Postmenopausal Breast Cancer Risk," *Cancer Epidemiology, Biomarkers & Prevention* 22, no. 10 (2013), 1906-1912.

（11） Kaoutar Ennour-Idrissi, Elizabeth Maunsell, and Caroline Diorio, "Effect of Physical Activity on Sex Hormones in Women: A Systematic Review and Meta-Analysis of Randomized Controlled Trials," *Breast Cancer Research* 17, no. 139 (2015), 1-11.

（12） Anne McTiernan et al., "Effect of Exercise on Serum Estrogens in Postmenopausal Women," *Cancer Research* 64, no. 8 (2004), 2923-2928.

（13） Stephanie Whisnant Cash et al., "Recent Physical Activity in Relation to DNA Damage and Repair Using the Comet Assay," *Journal of Physical Activity and Health* 11, no. 4 (2014), 770-776.

（14） Crystal N. Holick et al., "Physical Activity and Survival After Diagnosis of Invasive Breast Cancer," *Cancer Epidemiology, Biomarkers & Prevention* 17, no. 2 (2008), 379-386. 現在、ホリックはヘルスコア社の研究事業部部長である。

（15） 興味深いのは、これが当てはまるのがエストロゲン受容体陽性乳がんだけだということである。エストロゲン受容体陰性乳がんには何の影響も見られなかった。この事実は、運動によって乳がんのリスクが減少するメカニズムにエストロゲンが関わっていることを明らかにしている。Ezzeldin M. Ibrahim and Abdelaziz Al-Homaidh, "Physical Activity and Survival After Breast Cancer Diagnosis: Meta-Analysis of Published Studies," *Medical Oncology* 28, no. 3 (2011), 753-765.

（16） Erin L. Richman et al., "Physical Activity After Diagnosis and Risk of Prostate Cancer Progression: Data from the Cancer of the Prostate Strategic Urologic Research Endeavor," *Cancer Research* 71, no. 11 (2011), 3889-3895.

（17） Steven C. Moore et al., "Leisure-Time Physical Activity and Risk of 26 Types of Cancer in 1.44 Million Adults," *JAMA Internal Medicine* 176, no. 6 (2016), 816-825. 七十五万人を対象とした二〇二〇年の研究でも、同様に、適度な運動によって七種類のがん（〈男性の〉結腸がん、子宮内膜がん、骨髄腫、乳がん、肝臓がん、腎臓がん、〈女性の〉非ホジキンリンパ腫）のリスクが低下するという結果が出ている。Charles E. Matthews et al., "Amount and Intensity of Leisure-Time Physical Activity and Lower Cancer Risk," *Journal of Clinical Oncology* 38, no. 7 (2020), 686-697.

（18） "Heart Disease Facts," Centers for Disease Control and Prevention, December 2, 2019, https://www.cdc.gov/heartdisease/facts.htm.

（19） Mihaela Tanasescu et al., "Exercise Type and Intensity in Relation to Coronary Heart Disease in Men," *Journal of the American Medical Association* 288, no. 16 (2002), 1994-2000.

（20） David A. Raichlen et al., "Physical Activity Patterns and Biomarkers of Cardiovascular Disease Risk in Hunter-Gatherers," *American Journal of Human Biology* 29, no. 2 (2017), e22919.

（21） "Time Flies: U.S. Adults Now Spend Nearly Half a Day Interacting with Media," Nielsen, July 31, 2018, https://www.nielsen.com/us/en/insights/article/2018/time-flies-us-adults-now-spend-nearly-half-a-day-interacting-with-media.

（22） Herman Pontzer et al., "Hunter-Gatherer Energetics and Human Obesity," *PLOS ONE* 7, no. 7 (2012), e40503. Herman

Pontzer et al., "Constrained Total Energy Expenditure and Metabolic Adaptation to Physical Activity in Adult Humans," *Current Biology* 26, no. 3 (2016), 410-417.

(23) 体重を一ポンド（〇・四五四キログラム）減らすためにどれだけ歩かなければならないかは、その人の体重や歩く速度など、多くの変数に左右される。これを計算する方法はいくつかあるが、どの方法にも仮定の部分がある。まず、「成人が時速約三マイルで歩いた場合の平均的エネルギー消費量は、一マイルにつき七十〜百キロカロリーである」という標準的な（しかし、おそらくは問題のある）数字を用いる計算法がある。体重を一ポンド減らすのに必要なエネルギー消費量を三千五百キロカロリーと仮定すると（この数字にも問題はあるが、話を進める便宜上これを採用する）、体重を一ポンド落とすためには四十マイル（約六十四キロメートル）歩かなければならないことになる。「カロリー消費量一覧表」を使う、もう少し正確な方法もある。この一覧表によれば、適度な速度での歩行は三メッツとされている（訳注：「メッツ」は運動によるカロリー消費の度合いを表す単位。安静時の身体活動の強度を一メッツとして、さまざまな運動時にその何倍のカロリーを消費するかを示す。消費カロリー〔kcal〕は、「メッツの値×体重〔kg〕×運動時間×１・０５」で計算する）。この計算法を用いると、体重を一ポンド落とすために歩かなければならない距離はおよそ五十マイル（約八十・五キロメートル）となる。

(24) Herman Pontzer, "Energy Constraint as a Novel Mechanism Linking Exercise and Health," *Physiology* 33, no. 6 (2018), 384-393. Herman Pontzer, Brian M. Wood, and Dave A. Raichlen, "Hunter-Gatherers as Models in Public Health," *Obesity Reviews* 19, no. S1 (2018), 24-35. Herman Pontzer, "The Crown Joules: Energetics, Ecology, and Evolution in Humans and Other Primates," *Evolutionary Anthropology* 26, no. 1 (2017), 12-24 参照。

(25) Roberto Ferrari, "The Role of TNF in Cardiovascular Disease," *Pharmacological Research* 40, no. 2 (1999), 97-105.

(26) そのメカニズムは以下のとおり。ウォーキングはアドレナリンとノルアドレナリンの分泌を高める。アドレナリンとノルアドレナリンは、免疫細胞のβ２アドレナリン受容体を活性化させることによってＴＮＦ（炎症性サイトカイン）を下方制御する。Stoyan Dimitrov, Elaine Hulteng, and Suzi Hong, "Inflammation and Exercise: Inhibition of Monocytic Intracellular TNF Production by Acute Exercise Via β 2-Adrenergic Activation," *Brain, Behavior, and Immunity* 61 (2017), 60-68.

(27) Kenneth Ostrowski, Thomas Rohde, Sven Asp, Peter Schjerling, and Bente Klarlund Pedersen, "Pro-and Anti-Inflammatory Cytokine Balance in Strenuous Exercise in Humans," *Journal of Physiology* 515, no. 1 (1999), 287-291.

(28) Adam Steensberg et al., "Production of Interleukin-6 in Contracting Human Skeletal Muscles Can Account for the Exercise-Induced Increase in Plasma Interleukin-6," *Journal of Physiology* 529, no. 1 (2000), 237-242.

(29) Bente Klarlund Pedersen et al., "Searching for the Exercise Factor: Is IL-6 a Candidate?" *Journal of Muscle Research and Cell Motility* 24 (2003), 113-119.

(30) Line Pedersen et al., "Voluntary Running Suppresses Tumor Growth Through Epinephrine-and IL-6-Dependent NK Cell

Mobilization and Redistribution," *Cell Metabolism* 23, no. 3 (2016), 554-562. Alejandro Lucia and Manuel Ramírez, "Muscling In on Cancer," *New England Journal of Medicine* 375, no. 9 (2016), 892-894 参照。

(31) T. Kinoshita et al., "Increase in Interleukin-6 Immediately After Wheelchair Basketball Games in Persons with Spinal Cord Injury: Preliminary Report," *Spinal Cord* 51, no. 6 (2013), 508-510. T. Ogawa et al., "Elevation of Interleukin-6 and Attenuation of Tumor Necrosis Factor-Alpha During Wheelchair Half Marathon in Athletes with Cervical Spinal Cord Injuries," *Spinal Cord* 52, no. 8 (2014), 601-605. Rizzo quote from Antonia Malchik, *A Walking Life* (New York: Da Capo Press, 2019).

(32) David R. Bassett, Holly R. Wyatt, Helen Thompson, John C. Peters, and James O. Hill, "Pedometer-Measured Physical Activity and Health Behaviors in U.S. Adults," *Medicine & Science in Sports & Exercise* 42, no. 10 (2010), 1819-1825.

(33) 本章では一万歩という目標値に注目したが、歩数をカウントすること自体にはさらにずっと奥深い歴史がある。ダートマス大学デジタル人文学・ソーシャルエンゲージメント学准教授ジャクリーン・ワーニモントによれば、世界初の歩数計が作られたのは十六世紀のことだという。ナポレオンも医師の指示で歩数を測っていた。現在は一万歩とされている、健康のために必要だとされる歩数は時代とともに変化した。Jacqueline D. Wernimont, *Numbered Lives: Life and Death in Quantum Media* (Cambridge, MA: MIT Press, 2019) 参照。

(34) アベベはサハラ以南のアフリカ出身選手として初めてオリンピック・マラソン競技で金メダルを獲得した。一九六〇年のローマ大会で裸足で走り、優勝したことで有名である。一九六四年の東京大会以来、マラソンの金メダリストのほぼ半数をエチオピアとケニアとウガンダの選手が占めている。悲しいことにアベベは一九六九年に自動車事故で下半身不随となり、一九七三年に四十一歳の若さでこの世を去った。

(35) Catrine Tudor-Locke, Yoshiro Hatano, Robert P. Pangrazi, and Minsoo Kang, "Revisiting 'How Many Steps Are Enough?'" *Medicine & Science in Sports & Exercise* 40, no. 7 (2008), S537-S543 参照。

(36) I-Min Lee et al., "Association of Step Volume and Intensity with All-Cause Mortality in Older Women," *JAMA Internal Medicine* 179, no. 8 (2019), 1105-1112.

(37) Carey Goldberg, "10,000 Steps a Day? Study in Older Women Suggests 7,500 Is Just as Good for Living Longer," WBUR, May 29, 2019, https://www.wbur.org/news/2019/05/29/10000-steps-longevity-older-women-study.

(38) Pontus Skoglund, Erik Ersmark, Eleftheria Palkopoulou, and Love Dalén, "Ancient Wolf Genome Reveals an Early Divergence of Domestic Dog Ancestors and Admixture into High-Latitude Breeds," *Current Biology* 25, no. 11 (2015), 1515-1519. Kari Prassack, Josephine DuBois, Martina Lázničková-Galetová, Mietje Germonpré, and Peter S. Ungar, "Dental Microwear as a Behavioral Proxy for Distinguishing Between Canids at the Upper Paleolithic (Gravettian) Site of Předmostí, Czech Republic," *Journal of Archaeological Science* 115 (2020), 105092.

(39) Philippa M. Dall et al., "The Influence of Dog Ownership on Objective Measures of Free-Living Physical Activity and Sedentary Behaviour in Community-Dwelling Older Adults: A Longitudinal Case-Controlled Study," *BMC Public Health* 17, no. 1 (2017), 1-9.

(40) Hikaru Hori, Atsuko Ikenouchi-Sugita, Reiji Yoshimura, and Jun Nakamura, "Does Subjective Sleep Quality Improve by a Walking Intervention? A Real-World Study in a Japanese Workplace," *BMJ Open* 6, no. 10 (2016), e011055. Emily E. Hill et al., "Exercise and Circulating Cortisol Levels: The Intensity Threshold Effect," *Journal of Endocrinological Investigation* 31, no. 7 (2008), 587-591. Jacob R. Sattelmair, Tobias Kurth, Julie E. Buring, and I-Min Lee, "Physical Activity and Risk of Stroke in Women," *Stroke* 41, no. 6 (2010), 1243-1250. この研究は、効果が用量に左右されること、つまり、歩行時間と歩行速度が重要であることを示している。

第十四章　歩けば脳が働きだす

(1) Henry David Thoreau, "Walking," *Atlantic Monthly* (1862).

(2) Janet Browne, *Charles Darwin: The Power of Place* (Princeton, NJ: Princeton University Press, 2002), 402.

(3) コロンビア大学の心理学者クリスティーン・E・ウェブが、さまざまな問題解決法とともに、「先に進む」ことの具現化としてのウォーキングについて書いている。Christine E. Webb, Maya Rossignac-Milon, and E. Tory Higgins, "Stepping Forward Together: Could Walking Facilitate Interpersonal Conflict Resolution?" *American Psychologist* 72, no. 4 (2017), 374-385.

(4) レベッカ・ソルニットはその著書 *Wanderlust* の中でワーズワースについて、「私はいつも、彼は自分の足を哲学の道具に使った最初の人だと考えている」と書いている。Rebecca Solnit, *Wanderlust: A History of Walking* (New York: Penguin Books, 2000), 82〔『ウォークス』〕.

(5) Jean-Jacques Rousseau, *Les Confessions* (1782-1789)〔『告白』上中下、桑原武夫訳、岩波文庫〕. Duncan Minshull, *The Vintage Book of Walking* (London: Vintage, 2000), 10 から引用。

(6) Friedrich Nietzsche, *Götzen-Dämmerung* (Twilight of the Idols, or, How to Philosophize with a Hammer) (Leipzig: C.G. Naumann, 1889)〔『偶像の黄昏』村井則夫訳、河出文庫他〕.

(7) Charles Dickens, *Uncommercial Traveller*, "Chapter 10: Shy Neighborhoods" (London: All the Year Round, 1860)〔『逍遥の旅人』田辺洋子訳、渓水社〕.

(8) Robyn Davidson, *Tracks: A Woman's Solo Trek Across 1700 Miles of Australian Outback* (New York: Vintage, 1995)〔『ロビンが跳ねた：ラクダと犬と砂漠――オーストラリア砂漠横断の旅』上下、田中研二訳、冬樹社〕.

(9) Solnit, *Wanderlust*, Chapter 14〔『ウォークス』〕参照。

（10） Marily Oppezzo and Daniel L. Schwartz, “Give Your Ideas Some Legs: The Positive Effect of Walking on Creative Thinking,” *Journal of Experimental Psychology: Learning, Memory, and Cognition* 40, no. 4 (2014), 1142-1152.

（11） Michelle W. Voss et al., “Plasticity of Brain Networks in a Randomized Intervention Trial of Exercise Training in Older Adults,” *Frontiers in Aging Neuroscience* 2, no. 32 (2010), 1-17. 対照群にストレッチ体操をさせたことによって、脳の変化が（集団レッスンの社会的刺激ではなく）散歩による心臓血管の変化の結果であることが明確になっている。

（12） Jennifer Weuve et al., “Physical Activity, Including Walking, and Cognitive Function in Older Women,” *Journal of the American Medical Association* 292, no. 12 (2004), 1454-1461.

（13） Kirk Erickson et al., “Exercise Training Increases Size of Hippocampus and Improves Memory,” *Proceedings of the National Academy of Sciences* 108, no. 7 (2011), 3017-3022.

（14） Sophie Carter et al., “Regular Walking Breaks Prevent the Decline in Cerebral Blood Flow Associated with Prolonged Sitting,” *Journal of Applied Physiology* 125, no. 3 (2018), 790-798.

（15） Mychael V. Lourenco et al., “Exercise-Linked FNDC5/Irisin Rescues Synaptic Plasticity and Memory Defects in Alzheimer's Models,” *Nature Medicine* 25, no. 1 (2019), 165-175.

（16） John J. Ratey and Eric Hagerman, *Spark: The Revolutionary New Science of Exercise and the Brain* (New York: Little, Brown Spark, 2013)〔『脳を鍛えるには運動しかない！　最新科学でわかった脳細胞の増やし方』野中香方子訳、ＮＨＫ出版〕参照。私の問い合わせに対して、ピッツバーグ大学の論文の筆頭著者カーク・エリクソンはメールで、筋肉以外の組織もＢＤＮＦを分泌することができるため、被験者の血中ＢＤＮＦが筋肉から直接分泌されたものかどうかは断定できないと回答した。

（17） Geoff Nicholson, *The Lost Art of Walking* (New York: Riverhead Books, 2008), 32.

（18） 鬱病の描写を読むと、私はゼノンのパラドックスの話を思い出す。紀元前五世紀の古代ギリシャの哲学者ゼノンは、聴衆に向かってこんな話をした。中庭を横切って向こう側の壁まで歩くとする。まず、壁までの距離の半分を歩く。それから、残った距離の半分を歩く。それから、その半分を歩く。このように、残った距離をその都度二分して歩けば、向こう側の壁に行き着くことは絶対にできない。残りの半分は無限に小さくなっていくが、どれだけ二分してもその都度必ず半分が残るからだ。どうしても目標に届かないという苛立ちと疲労感、絶望感を想像してみよ、と。ところが、複数の記録によれば、ヒッポの聖アウグスティヌスはこのゼノンのパラドックスを提示されたとき、「*Solvitur ambulando*（それは歩くことによって解決される）」と答えたという。彼のこの言葉は実用主義者のスローガンとして、ナイキの有名なキャッチコピー「ジャスト・ドゥ・イット」とほぼ同じ意味で使われるようになった。

（19） Gregory N. Bratman, J. Paul Hamilton, Kevin S. Hahn, Gretchen C. Daily, and James J. Gross, “Nature Experience Reduces Rumination and Subgenual Prefrontal Cortex Activation,” *Proceedings of the National Academy of Sciences* 112, no. 28 (2015),

8567-8572. 現在、ブラートマンはワシントン大学環境・森林科学部助教である。

(20) 植物から発散される揮発性の物質フィトンチッドが人体に影響を及ぼすという仮説もある。樹木から発散されるフィトンチッドによって免疫機能が増進することを示した研究もある。Qing Li et al., "Effect of Phytoncide from Trees on Human Natural Killer Cell Function," *International Journal of Immunopathology and Pharmacology* 22, no. 4 (2009), 951-959. 日本には森林浴の伝統があるが、生理学的な働きはまだ不明ながらその効果のメカニズムもフィトンチッドで説明できるかもしれない。

(21) Ray Bradbury, "The Pedestrian," *The Reporter* (1951).

第十五章　ダチョウの足と人工膝関節

(1) 映画『マルクスの二挺拳銃』(一九四〇年) より。ただし、このジョークを最初に考えついた人物はグルーチョ・マルクスではない。Garson O'Toole, "Time Wounds All Heels," Quote Investigator, September 23, 2014, https://quoteinvestigator.com/2014/09/23/heels/ 参照。

(2) Elizabeth Barrett Browning, *Aurora Leigh* (London: J. Miller, 1856).

(3) Hutan Ashrafian, "Leonardo da Vinci's Vitruvian Man: A Renaissance for Inguinal Hernias," *Hernia* 15 (2011), 593-594.

(4) "Inguinal Hernia," Harvard Health Publishing (July 2019), https://www.health.harvard.edu/a_to_z/inguinal-hernia-a-to-z.

(5) Gilbert McArdle, "Is Inguinal Hernia a Defect in Human Evolution and Would This Insight Improve Concepts for Methods of Surgical Repair?" *Clinical Anatomy* 10, no. 1 (1997), 47-55.

(6) Alice Roberts, *The Incredible Unlikeliness of Being: Evolution and the Making of Us* (New York: Heron Books, 2014)〔『生命進化の偉大なる奇跡』斉藤隆央訳、学研プラス〕参照。

(7) ハーストはティーンエイジャーのとき、父親に連れられて年に一度開催される歩行ロボット十種競技(学生たちが手作りの歩行ロボットで十種類の課題に挑み、完成度を競う)をコロラド州立大学に見にいった。ハーストは二〇〇〇年に自分が設計したロボットでコンテストに参加し、優勝した。

(8) Jonathan Hurst, "Walking and Running: Bio-Inspired Robotics," TEDx OregonStateU, March 16, 2016, https://www.youtube.com/watch?v=khqi6SiXUzQ. ハーストは私宛のメールの中で、「脚による移動の基本的真理は、その脚が何本であっても(二本でも四本でも六本でも)共通しています。われわれが研究しているのは二足歩行ですが、四足歩行と二足歩行の類似性は相違よりも大きいのです」と述べている。

(9) Leslie Klenerman, *Human Anatomy: A Very Short Introduction* (Oxford: Oxford University Press, 2015). あわせて Arthur Keith, "The Extent to Which the Posterior Segments of the Body Have Been Transmuted and Suppressed in the Evolution of Man and Allied Primates," *Journal of Anatomy and Physiology* 37, no. 1 (1902), 18-40 も参照。

(10) Rebecca L. Ford, Alon Barsam, Prabhu Velusami, and Harold Ellis, "Drainage of the Maxillary Sinus: A Comparative Anatomy Study in Humans and Goats," *Journal of Otolaryngology-Head and Neck Surgery* 40, no. 1 (2011), 70-74.

(11) Ann Gibbons, "Human Evolution: Gain Came with Pain," *Science*, February 16, 2013, https://www.sciencemag.org/content/article/human-evolution-gain-came-pain.

(12) Eric R. Castillo and Daniel E. Lieberman, "Shock Attenuation in the Human Lumbar Spine During Walking and Running," *Journal of Experimental Biology* 221, no. 9 (2018), jeb177949.

(13) Bruce Latimer, "The Perils of Being Bipedal," *Annals of Biomedical Engineering* 33, no. 1 (2005), 3-6.

(14) Darryl D. D'Lima et al., "Knee Joint Forces: Prediction, Measurement, and Significance," *Proceedings of the Institution of Mechanical Engineers, Part H: Journal of Engineering in Medicine* 226, no. 2 (2012), 95-102 参照。

(15) 年間手術件数は二〇三〇年までに百二十八万件に達すると考えられている。Matthew Sloan and Neil P. Sheth, "Projected Volume of Primary and Revision Total Joint Arthroplasty in the United States, 2030-2060," Meeting of the American Academy of Orthopaedic Surgeons, March 6, 2018.

(16) Roger Kahn, *The Era*, 1947-1957 (New York: Ticknor & Fields, 1993), 289.

(17) Matthew Gammons, "Anterior Cruciate Ligament Injury," Medscape, June 16, 2016, https://emedicine.medscape.com/article/89442-overview.

(18) David E. Gwinn, John H. Wilckens, Edward R. McDevitt, Glen Ross, and Tzu-Cheng Kao, "The Relative Incidence of Anterior Cruciate Ligament Injury in Men and Women at the United States Naval Academy," *American Journal of Sports Medicine* 28, no. 1 (2000), 98-102; Danica N. Giugliano and Jennifer L. Solomon, "ACL Tears in Female Athletes," *Physical Medicine and Rehabilitation Clinics of North America* 18, no. 3 (2007), 417-438 参照。

(19) Christa Larwood, "Van Phillips and the Cheetah Prosthetic Leg: The Next Step in Human Evolution," *OneLife Magazine*, no. 19 (2010).

(20) Steve Brusatte, *The Rise and Fall of the Dinosaurs: The Untold Story of a Lost World* (New York: William Morrow, 2018)〔『恐竜の世界史』〕参照。あわせて Pincelli M. Hull et al., "On Impact and Volcanism Across the Cretaceous-Paleogene Boundary," *Science* 367, no. 6475 (2020), 266-272 も参照。

(21) Qiang Ji et al., "The Earliest Known Eutherian Mammal," *Nature* 416 (2002), 816-822.

(22) Shweta Shah et al., "Incidence and Cost of Ankle Sprains in United States Emergency Departments," *Sports Health* 8, no. 6 (2016), 547-552.

(23) 「確実に」ではなく「ほぼ確実に」と書いたのは、木に上ってハチミツを採る森の民の中には通常よりも筋繊維が長く足関節の可動域が広い人がいるためである。Vivek V. Venkataraman, Thomas S. Kraft, and Nathaniel J. Dominy, "Tree Climbing and Human Evolution," *Proceedings of the National Academy of Sciences* 110, no. 4 (2013), 1237-1242. Thomas S. Kraft, Vivek V. Venkataraman, and Nathaniel J. Dominy, "A Natural History of Human Tree Climbing," *Journal of Human Evolution* 71 (2014), 105-118 参照。

(24) François Jacob, "Evolution and Tinkering," *Science* 196, no. 4295 (1977), 1161-1166.

(25) Dominic James Farris, Luke A. Kelly, Andrew G. Cresswell, and Glen A. Lichtwark, "The Functional Importance of Human Foot Muscles for Bipedal Locomotion," *Proceedings of the National Academy of Sciences* 116, no. 5 (2019), 1645-1650 参照。

(26) Christopher McDougall, *Born to Run: A Hidden Tribe, Superathletes, and the Greatest Race the World Has Never Seen* (New York: Vintage, 2009)〔『ＢＯＲＮ　ＴＯ　ＲＵＮ　走るために生まれた　ウルトラランナーvs人類最強の〝走る民族〟』近藤隆文訳、ＮＨＫ出版〕. あわせて Daniel E. Lieberman et al., "Running in Tarahumara (Rarámuri) Culture: Persistence Hunting, Footracing, Dancing, Work, and the Fallacy of the Athletic Savage," *Current Anthropology* 61, no. 3 (2020), 356-379 も参照。

(27) Nicholas B. Holowka, Ian J. Wallace, and Daniel E. Lieberman, "Foot Strength and Stiffness Are Related to Footwear Use in a Comparison of Minimally- vs. Conventionally-Shod Populations," *Scientific Reports* 8, no. 3679 (2018), 1-12.

(28) Elizabeth E. Miller, Katherine K. Whitcome, Daniel E. Lieberman, Heather L. Norton, and Rachael E. Dyer, "The Effect of Minimal Shoes on Arch Structure and Intrinsic Foot Muscle Strength," *Journal of Sport and Health Science* 3, no. 2 (2014), 74-85.

(29) T. Jeff Chandler and W. Ben Kibler, "A Biomechanical Approach to the Prevention, Treatment, and Rehabilitation of Plantar Fasciitis," *Sports Medicine* 15, no. 5 (1993), 344-352. Daniel E. Lieberman, *The Story of the Human Body: Evolution, Health, and Disease* (New York: Pantheon, 2013)〔『人体６００万年史』〕参照。

(30) Stephen J. Dubner, "These Shoes Are Killing Me," *Freakonomics Radio*, July 19, 2017, https://freakonomics.com/podcast/these-shoes-are-killing-me/.

(31) Robert Csapo et al., "On Muscle, Tendon, and High Heels," *Journal of Experimental Biology* 213 (2010), 2582-2588.

(32) Michael J. Coughlin and Caroll P. Jones, "Hallux Valgus: Demographics, Etiology, and Radiographic Assessment," *Foot & Ankle International* 28, no. 7 (2007), 759-777. Ajay Goud, Bharti Khurana, Christopher Chiodo, and Barbara N. Weissman, "Women's Musculoskeletal Foot Conditions Exacerbated by Shoe Wear: An Imaging Perspective," *American Journal of Orthopaedics* 40, no. 4 (2011), 183-191. Lieberman, *The Story of the Human Body*〔『人体６００万年史』〕参照。

(33) ヘクト博士は私宛のメールの中で次のように補足している。「患者は金属プレートとボルトを使った外科手術を受けました。ところが運悪く外傷後関節炎を発症し、足首固定手術を受けることになったのです」

結論　共感するサル

（1）D. H. Lawrence, *Lady Chatterley's Lover* (Italy: Tipografia Giuntina, 1928)〔『チャタレー夫人の恋人』木村政則訳、光文社古典新訳文庫〕.

（2）"Falls," World Health Organization, January 16, 2018, https://www.who.int/news-room/fact-sheets/detail/falls.

（3）ある時期に何種のホミニンが共存していたかは、研究者の間でなかなか意見が一致しない問題である。百九十万年前のケニア北部に関しても同様である。その時代、そこにはホモ属と頑丈型アウストラロピテクス（アウストラロピテクス〈またはパラントロプス〉・ボイセイ）という、少なくとも二種のホミニンが生息していた。しかし、最大で四種が共存していた可能性もある。ホモ属が二種（ホモ・ハビリス、ホモ・ルドルフエンシス）生息していたという仮説を唱える研究者がいる。さらに、ホモ・エレクトスの百九十万年前の頭骨断片（KNM-ER 2598）が発見されているから、ホモ・エレクトスも当時すでに存在していたことは明らかである。したがって、百九十万年前のケニア北部に生息していたホミニンの種は最大四種ということになる。

（4）Jeremy M. DeSilva and Amanda Papakyrikos, "A Case of Valgus Ankle in an Early Pleistocene Hominin," *International Journal of Osteoarchaeology* 21, no. 6 (2011), 732-742.

（5）Yohannes Haile-Selassie et al., "An Early *Australopithecus afarensis* Postcranium from Woranso-Mille, Ethiopia," *Proceedings of the National Academy of Sciences* 107, no. 27 (2010), 12121-12126.

（6）Richard E. F. Leakey, "Further Evidence of Lower Pleistocene Hominids from East Rudolf, North Kenya," *Nature* 231 (1971), 241-245.

（7）肝臓の過剰摂取によるビタミンA過剰症については、Alan Walker, Michael R. Zimmerman, and Richard E. F. Leakey, "A Possible Case of Hypervitaminosis A in *Homo erectus*," *Nature* 296 (1982), 248-250. Alan Walker and Pat Shipman, *The Wisdom of the Bones: In Search of Human Origins* (New York: Vintage, 1997)〔『人類進化の空白を探る』〕を参照。KNM-ER 1808がハチミツ（ハチミツにもビタミンAが豊富に含まれている）を過剰摂取していたとする仮説もある。Mark Skinner, "Bee Brood Consumption: An Alternative Explanation for Hypervitaminosis A in KNM-ER 1808 (*Homo erectus*) from Koobi Fora, Kenya," *Journal of Human Evolution* 20, no. 6 (1991), 493-503 参照。フランベジアの説明については、Bruce M. Rothschild, Israel Hershkovitz, and Christine Rothschild, "Origin of Yaws in the Pleistocene," *Nature* 378 (1995), 343-344 を参照。

（8）KNM-ER 1808 の性別について研究者の意見は分かれている。骨盤の大座骨切痕が開いているように見えることや眉の上の出っ張りが小さいことから、Walker et al., *Nature*, 1982 は KNM-ER 1808 はメスだとしている。現代人の骨格の性別を判断するときに使われる基準が初期ホミニンには必ずしも当てはまらないこと、KNM-ER 1808 の骨格の大きさ、ホモ・エレクトスは雌雄二型だったらしいというその後の研究結果から、私はKNM-ER 1808はおそらくオスだったのではないかと考えている。もちろん、私の見解が間違っている可能性もある。

（9） Bruce Latimer and James C. Ohman, "Axial Dysplasia in Homo erectus," *Journal of Human Evolution* 40 (2001), A12. 別の研究チームは、ナリオコトメ・ボーイは脊柱側湾症ではなく外傷性椎間板ヘルニアだったとしている。Regula Schiess, Thomas Boeni, Frank Rühli, and Martin Haeusler, "Revisiting Scoliosis in the KNM-WT 15000 *Homo erectus* Skeleton," *Journal of Human Evolution* 67 (2014), 48-59. Martin Häusler, Regula Schiess, and Thomas Boeni, "Evidence for Juvenile Disc Herniation in a *Homo erectus* Boy Skeleton," *Spine* 38, no. 3 (2013), E123-E128 参照。

（10） Elizabeth Weiss, "Olduvai Hominin 8 Foot Pathology: A Comparative Study Attempting a Differential Diagnosis," *HOMO: Journal of Comparative Human Biology* 63, no. 1 (2012), 1-11. ランディ・サスマンはこの病変を外傷によるものと考えている。Randall L. Susman, "Brief Communication: Evidence Bearing on the Status of *Homo habilis* at Olduvai Gorge," *American Journal of Physical Anthropology* 137, no. 3 (2008), 356-361 参照。

（11） Susman, "Brief Communication."

（12） Edward J. Odes et al., "Osteopathology and Insect Traces in the *Australopithecus africanus* Skeleton StW 431," *South African Journal of Science* 113, no. 1-2 (2017), 1-7.

（13） G. R. Fisk and Gabriele Macho, "Evidence of a Healed Compression Fracture in a Plio-Pleistocene Hominid Talus from Sterkfontein, South Africa," *International Journal of Osteoarchaeology* 2, no. 4 (1992), 325-332.

（14） Patrick S. Randolph-Quinney et al., "Osteogenic Tumor in *Australopithecus sediba*: Earliest Hominin Evidence for Neoplastic Disease," *South African Journal of Science* 112, no. 7-8 (2016), 1-7.

（15） Richard Wrangham, *The Goodness Paradox: The Strange Relationship Between Virtue and Violence in Human Evolution* (New York: Vintage, 2019)〔『善と悪のパラドックス　ヒトの進化と〈自己家畜化〉の歴史』依田卓巳訳、NTT出版〕.

（16） この論戦は、トマス・ホッブズ派（人間は生来利己的だ）とジャン＝ジャック・ルソー派（人間は生来善良だ）に分かれて繰り広げられることが多いが、ランガムは、ルソー自身は一般に考えられているほど「ルソー派」ではなかったと主張している。Wrangham, *The Goodness Paradox*, 5, 18〔『善と悪のパラドックス』〕. Robert M. Sapolsky, *Behave: The Biology of Humans at Our Best and Worst* (New York: Penguin Press, 2017). Nicholas A. Christakis, *Blueprint: The Evolutionary Origins of a Good Society* (New York: Little, Brown Spark, 2019)〔『ブループリント　「よい未来」を築くための進化論と人類史』鬼澤忍・塩原通緒訳、NewsPicksパブリッシング〕. Brian Hare and Vanessa Woods, *Survival of the Friendliest: Understanding Our Origins and Rediscovering Our Common Humanity* (New York: Random House, 2020) 参照。

（17） 犬に噛まれる事故の件数と死亡者数は、"List of Fatal Dog Attacks in the United States," Wikipedia, https://en.wikipedia.

org/wiki/List_of_fatal_dog_attacks_in_the_United_States から引用した。

（18）チンパンジーに関してはたしかにそうだった。あれはちょうど妻が森に到着した日だった。その日、われわれはチンパンジーがアカコロブスを捕食するところを目撃した。その後、ゾウの小さな群れが通りかかったのでイチジクの木の陰に身を隠したところ、チンパンジーに沼に突き落とされ、膝まで泥に浸かった。そのとき、アフリカミツバチ（訳注：英語ではキラービー）の巣を刺激してしまったのだ。泥に足を取られて走ることもできないわれわれに、ミツバチは容赦なく襲いかかり、刺しまくった。無我夢中で顔を払った拍子に、眼鏡とレッドソックスの野球帽が森へ吹っ飛んだ。妻が私の手を掴み、二人で何とか沼から抜け出すと全速力で走って逃げた。だから、「その日はそのまま何事もなく終わった」というのは事実とは少し異なるかもしれない。子どもたちはこの話がお気に入りで、「ウガンダの熱帯雨林には、パパの眼鏡をかけてレッドソックスの応援をしているチンパンジーがいるかもね」と言っている。

（19）多くのチンパンジー観察サイトのデータから総合的に考えて、これが人間が近くにいたことによって誘発された異常行動でないことは明らかである。Michael L. Wilson et al., "Lethal Aggression in *Pan* Is Better Explained by Adaptive Strategies Than Human Impacts," *Nature* 513 (2014), 414-417. 人間がチンパンジーよりどれほど温厚かを、サラ・ハーディが例え話を使って分かりやすく説明している。ハーディは、年に十六億人が飛行機で移動していると述べた上で、読者に思考実験を提案する。「飛行機の乗客がみんなチンパンジーだったとしたらどうだろう。目的地に着いたとき、自分の手足の指がまだちゃんと十本ずつ揃っていて、連れている赤ん坊が五体満足で呼吸していたら、それは運がよかったということになるだろう。通路には血まみれの耳たぶや手足や指などが散乱していることだろう」。Sarah Blaffer Hrdy, *Mothers and Others: The Evolutionary Origins of Mutual Understanding* (Cambridge, MA: Belknap Press, 2011), 3.

（20）ボノボの肉食（霊長類の肉をも含む）については、Martin Surbeck and Gottfried Hohmann, "Primate Hunting by Bonobos at LuiKotale, Salonga National Park," *Current Biology* 18, no. 19 (2008), R906-R907 参照。メス同士の同盟については、Nahoko Tokuyama and Takeshi Furuichi, "Do Friends Help Each Other? Pattern of Female Coalition Formation in Wild Bonobos at Wamba," *Animal Behaviour* 119 (2016), 27-35 参照。

（21）Wrangham, *The Goodness Paradox*, 6〔『善と悪のパラドックス』〕.

（22）Matthias Meyer et al., "Nuclear DNA Sequences from the Middle Pleistocene Sima de los Huesos Hominins," *Nature* 531 (2016), 504-507.

（23）Ana Gracia et al., "Craniosynostosis in the Middle Pleistocene Human Cranium 14 from the Sima de los Huesos, Atapuerca, Spain," *Proceedings of the National Academy of Sciences* 106, no. 16 (2009), 6573-6578.

（24）Nohemi Sala et al., "Lethal Interpersonal Violence in the Middle Pleistocene," *PLOS ONE* 10, no. 5 (2015), e0126589.

（25）Christoph P. E. Zollikofer, Marcia S. Ponce de León, Bernard Vandermeersch, and François Lévêque, "Evidence for

Interpersonal Violence in the St. Césaire Neanderthal," *Proceedings of the National Academy of Sciences* 99, no. 9 (2002), 6444-6448.

(26) Marie-Antoinette de Lumley, ed., *Les Restes Humains Fossiles de la Grotte du Lazaret* (Paris: CNRS, 2018) 参照。

(27) Xiu-Jie Wu, Lynne A. Schepartz, Wu Liu, and Erik Trinkaus, "Antemortem Trauma and Survival in the Late Middle Pleistocene Human Cranium from Maba, South China," *Proceedings of the National Academy of Sciences* 108, no. 49 (2011), 19558-19562.

(28) このような化石を見ると、戦争行為があったのではという疑問が生じるが、これまでのところ、ホミニンが大規模な戦争行為をおこなったことを示す化石証拠は発見されていない。戦争は、ホモ・サピエンスの集団が狩猟採集生活を捨て、定住して牧畜や農耕を営むようになって初めて起きたのかもしれない。水の豊かな放牧地や肥沃な土地をめぐって戦争になったものと思われる。このような研究の最新の概要については、Nam C. Kim and Marc Kissel, *Emergent Warfare in Our Evolutionary Past* (New York: Routledge, 2018) 参照。人間同士の大規模な暴力の最古の証拠は、ケンブリッジ大学の古人類学者マルタ・ミラゾン・ラールによって二〇一六年にケニア・トゥルカナ湖畔のナタルクで発見された虐殺の跡である。縛られた上に刺殺・撲殺された一万年前の人骨十体分が発見された。Marta Mirazón Lahr et al., "Inter-Group Violence Among Early Holocene Hunter-Gatherers of West Turkana, Kenya," *Nature* 529 (2016), 394-398 参照。スーダンのジェベル・サハバ遺跡も戦争の最古の証拠として挙げられている。Fred Wendorf, *Prehistory of Nubia* (Dallas: Southern Methodist University Press, 1968) 参照。

(29) ランガムは反応的攻撃性と積極的攻撃性を区別して論じている。Richard Wrangham, "Two Types of Aggression in Human Evolution," *Proceedings of the National Academy of Sciences* 115, no. 2 (2018), 245-253. Wrangham, *The Goodness Paradox*〔『善と悪のパラドックス』〕参照。

(30) 詳しくは、Christakis, *Blueprint*〔『ブループリント』〕. Wrangham, *The Goodness Paradox*〔『善と悪のパラドックス』〕. Sapolsky, *Behave*. Hare and Woods, *Survival of the Friendliest*. Steven Pinker, *The Better Angels of Our Nature: Why Violence Has Declined* (New York: Penguin Group, 2011)〔『暴力の人類史』上下、幾島幸子・塩原通緒訳、青土社〕参照。進化において協力が果たした役割一般については、Ken Weiss and Anne Buchanan, *The Mermaid's Tale: Four Billion Years of Cooperation in the Making of Living Things* (Cambridge, MA: Harvard University Press, 2009) 参照。

(31) Sapolsky, Behave, 44.

(32) これについて考えると、私はミスター・ロジャースのこの言葉を思い出す。「子どもの頃、恐ろしいニュースを見たときなど、いつも母は私にこう言って聞かせました。助けてくれる人を探しなさい。助けてくれる人は必ず見つかるから、と」

(33) Donald C. Johanson et al., "Morphology of the Pliocene Partial Hominid Skeleton (A.L. 288-1) from the Hadar Formation,

Ethiopia," *American Journal of Physical Anthropology* 57, no. 4 (1982), 403-451. 考えられる原因については、ニューハンプシャー州レバノンのダートマス大学ヒッチコック・メディカルセンターの病理学者ビンセント・メモリから助言を得た。

（34） Della Collins Cook, Jane E. Buikstra, C. Jean DeRousseau, and Donald C. Johanson, "Vertebral Pathology in the Afar Australopithecines," *American Journal of Physical Anthropology* 60, no. 1 (1983), 83-101. 子どものショイエルマン病は治療が可能であり、必ずしも消耗性疾患ではない。実際、ナショナルホッケーリーグのミラン・ルチッチ選手やメジャーリーグのハンター・ペンス選手など、ショイエルマン病のプロスポーツ選手もいる。

（35） Jeremy M. DeSilva, Natalie M. Laudicina, Karen R. Rosenberg, and Wenda R. Trevathan, "Neonatal Shoulder Width Suggests a Semirotational, Oblique Birth Mechanism in *Australopithecus afarensis*," *Anatomical Record* 300, no. 5 (2017), 890-899.

（36） Karen Rosenberg and Wenda Trevathan, "Birth, Obstetrics, and Human Evolution," *British Journal of Obstetrics and Gynaecology* 109, no. 11 (2002), 1199-1206.

（37） Elisa Demuru, Pier Francesco Ferrari, and Elisabetta Palagi, "Is Birth Attendance a Uniquely Human Feature? New Evidence Suggests That Bonobo Females Protect and Support the Parturient," *Evolution and Human Behavior* 39, no. 5 (2018), 502-510. Pamela Heidi Douglas, "Female Sociality During the Daytime Birth of a Wild Bonobo at Luikotale, Democratic Republic of Congo," *Primates* 55, no. 4 (2014), 533-542. しかし、ロラ・ヤ・ボノボ保護区でボノボを観察してきたブライアン・ヘアは、ボノボたちが興奮し、それが悪い結果につながることもある、と述べている。私の問い合わせに対して彼は、「メスたちは赤ん坊を奪い取って返そうとしない」ことがあると回答している。ただし、それは（近親者同士の割合が高い）野生の状態での話ではない、とも彼は書いている。

（38） ロボット工学教授ジョナサン・ハーストはTEDトークで、ロボットとロボットスーツによって最終的に車椅子は過去のものとなるだろうと述べている。「車椅子は歴史上の過去の遺物となるでしょう」。三千年前の古代エジプトの木と革でできたつま先は、最古のプロテーゼとして知られている。紀元前一七〇〇～一一〇〇年に成立したとされる古代インドの聖典ヴェーダには、戦いで足を失い、鉄の義足をつけた勇猛なヴィシュパラ女王が登場する。だが、義足を製作する技術が発達するはるか以前から、人間には共感能力があった。Jacqueline Finch, "The Ancient Origins of Prosthetic Medicine," *The Lancet* 377, no. 9765 (2011), 548-549より。

（39） Frans de Waal, "Monkey See, Monkey Do, Monkey Connect," *Discover* (November 18, 2009). Frans de Waal, *Age of Empathy: Nature's Lessons for a Kinder Society* (New York: Broadway Books, 2010)〔『共感の時代へ　動物行動学が教えてくれること』柴田裕之訳、紀伊國屋書店〕も参照。

（40） Darwin, *The Descent of Man*, 156〔『人間の由来』〕.

(41) インターネット上の名言集はこぞってこれをアル・カポネの言葉として取り上げているが、この言葉は実は出所不明である。*The Wisdom of Al Capone* の著者 William J. Helmer は自身のウェブサイト www.myalcaponemuseum.com で、この言葉がアル・カポネのものかどうかは「ひいき目に見ても疑わしい」と書いている。

(42) 全文は「絶対に、私の沈黙を無知と取り違えないでほしい。私の穏やかさを忍従と取り違えないでほしい。私の親切さを弱さと取り違えないでほしい。思いやりと寛容は弱さのしるしではなく、強さのしるしなのだ」。ただし、これも出所不明である。作り話かもしれない。

(43) De Waal, *Age of Empathy*, 159〔『共感の時代へ』〕.

(44) Roger Fouts and Stephen Tukel Mills, *Next of Kin: My Conversations with Chimpanzees* (New York: Avon Books, 1997), 179-180. ゴリラの救助については "20 Years Ago Today: Brookfield Zoo Gorilla Helps Boy Who Fell into Habitat," *Chicago Tribune* (August 16, 2016), https://www.chicagotribune.com/news/ct-gorilla-saves-boy-brookfield-zoo-anniversary-20160815-story.html. オランウータンについては、Emma Reynolds, "This Orangutan Saw a Man Wading in Snake-Infested Water and Decided to Offer a Helping Hand," CNN, February 7, 2020, https://www.cnn.com/2020/02/07/asia/orangutan-borneo-intl-scli/index.html より。オランウータンは食べ物を求めて手を差し出したに過ぎない、とシニカルな見方をする向きもある。しかし、その男性が食べ物を持っていたわけではないので、その可能性は低いと思われる。ボノボの行動については、Vanessa Woods, *Bonobo Handshake* (New York: Gotham, 2010) およびその出典を参照。

(45) American Museum of Natural History, "Human Evolution and Why It Matters: A Conversation with Leakey and Johanson," YouTube (May 9, 2011), https://www.youtube.com/watch?v=pBZ8o-lmAsg. マーガレット・ミードは、「文明の最古の証拠は何だと思いますか」と聞かれて、「怪我が治った痕のある大腿骨」と答えたという。Ira Byock, *The Best Care Possible: A Physician's Quest to Transform Care Through End of Life* (New York: Avery, 2012).

(46) 映画『コンタクト』（一九九七年）、ロバート・ゼメキス監督。セーガンは著書『コンタクト』（一九八五年）の中で、「人間の中にはさまざまなものがある。感情、記憶、本能、学習された行動、洞察力、狂気、夢、愛。愛は非常に重要だ。人間は興味深い混合物なのだ」と述べている。脚本はマイケル・ゴールデンバーグとジェームズ・V・ハート。

解説　定説をもくつがえす明るい語り口

更科功（古生物学者）

本書は、ダートマス大学に勤めているアメリカの古人類学者、ジェレミー・デシルヴァが、人類における二足歩行の進化について解説した本である。そういうと、よくある人類史の本の一冊に過ぎないように思えるかもしれないが、この『直立二足歩行の人類史』は決してありふれた本ではない。なぜなら、すでに有力な定説となっている考えを、論理的に打ち砕く破壊力を持っているからだ。

おそらくデシルヴァは、楽観的で明るい人ではないかと思う。それは文章の端々に顔をだすユーモアからも感じられるのだけれど、でも、言うときは言う人だ。きっと、キツイことを言うときも、微笑んでいるのではないだろうか。

とはいえ、もちろん本書は、怪しいトンデモ本ではない。基本的には人類史の有力な説を紹介しつつ、それを土台として、著者の発展的な持論を展開しているからだ。その流れのなかで、ときにデシルヴァは、有力な定説に疑問を呈するのである。その最たるものが、人類の起源についての挑戦だ。

現在のところ、最古の人類の化石とされているのはサヘラントロプス・チャデンシスで、その年代は約七百万年前だ。しかし、もしかしたら、この年代はやや古過ぎるかもしれない。

ＤＮＡを使ったいくつかの解析の結果によると、ヒトとチンパンジーが分岐したのは、だいたい六百万年前頃とされることが多い。そうすると、サヘラントロプスの年代とのあいだに約百万年のずれが生じる。とはいえ、ＤＮＡによる年代推定には不確定性がつきものなので、実際の分岐年代より百万年ぐらい新しい年代が出てしまう可能性もある。そこで、サヘラントロプスの化石の年代のほうを信用して、チンパンジーに至る系統と人類が分岐したのは約七百万年前なのだろうと考えられてきたわけだ。

ただし、ＤＮＡによる年代推定をした分子生物学者のなかには、チンパンジーに至る系統と人類が分岐したのが約七百万年前で問題はないという人もいる。その場合は、サヘラントロプスを人類と考えてもぎりぎり矛盾はない。しかし、デシルヴァはからめ手から、別の可能性を突き付けてくるのである。

直立二足歩行は、人類における最大の特徴と考えられている。なにしろ、体幹を直立させて歩き、立ち止まれば頭が腰の真上にくる動物は、地球上で人類しかいないのだ。空を飛ぶ能力のような難しい特徴でさえ、昆虫と翼竜と鳥とコウモリで四回も進化しているのに、直立二足歩行は一回しか進化しなかった。約四十億年に渡る生命の歴史のなかで、人類だけが直立二足歩行をする生物なのだ。これが現在の定説である。

たとえば、ドイツのシュターデル洞窟で発見された「ライオンレディ」と呼ばれる彫刻がある。高さは三十センチメートルほどで、およそ三万二千年前のものと考えられている。この彫刻は、頭がライオンで体がヒトという半人半獣像だ。いや、正確にいえば、この彫刻の顔はライオンに見えるが、首から下は作りが粗くて何の動物だかよく分からない。それでも、この彫刻を見た人のおそらくほとんどが、首から下はヒトだという印象を受ける。なぜなら、この彫刻が二本足で直立しているからだ。つまり、直立二足歩行の姿勢をとっているからだ。直立二足歩行をする動物は人間だけなので、逆に言えば、直立二足歩行さえしていれば、顔が他の動物であっても人間っぽく見えるのである。

このように、直立二足歩行は生物にとって珍しい特徴だ。しかしデシルヴァは、それに疑問を突き付ける。まず外堀を埋めるために、デシルヴァは（直立二足歩行ではなくて）二足歩行に目を向ける。

南米にバシリスクというトカゲがいる。このトカゲは驚いたりすると、二本足で立ち上がって、走って逃げる。非常に速く走るため、少しなら水面を二本足で走ることさえできる。聖書に、キリストが水の上を歩いたと書かれていることから、キリストトカゲと呼ばれることもある。このバシリスクは、体幹を直立させて走るわけではないけれど、二足歩行が決して珍しいことではないことを教えてくれる。何しろ、二本足で走るトカゲのような爬虫類は、昔からたくさんいるらしく、化石としても見つかっている。一番古いのは、エウディバムス・クルソリスという二億九千万年前の爬虫類で、恐竜が現れるより前の爬虫類である。

また、考えてみれば、すべての鳥は二足歩行をする。そのうえ、ティラノサウルスやアロサウルスのように、恐竜のなかにも二足歩行をするものはいるし、ワニの祖先も二足歩行をすることがあったようだ。二足歩行をする生物なんか、ぜんぜん珍しくないのである。

もっとも、これらの生物がしていることは、二足歩行であって、直立二足歩行ではない。しかし、二足歩行はありふれた特徴なのに、直立二足歩行になった途端に、とつぜん珍しい特徴になるなんて、少し変ではないだろうか。本当に、人類しか直立二足歩行をする生物はいなかったのだろうか。

じつは以前にも、人類以外に直立二足歩行をした生物がいた可能性は指摘されていた。それは、人類誕生の直前である約九百万〜七百万年前に生きていたオレオピテクスだ。オレオピテクスは、当時は地中海の島々であったイタリアのトスカーナ地方に棲んでいた類人猿である。

類人猿や人類の頭蓋骨には、脊椎がつながるところに穴が開いている。この穴を大後頭孔といい、ゴリラなどでは、大後頭孔は頭骸骨の後ろ側にある。それは、四足歩行をするからだ。いっぽう、私たちヒトでは頭蓋骨の下側にある。それは、直立二足歩行をするからである。

このように、頭蓋骨の大後頭孔を調べれば、歩き方を推測できる。そして、オレオピテクスの大後頭孔は、頭蓋骨の下側に開いていたのである。この他にも骨盤、大腿骨、足首などの形も人類に似ており、直立二足歩行をしていた証拠とされている。そのため、オレオピテクスは（少し不完全かもしれないが）直立二足歩行をしていたのではないかという意見があるのだ。

小さな島には、大型の肉食獣はいない。そのため、オレオピテクスは木の上に逃げる必要がない。そこで地面に下りて二足歩行を始めたのかもしれない。食物を探して歩き回るときに、直立二足歩行はエネルギー効率が良いし、低い枝に実る果実を手で取るにも便利だからだ。

そのいっぽうで、オレオピテクスの手足には、樹上生活に適応していた特徴があった。もしかしたらオレオピテクスは、地面だけを直立二足歩行していたのではないかもしれない。木の枝のうえでも、直立二足歩行をしていたのかもしれない。さらに言えば、直立二足歩行は木の上で進化したのかもしれない。

残念ながら、はっきりしたことは分からない。その後、オレオピテクスは、島が大陸とつながって大型肉食獣がやってきた時点で、絶滅した可能性が高い。だから、もしオレオピテクスが直立二足歩行をしていたとしても、それは進化の歴史の中で一瞬の出来事に過ぎなかったのかもしれない。

本書では、オレオピテクスについては、ほとんど触れられていないが、代わりにギボンについて触れられている。ギボンというのは現在も生きているテナガザルのことで、その長い腕を使って枝から枝へとすばやく飛び移ることができる。しかし、腕が長すぎるために、地上に下りると、体を屈めなくても手が地面に着いてしまう。そのため、ギボンは、地上では手を上げたまま、二本足で走る。そして、樹上にいるときも、腕でバランスを取りながら、枝のうえを二本足で歩くという。

そのため、ギボンを私たちヒトの祖先と考える説も昔は人気があったのだが、一九六〇年代以降は下火になってしまう。DNAの解析から、私たちにもっとも近縁な類人猿はチンパンジーやゴリラであって、ギボンではないことが明らかになったからだ。しかもギボンは、類人猿のなかでは、ヒトからもっとも遠いグループに属することがわかったのである。そのため、人類の起源を考えるときには、チンパンジーやゴリラが注目されるようになったわけだ。

それから時は流れ、オレオピテクスやギボンのことなど話題にもならなくなった二〇一九年に、本書の著者であるデシルヴァは、ドイツのテューービンゲン大学の古生物学者、マデライネ・ベーメを訪ねた。ベーメは、一千百万年以上前にヨーロッパに棲んでいた化石類人猿、ダヌビウス・グッゲンモシを発見した。そして、ベーメは、脚の骨の形や背骨がS字状にカーブしていたことから、ダヌビウスが直立二足歩行をしていたと主張したのである。おそらくダヌビウスは樹上生活をしていたので、枝の上を二本足で歩いていたのだろう。

さらに、ミズーリ大学の古人類学者、キャロル・ウォードも、ベーメがダヌビウスを発見したのとほぼ同じころに、一千万年前の化石類人猿、ルダピテクス・フンガリクスを、ヨーロッパで発見していた。このルダピテクスも、骨盤の形から、二足歩行をしていたと考えられている。

もしかしたら、一千万年ぐらい前のヨーロッパには、木の上を直立二足歩行する類人猿がたくさんいたのかもしれない。ダヌビウスやルダピテクスやオレオピテクスは、それらの一部なのかもしれない。しかし、もしもそうだとすると、人類史は大きく変わってしまう可能性がある。人類は、チンパンジーに至る系統と分かれた後で、直立二足歩行を進化させたのではないかもしれないからだ。直立二足歩行をしている類人猿がたくさんいて、そのなかの一つの系統が人類になっただけかもしれないのである。

さきほど述べたように、人類最古の化石は約七百万年前のサヘラントロプス・チャデンシスとされている。サヘラントロプスでは、ほぼ完全に近い頭蓋骨が見つかっている。

この頭蓋骨には、眼が入る大きな穴が二つ開いている。この穴を眼窩と言い、眼窩の上に庇のように張り出した部分を眼窩上隆起と言う。私たちヒトにはないので分かりにくいが、ゴリラには立派な眼窩上隆起がある。サヘラントロプス・チャデンシスにも立派な眼窩上隆起があるので、類人猿的な特徴も持っていたことになる。また、サヘラントロプスは後頭部もゴリラに似ている。頭蓋骨から推定した脳の大きさも約三百五十ccで、約三百九十ccのチンパンジーと同じか少し小さいぐらいだ。このように類人猿的な特徴を持つにもかかわらず、サヘラントロプスが人類と考えられている根拠は、大後頭孔が頭蓋骨の下方にあるからだ。オレオピテクスのところで述べたように、大後頭孔が頭蓋骨の下方にあれば、直立二足歩行か、それに近い歩き方をしていたと考えられるからだ。

しかし、一千万年前ごろのヨーロッパに、直立二足歩行で木の上を歩き回っていた類人猿がたくさんいたのであれば、話は違ってくるかもしれない。それらの類人猿がアフリカに移住してサヘラントロプスになった可能性があるからだ。その場合、サヘラントロプスは、たんなる類人猿の一系統で、人類とは無関係かもしれない。あるいは、チンパンジーに至る系統と人類が分かれる前の共通祖先かもしれない。後者であれば、人類は共通祖先の特徴をそのまま受け継いで直立二足歩行をしていることになるし、チンパンジーは直立二足歩行をしていた共通祖先の特徴を受け継がずに、新たにナックルウォークを進化させたことになる。どちらにしても、直立二足歩行をしているだけでは、人類と言えなくなるわけだ。

ただし、サヘラントロプスが人類である根拠はもう一つある。それは、犬歯が小さいことである。したがって、サヘラントロプスが人類である可能性も、まだ捨てきれない。この辺りは、まだ決着がついていないホットな話題だ。このように、デシルヴァがいろいろな証拠を挙げながら、最新の研究の流れを見せてくれるのも、本書の大きな魅力となっている。

差別的偏見を超えて

また、本書のもう一つの魅力は、人類の進化についての仮説のなかに潜む、差別的な偏見に気づかせてくれることだ。残念なことではあるが、過去の人類について仮説を立てるときに、無意識のうちに差別的偏見が入り込み、それが適切な解釈を妨げる場合がある。

チンパンジーは、ほとんどの時間を四足歩行をして過ごすが、まれに二足歩行をすることがある。とくに、大好きな食べ物を抱えているときに、二足歩行をする傾向があるようだ。両手いっぱいに食べ物を抱え込んでいるために、二本足で立って歩くしかないのだろう。このような行動は他の霊長類、たとえばアカゲザルでも報告されている。

こうした行動を手がかりとして、人類が二足歩行を始めた理由を考えたのが、ゴードン・ヒューズである。ヒューズは、人類が二足歩行を始めたのは、道具や武器を持つためではなく、食べ物を抱えて運ぶためだった、という仮説を一九六一年に発表した。

オーウェン・ラブジョイは、この仮説をさらに発展させ、一夫一妻的な関係が形成されたときに、二足歩行が始まったと主張した。二足歩行をするオスは、メスに食べ物を運ぶことができた。そしてメスは、食べ物を運んでくれるオスを好んだ。その結果、オスはメスを巡って他のオスと闘う必要がなくなり、犬歯が小さくなった、とラブジョイは言うのである。

この、直立二足歩行と小さい犬歯は、人類の大きな二つの特徴で、この二つによって人類は、類人猿と一線を画している。

かつては、二足歩行と小さい犬歯は、闘争によって結び付けられることが多かった。二足歩行をすることにより手が自由になり、武器を手で持つようになった。武器を持つことにより嚙みつく必要がなくなって、犬歯が小さくなった、というわけだ。しかし、初期の人類が植物食であることがわかって、この闘争説は勢いを失った。

いっぽう、ラブジョイの説なら、初期の人類が植物食でも問題はない。そこで、ラブジョイの説、あるいはそれに近い説は、多くの人類学者から支持されている。しかし、この説は、二足歩行の進化に対して、メスが果たした役割をないがしろにしている、とデシルヴァは指摘する。この説によれば、メスは食べ物を持ち帰るオスを、木の上で待っているだけだからだ。そして、デシルヴァは、カリフォルニア大学サンタクルーズ校の人類学者であるナンシー・タンナーとエイドリアン・ジールマンの説を紹介する。

彼女らの説によれば、初期の人類のメスは、昼間に植物や小動物を採集していた。この説は、現代に生きる狩猟採集民のデータを参考にしている。たいていの場合、女性が採集した食べ物は、男性が狩りで得た獲物よりも、その集団に多くのカロリーをもたらしているらしい。そうであれば、女性が二足歩行をすることは、男性が二足歩行をすること以上に、進化の原動力になったはずだ。トカゲ、カタツムリ、シロアリ、卵、果実、塊茎、根茎などの食べ物を採集するには、二足歩行で手が自由に使えるほうが有利だっただろうし、採集した物を持ち帰るときにも、二足歩行をしていたほうがたくさん抱えられたに違いない。

結局のところ、自然選択というのは子どもにかかっている。より多くの子どもを残せるような特徴が、集団のなかに広がって進化していくのである。その子どもに多くの食べ物を持ち帰ることができたのが、二足歩行をしたオスで、さらに多くの食べ物を持ち帰ることができたのが、二足歩行をしたメスだったのかもしれない。

こうしてオスとメスが協力して子どもを育てるのであれば、より協力的でより非攻撃的なオスを、メスが選ぶようになった可能性がある。そうであれば、犬歯は小さくなっていったはずである。犬歯が小さくなったのは、メスがオスをえり好みした結果かもしれないのだ。

これらのように、たとえ無意識であってもオスを中心に考えていると、進化の正しい姿を見落とす可能性がある。

さて、最後に一つ述べておかなくてはならないことがある。本書は人類学のポジティブな面だけを伝えているわけではないことだ。科学者も人間であり、さまざまな感情に捉えられる。それが研究にプラスになることもあるだろうが、もちろんマイナスになることもある。本書でとくに印象的なのは、デシルヴァが二〇一九年にコレージュ・ド・フランスを訪ねて、ミシェル・ブリュネと会った場面だ。ブリュネはサヘラントロプスを発見したチームのリーダーである。

これまでにも述べたように、サヘラントロプスは非常に重要な種である。チンパンジーに至る系統と人類の系統が分かれた直後の、人類のほうの系統にサヘラントロプスは属すると、ブリュネは解釈しているが、それには異論がある。そのためには、化石の実物か、少なくとも高品質なレプリカを、別の研究チームに公開することが必要である。そして、別のチームによる研究結果と合わせて議論し、必要ならば新たに解釈し直さなければならない。

しかし、発見から二十年も経つというのに、サヘラントロプスの化石は、ブリュネと直接かかわりのある研究チームしか見ることができない。高品質なレプリカはもちろん、CTスキャンの画像さえも門外不出の状態だという。もちろん、ブリュネにもいろいろ事情があるのだろう。かならずしもブリュネを責めるには当たらないと思うけれど、科学の発展にとっては残念なことである。

そしてブリュネは、サヘラントロプスの頭骨と一緒に見つかった大腿骨について、デシルヴァの前でこう言ったらしい。

「いいですか、トゥーマイ（サヘラントロプス）は二足歩行していたんです。その大腿骨が二足歩行動物の骨なら、それはトゥーマイの大腿骨なんです。いいですか？　二足歩行動物の大腿骨でなければ、それはトゥーマイの骨じゃないんです」

つまり、ブリュネは、サヘラントロプスが二足歩行をしていたと信じており、どんな研究結果が出ても意見を変えることはないということなのだろう。デシルヴァの渋い顔が目に見えるような場面である。

それでも、科学の歩みは止まらない。人間に好奇心があるかぎり、科学は前に進んでいくし、人間に共感する力があるかぎり、社会はよい方向へ向かっていく。そんな希望を持たせてくれるのが最終章だ。デシルヴァの言うように、共感や協力、そして寛容さが二足歩行とともに進化してきたのであれば、私たちがそれらを失うことはないはずだ。なぜなら、私たちは、何をおいても二足歩行をする動物だからだ。本書の原題でもある『ファースト・ステップス』が、私たちのすべてを作ったのだ。

訳者あとがき

赤根洋子

新たな発見や解釈によって、歴史は書き換えられることがある。特に、古い時代ほど、既知の事実や証拠が少ないだけに、ラジカルに書き換えられる傾向が強い。日本史で言えば、縄文時代のイメージが近年一変したことなどがその好例だ。たかだか一万数千年前の縄文時代でさえそうなのだから、初期人類が生きていた数百万年も昔のこととなれば、わずか数十年の間に定説がすっかり変わったとしても別に不思議ではない。

人類は猿人から原人、旧人へと次第に進化して地球上に広がり、最後に旧人を新人が駆逐して世界の覇者となった、というのが従来の一般的なイメージだったのではないだろうか。だが、人類の進化と移動は決してそんな直線的なプロセスではなかったことが最近になって分かってきた。ほんの数万年前まで、「旧人」ネアンデルタール人だけでなく、それよりずっと原始的な特徴を持った他の複数種の人類がホモ・サピエンスと共存していたらしいのだ。

猿人、原人、旧人といった分類も、今ではおこなわれなくなっている。現在、猿人から現生人類までをも含む広義の人類は「ホミニン」と総称され、個々の種は（通称は別として）すべて学名で表すのが一般的になっている。

ホミニンと類人猿とを分ける特徴は何か。それは、直立二足歩行するかどうかである。人類の進化は、二本の足で立って歩くことから始まったのだ。この「直立二足歩行」という観点から、化石人類から現生人類までの人類史を描き出すとともに人類のさまざまな特徴を解き明かしたのが、本書『直立二足歩行の人類史　人間を生き残らせた出来の悪い足』（原題は First Steps: How Upright Walking Made us Human〈第一歩：直立二足歩行がいかにしてわれわれを人間たらしめたか〉）である。

著者ジェレミー・デシルヴァはダートマス大学の古人類学者。本書の中で著者は、古人類学者は化石を見つけるフィールドワーカーか、それを研究室で分析する研究者かのどちらかに分類される、と述べているが、著者はその両方を均等に兼ね備えたまれなタイプの古人類学者であるようだ。専門はホミニンの足（特に、足首）の解剖学的研究だが、それと並行してアフリカでホミニンの化石の発掘に携わっている。タンザニア・ラエトリでは足跡化石の再発掘を試み、成功している。さらに、南アフリカで最近発見されたアウストラロピテクス・セディバとホモ・ナレディには、研究チームの一員として化石の発見から分析にまで直接関わっている。

著者の講義を聴くのはきっと楽しいことだろう。アメリカンジョークを織り混ぜながら、学生たちに化石愛を熱く語っているに違いない。ホミニンのことを話し始めると止まらなくなる人のようだ。本書でも、本文におさめきれなかった補足、こぼれ話、ちょっとした脱線、思い入れ、主義主張などを注のあちこちに詰め込んでいる。字が細かいがとても有益かつ面白いので、注にもぜひ目を通していただきたい。

著者は、「人類は腰を屈めたチンパンジーのような姿勢から進化につれて徐々に立ちあがっていったのではなく、最初期のホミニンも背筋をしゃんと伸ばして歩いていたのだ」と繰り返し述べ、ホミニンの直立二足歩行の進化についていまだに誤ったイメージが根強く残っていることを強調している。たしかに、一度刷り込まれた誤ったイメージは、（知識としては訂正されても）頭のどこかにしぶとく残り続けているものだ。さらに本書には、直立二足歩行の起源に関して、従来の考え方を根底から覆す仮説が紹介されている。人類と類人猿の共通祖先というと、姿形だけでなく歩き方もチンパンジー寄りの生物をイメージしがちである。ところが、その仮説によれば、共通祖先の歩き方はむしろホミニンに近かったのだという。詳しくは本書を読んでいただきたいが、これが認められれば、「人類が直立した理由」をめぐる長年の論争に思わぬ形で終止符が打たれることになるだろう。その理由を考える必要はなかったのだ、人類の祖先は四足歩行から直立二足歩行に移行したのではなく、そもそも手をついて歩いていなかったのだから、と。

最近の古人類学の飛躍的進歩には、おもに三つの原動力が関わっている。新たな化石の発見、DNA解析技術の発達、そして化石の分析技術の発達である。DNA解析によって、ヒトに最も近い類人猿がチンパンジーおよびボノボであること、人類の系統がこれらとの共通祖先から分岐したのがおよそ六百万年前だったことが判明した。化石の分析技術の発達によって、従来より遙かに多くの情報が化石から取り出せるようになった。歯の化石から、幼くして死んだそのホミニンがどんな場所でどんなものを食べていたか、さらには死亡時の月齢（厳密には日齢）まで割り出せるというのだから驚きである。

古人類学の最近の「進歩」と言えば、もう一つ、性差別的偏見の見直しによるそれもあげられるだろう。これはどんな分野にも当てはまることだが、「人類という種の半数を除外」した理論が「バランスを欠いている」のは当然だからである。ヘテロセクシャルのアメリカ白人男性という、差別を自分事として捉えることが最もむずかしい立場ながら、著者はかなり細かいところにまで性差別的偏見に敏感である。たとえば（初期ホミニンの歩き方に関する誤ったイメージの元凶でもある）「人類進化の行進図」について、「人種差別と性差別がプンプンにおう絵だ」と述べ、代わりに、妊婦や赤ん坊を抱いた女性が行進する図を採用している。本書の翻訳中、著者に指摘されて初めて、それが長年刷り込まれたバイアスだったと気づかされたことが幾度かあった。これも詳しくはご自身の目で確かめていただきたいが、読者もきっと、目から何度もうろこが落ちる思いをされるはずである。

著者

ジェレミー・デシルヴァ　Jeremy DeSilva

ダートマス大学人類学部准教授。最初期の類人猿や初期人類の移動方法と、彼らの足・足首を専門とする古人類学者である。人類史における直立二足歩行の起源と進化を研究し、アウストラロピテクス・セディバとホモ・ナレディの発見・調査にも参加した。
コーネル大学卒業後、1998年から2003年にボストン科学博物館でサイエンス・エデュケーターとして勤務。その後ボストン大学、ミシガン大学などを経て現職に。本書が初の著書となる。

訳者

赤根洋子　Yoko Akane

翻訳家。早稲田大学大学院修士課程修了（ドイツ文学）。訳書は『西暦一〇〇〇年　グローバリゼーションの誕生』（ヴァレリー・ハンセン）、『闇の脳科学』（ローン・フランク）、『科学の発見』（スティーヴン・ワインバーグ）（以上すべて文藝春秋）、『サイコブレイカー』、『治療島』、『前世療法』（以上すべてセバスチャン・フィツェック、柏書房）ほか多数。

DTP制作　言語社

FIRST STEPS
How Upright Walking Made Us Human
by Jeremy DeSilva

Japanese translation published by arrangement
with Jeremy DeSilva c/o Aevitas Creative Management
through The English Agency (Japan) Ltd.

直立二足歩行の人類史　人間を生き残らせた出来の悪い足

2022年8月10日　第1刷

著　者　ジェレミー・デシルヴァ

訳　者　赤根洋子

発行者　大沼貴之

発行所　株式会社　文藝春秋
〒102-8008　東京都千代田区紀尾井町3-23
電話　03-3265-1211（代）

印刷所　精興社

製本所　加藤製本

ISBN 978-4-16-391583-8　　Printed in Japan